基础工程

孙 兵 何 强／主编

电子科技大学出版社

图书在版编目（CIP）数据

基础工程 / 孙兵，何强主编．一成都：电子科技大学出版社，2017.7

ISBN 978-7-5647-4686-5

Ⅰ．①基…　Ⅱ．①孙…②何…　Ⅲ．①地基－基础（工程）－高等学校－教材　Ⅳ．① TU47

中国版本图书馆 CIP 数据核字（2017）第 143164 号

基础工程

孙　兵　何　强　主编

策划编辑　罗　雅
责任编辑　唐祖琴

出版发行　电子科技大学出版社
　　　　　成都市一环路东一段 159 号电子信息产业大厦　邮编：610051
主　　页　www.uestcp.com.cn
服务电话　028-83203399
邮购电话　028-83201495

印　　刷　成都市火炬印务有限公司
成品尺寸　185mm×260mm
印　　张　12
字　　数　308 千字
版　　次　2017 年 7 月第一版
印　　次　2017 年 7 月第一次印刷
书　　号　ISBN 978-7-5647-4686-5
定　　价　42.00 元

前　　言

基础工程是高等院校土木工程专业的主要专业基础课之一，其课程设计是该课程的实践教学环节，目的是培养学生运用基础工程中所学的知识，并结合之前所学专业课程的知识，进行基础设计和计算，以期更好地达到课程设计的目的，培养土木工程专业人才的应用能力。这对我国新型工程科技人才的培养和推进工程教育有着重要作用。

基础工程技术需要解决的主要问题包括地基基础选型、地基基础设计参数确定、基础结构内力分析方法、基础结构可靠性设计、天然地基不满足的地基处理技术、基础施工的基坑支护等。

本教材主要内容包括以下八章：第一章绪论、第二章浅基础、第三章连续基础、第四章桩基础、第五章地基处理、第六章挡土墙、第七章沉井基础及地下连续墙、第八章基坑工程，本书内容实践性强，涉及领域广泛。

本教材系统介绍了基础工程的基本知识和基本理论，科学规范地反映了现阶段基础工程施工水平，条理清晰，重点突出，语言精练，图文并茂，注重工程教育与实践应用，具有较强的指导性和可操作性，积极培养学生实践能力与创新精神，使学生了解和掌握现行规范体系，加强基础工程理论与应用研究，具备运用专业知识分析和解决工程实际问题的能力，努力培养具备世界眼光的卓越工程师。

本教材在编写过程中参考了许多文献资料，再次对各位作者表示衷心的感谢！

由于编者水平有限，书中还存在的不足之处，敬请广大读者批评指正。

编　者

目　录

第一章 绪 论

第一节 概 述

“万丈高楼平地起”，任何建(构)筑物的全部荷载都由它下面的地层(土层或岩层)来承担。其中，地基是指支撑建(构)筑物荷载并受其影响的那一部分地层；基础是指将建(构)筑物荷载传递到地基上的结构组成部分(见图1-1)。对某一建筑物而言，地表以上的部分称为上部结构，地基和基础属于下部结构。

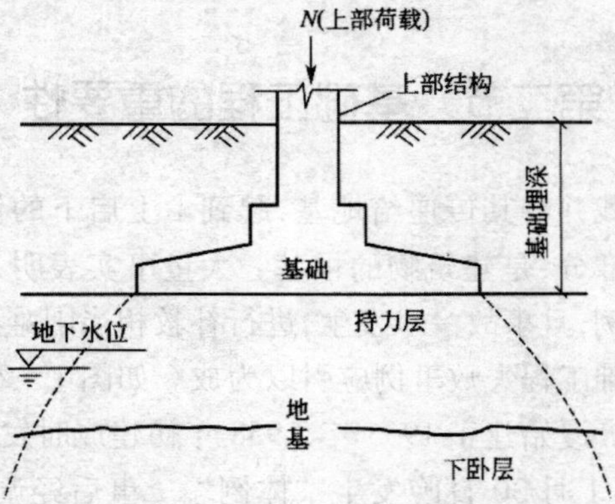

图1-1 地基与基础示意图

基础工程的研究对象包括地基和基础两部分，主要是研究下部结构设计以及下部结构与岩土相互作用共同承担上部荷载而产生的各类变形与稳定问题。基础工程的主要内容包括地基基础的设计、施工和监测等。其中，基础设计包括选择基础类型、确定基础埋深及基底面积、基础内力计算和结构设计等；地基设计包括确定地基承载力、进行地基变形和稳定计算等。当地基承载力不足或压缩性很大而不能满足设计要求时，需要对地基进行人工处理即地基处理。

为了保证上部结构的安全和正常使用，地基基础必须具有足够的强度和耐久性，变形也应控制在允许范围之内。地基基础的形式很多，设计时应根据工程地质条件、上部结构要求、荷载作用及施工技术等因素综合选择合理的设计方案。

地基可分为天然地基和人工地基。无须人工处理就可满足设计要求的地基称为天然地基。如果天然土层不能满足工程要求，必须经过人工加固处理后才能满足设计要求，则处理后的地基称为人工地基。建(构)筑物应尽量修建在良好的天然地基上，以减少地基处理的费用。另外，主要由淤泥、淤泥质土、冲填土、杂填土或其他高压缩性土层构成的地基属于软弱地基，软弱地基必须经过地基处理后方可作为建(构)筑物的地基。

地基一般由多层土构成。如图1-1所示，直接承担基础荷载的地层称为持力层，位于持力层以下，并处于压缩层或可能被剪损深度内的各层地基土称为下卧层，当下卧层的承载力显著低于持力层时称为软弱下卧层。

根据埋置深度，基础可分为浅基础和深基础两大类。浅基础一般是指埋置深度不大（小于或相当于基础底面宽度，一般认为小于5 m）的基础。深基础是指埋深较大（一般大于5 m或借助于特殊方法才能施工）的基础。常见的深基础有桩基、沉井、沉箱和地下连续墙等。当浅层土质不良，需要利用地基深部较为坚实的地层作为持力层时可采用深基础。与浅基础相比，深基础耗料多、施工时需要专门的设备、施工技术相对复杂、造价较高。因此，基础设计时应优先考虑天然地基上的浅基础。

地基基础是建（构）筑物的根基，它的设计和施工质量会直接影响上部结构的安危。基础工程还属于隐蔽工程，如有缺陷，较难发现，一旦出现问题，很难补救。此外，随着高层建筑的大量涌现，基础工程的造价在整个建筑物造价中所占的比例明显上升。因此，工程实践中必须严格遵守基本建设原则，对基础工程做到精心设计、精心施工，确保其安全可靠、经济合理。

第二节　基础工程的重要性

基础支承上部结构荷载并将其传递给地基，起到承上启下的作用。基础工程是整个建筑工程中的一个重要组成部分，是建筑物的根基。大量事实表明，在土木工程失事案例中，地基基础问题占很大的比例，且事故一旦发生，进行补救相当困难。

一些国际上有名的基础工程失败事例应引以为戒。如图1－2所示为巴西一幢11层大厦因严重倾斜而倒塌。该大厦始建于1955年，1958年初建成时发现有明显沉降。还未来得及采取加固措施，即于当年1月30日晚发生整体倒塌。事后经调查，地基为较厚的软弱黏土和泥炭层，21 m长的桩未能达到较好的持力层，由于地基承载力不足而发生毁灭性破坏。1173年建造的意大利比萨斜塔（见图1－3），塔高58 m。该塔建至第二层时发生倾斜。停工近100年后又续建，仍不断倾斜。至上世纪末，该塔的总沉降量已达3 m多，塔顶水平偏移5 m多。由于1590年伽利略曾在此塔做落体实验，创立了物理学上著名的落体定律，斜塔成为世界上最珍贵的历史文物之一。为此，意大利花费巨资进行地基加固处理，使之得以保存。

图1－2　巴西某大厦

图1－3　比萨斜塔

基础工程视其复杂程度、设计与施工是否合理,所占工程造价比例变动很大,从百分之几到几十之间,若地基还需处理,则费用更多。如重庆黄花园某公司修建 7 ~9 层砖混结构住宅,建筑物地处嘉陵江边,典型的土岩组合地基,土层厚度相差达 20 多米,且下卧基岩面坡度较陡(见图 1 -4)。原设计为全部桩基础,预算基础工程费用约占建筑总投资的 80%,后结合修改建筑结构设计,基础视上部结构及地质条件不同,采用不同形式、尺寸,并进行局部换土垫层。修改后基础费用仅占总投资的 14.5%。

从以上工程实例可见,基础工程实属百年大计,必须认真对待。随着国民经济的发展,作为建筑物的重要组成部分——基础工程,越来越重要,应受到最广泛的重视。

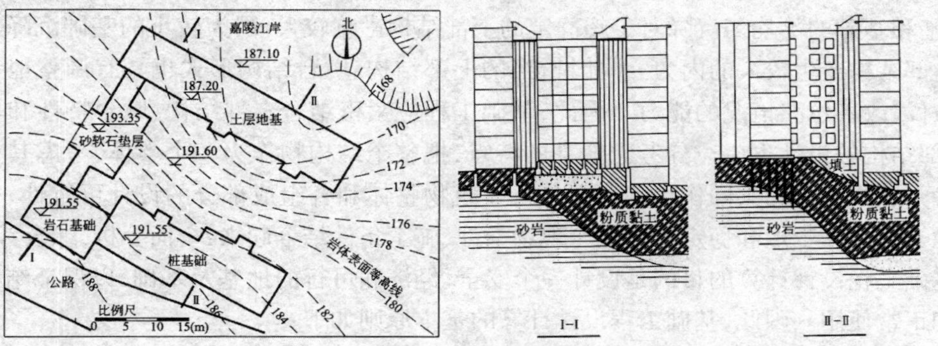

图 1 -4　重庆黄花园某住宅

第三节　基础工程的特点及学习方法

基础工程是土木工程专业的一门重要的专业课。该课程以土力学为其理论基础,并涉及工程地质学、工程力学、结构工程和施工技术等学科领域,是一门综合性强、内容广泛,理论性和实践性均较强的课程。因此,在学习时应充分重视工程地质学的基本概念,牢固掌握土力学的基本原理,结合结构工程理论和施工知识,分析和解决基础工程方面的问题。

地基岩土因其形成过程、物质成分、气候条件以及环境等因素影响,性质和分布极其复杂,且在较小的范围内也可能有很大的变化。进行基础工程设计时,必须通过勘察及测试来获取所需的各种参数和资料。因此,在学习时应注重岩土工程测试技术,掌握现场原位测试和室内土工试验方法,避免千篇一律机械套用地质勘查资料进行基础工程设计计算。

我国地域辽阔,自然地理环境不同,分布着多种多样性质各异的岩土,如软土、湿陷性黄土、膨胀土、红黏土、冻土和山区地基。不同区域的岩土还具有各自的一些特殊性质。因此,在学习时应重视地区性工程经验,注重理论与实践相结合,因地制宜地解决和处理地基基础问题。

基础工程是地下隐蔽工程,基础工程的勘测、设计和施工质量,直接影响建筑物的安危。一旦出现问题,补救起来比较困难。因此,在学习时应明确施工质量的重要性,掌握各项基础工程施工方法和地基处理技术措施的可行性及其适用条件,增强解决地基基础问题的能力。

第四节　基础工程设计计算原则、设计方法

一、基础工程设计计算的原则

建筑物是一个整体，地基、基础、墩台和上部结构是共同工作且相互影响的，地基的任何变形都必定引起基础、墩台和上部结构的变形；不同类型的基础会影响上部结构的受力和工作；上部结构的力学特征也必然对基础的类型与地基的强度、变形和稳定条件提出相应的要求，地基和基础的不均匀沉降对于超静定的上部结构影响较大，因为较小的基础沉降差就能引起上部结构产生较大的内力。同时恰当的上部结构、墩台结构形式也具有调整地基基础受力条件，改善位移情况的能力。因此，基础工程应紧密结合上部结构、墩台特性和要求进行；上部结构的设计也应充分考虑地基的特点，把整个结构物作为一个整体，考虑其整体作用和各个组成部分的共同作用。全面分析建筑物整体和各组成部分的设计可行性、安全和经济性，把强度、变形和稳定紧密地与现场条件、施工条件结合起来，全面分析，综合考虑。

基础工程设计计算的目的是设计一个安全、经济和可行的地基及基础，以保证结构物的安全和正常使用。因此，基础工程设计计算的基本原则如下：

(1)基础底面的压力小于地基承载力容许值；

(2)地基及基础的变形值小于建筑物要求的沉降值；

(3)地基及基础的整体稳定性有足够保证；

(4)基础本身的强度、耐久性满足要求。

地基与基础方案的确定主要取决于地基土层的工程性质与水文地质条件、荷载特性、上部结构的结构形式及使用要求，以及材料的供应和施工技术等因素。方案选择的原则是：力求使用上安全可靠、施工技术上简便可行和经济上合理。因此，必要时应作不同方案的比较，从中选出较为适宜与合理的设计方案和施工方案。

二、基础工程设计方法

随着建筑科学技术的发展，基础工程设计方法也在不断改进。

(一)容许承载力设计方法

建筑物荷载通过基础传递到地基上，对于刚性扩大基础而言，作用在基础底面单位面积上的压力称为基底压力。设计中要求基底压力不能超过地基极限承载力，而且要有足够的安全度；同时所引起的地基变形不能超过建筑物容许变形值。满足这两项要求，地基单位面积上所能承受的最大压力就称为地基容许承载力。如果地基容许承载力$[\sigma_0]$确定了，则要求的基础底面积A就可用下式计算

$$A = \frac{N}{[\sigma_0]} \tag{1-1}$$

式中，N——作用在基础上的总荷载，包括基础自重；

$[\sigma_0]$——地基的容许承载力。

最早的地基容许承载力是根据工程师的经验或建设者参考建筑场地附近建筑物地基的

承载状况确定的。通过长期经验积累，人们不断总结容许承载力与地基土性状的关系，用规范的形式给出地基的容许承载力与土的种类及其物理性质指标（如孔隙比 e、液性指数 I_L 等）或者原位测试指标（如标准贯入击数等）的关系，设计者可以从地基规范的容许承载力表中直接查出地基容许承载力。例如根据我国1985年颁布的《公路桥涵地基与基础设计规范》（JTJ 024—1985），一般黏性土容许承载力 $[\sigma_0]$ 值可由表1－1查得。砂土容许承载力 $[\sigma_0]$ 可由表1－2查得。有了地基容许承载力，地基基础设计就很容易进行。地基容许承载力设计方法是我国20世纪最常用的方法，并积累了丰富的工程经验，目前还有一些规范使用此种方法，如《铁路桥涵地基和基础设计规范》（TB 10002.5—2005）。然而，由于地基容许承载力设计方法本身的局限性，安全度有多大，很难给出比较准确的答案。因此，这种方法需要改进。

表1－1　一般黏性土的容许承载力 $[\sigma_0]$（kPa）

e \ σ(kPa) \ I_L	0	0.1	0.2	0.3	0.4	0.5	0.6	0.7	0.8	0.9	1.0	1.1	1.2
0.5	450	440	430	420	400	380	350	310	270	240	220	—	—
0.6	420	410	400	380	360	340	310	280	250	220	210	180	—
0.7	400	370	350	330	310	290	270	240	220	190	170	160	150
0.8	380	330	300	280	260	240	230	210	180	160	150	140	130
0.9	320	280	260	240	220	210	190	180	160	140	130	120	100
1.0	250	230	220	210	190	170	160	150	140	120	110	—	—
1.1	—	—	160	150	140	130	120	110	100	90	—	—	—

表1－2　砂土的容许承载力 $[\sigma_0]$（kPa）

砂类土名称	湿度 \ σ_0（kPa） \ 密实度	密实	中等密实	稍松
砾砂、粗砂	与湿度无关	550	400	200
中砂	与湿度无关	450	350	150
细砂	水上	350	250	—
	水下	300	200	—
粉砂	水上	300	200	—
	水下	200	100	—

（二）极限状态设计方法

随着建筑技术的发展，结构不断更新、体型日益复杂。新型结构物和大型结构物对沉降和不均匀沉降更为敏感。地基容许承载力设计方法未必仍能保证新型建筑物安全使用。因此对复杂一些的建筑物往往还要单独进行地基变形验算。这样，容许承载力设计方法就满足不了要求。实际上，地基承载力和变形容许是对地基的两种不同要求，要充分发挥地基承载作用，并不能简单地用一个容许承载力概括。更好的做法应该是分别验算，了解控制的因素,对薄弱环节采取必要的工程措施,才能真正充分发挥地基的承载能力,在保证安全可靠的前提下达到最为经济的目的,这也就是极限状态设计方法的本质。按极限状态设计方法,地基必须满足如下两种极限状态的要求。

1. 承载能力极限状态或稳定极限状态

目的是让地基土最大限度地发挥承载能力,荷载超过此种限度时,地基土即发生强度破坏而丧失稳定或发生其他任何形式的危及建筑物安全的破坏。表达式为

$$\frac{N}{A} = P \leqslant \frac{P_u}{K} \tag{1-2}$$

式中,P ——基底压力;

P_u ——地基极限承载力,或称极限荷载;

K ——安全系数。

2. 正常使用极限状态或变形极限状态

目的是地基受载后的变形应该小于建筑物地基变形的允许值,表达式为

$$s \leqslant [s] \tag{1-3}$$

式中,s ——建筑物地基的变形;

$[s]$ ——建筑物地基的容许变形值。

表面上看,地基的极限状态设计与结构的极限状态完全相同。首先满足承载力极限状态,保证地基稳定;然后满足正常使用极限状态,符合变形要求。但是,已有的大量地基工程事故资料表明,绝大多数地基事故都是由于变形过大而且不均匀造成的。根据地基载荷试验和地基承载力理论可知,随着荷载的增加,地基先产生压密,再产生局部剪切,最后产生整体剪切破坏。临塑荷载 P_{cr} 远小于整体剪切破坏时的极限荷载 P_u 。这就是说,地基在充分发挥其承载力以前,通常都产生较大的变形,影响建筑物正常使用,即地基设计实质上受变形控制。

在式(1-2)中地基极限承载力除以安全系数的含义也与材料强度除以安全系数的含义不同。这是因为地基极限承载力不是土的强度,其值不仅与土的性质有关,而且与荷载的分布范围及作用的深度等因素有关;其次地基极限承载力除以安全系数得到的地基承载力在很大程度上仍然是反映建筑物对变形的要求,因为地基发生失稳破坏的情况极为少见。

对于必须按式(1-3)验算变形的重要建筑物,验算式(1-2)的实质是控制地基内不要出现过大的塑性区,以免变形迅速发展,导致地基失稳。对于不必按式(1-3)验算变形的一般建筑物,按式(1-2)验算实质上是以满足式(1-3)的要求为前提的。由此可见,地基的极限状态分析实际上是以验算变形为核心的分析,这点与结构的分析不同。

用这种设计方法,地基的安全程度都是用单一的安全系数表示,为了与后面第三种方法相区别,可称之为单一安全系数的极限状态设计方法。

(三)可靠度设计方法

前面所讲的两种设计方法,都是把荷载和抗力当成一个确定量;当然,衡量建筑物安全度的安全系数也是一个确定值。其实,无论是荷载或者抗力,都存在很大的不确定性,很难确定其准确的数值。以试验研究某土层的内摩擦角驴值为例,进行几次试验,每次试验结果都不会完全一致,因为取样的位置、试验的具体操作都不可能完全一样。就是说,内摩擦角

这个土的重要的力学指标不是一个能够完全确定的数值，它的变化是随机的，称为随机变量。随机变量并不是变化莫测、毫无规律的，因为是属于同一层土，基本性质应该大致相同，其变化服从于某一统计规律。内摩擦角是这样，土的其他特性指标也是这样；推而广之，其他材料的特性指标包括作用在建筑物上的荷载以及很多的事物和现象也都是这样。

另一方面，工程上对安全系数数值的确定，仅是根据以往的工程经验，比较粗略，而且不同方法之间，要求也不尽相同。例如用式(1－2)验算地基稳定时，要求安全系数达到2～3；而改用圆弧滑动法验算地基稳定性时，要求安全系数则为1.3～1.5。但这完全不表示前者的安全度高于后者，仅仅是采用的方法不同、准确性不一样，所以要求不同而已。以上说明这种用确定数量的荷载和抗力以单一安全系数所表征的设计方法有不够科学之处，于是另一种新的分析方法，即可靠度设计方法就逐渐发展起来。

可靠度设计方法，也称以概率理论为基础的极限状态设计方法。可靠度的研究早在20世纪30年代就已开始，当时是围绕飞机失效所进行的研究。如果飞机设计师按已往的设计方法得到安全系数是3或者更大，这对安全飞行提供的只是一个很模糊的概念，因为再大的安全系数也避免不了飞行事故的可能性。如果采用新的方法，提供的结果是每飞行一小时，失事的可能性为百万分之几的概率，则人们对飞行安全性的认识就要具体得多，这种以失效概率为表征的分析方法就是可靠度分析方法。第二次世界大战中，德国用可靠度分析方法研究火箭。美国在对其新型飞机的研究中也进行可靠度分析。以后可靠度分析方法逐渐推广应用到多个生产部门。大约20世纪40年代已应用于结构设计中。1983年我国颁布《建筑结构设计统一标准(草案)》就完全按国际上发展推行的建筑结构可靠度设计的基本原则，采用以概率统计理论为基础的极限状态设计方法。

由于地基土是在漫长的地质年代中形成的，是大自然的产物，其性质十分复杂，不仅不同地点的土性可以差别很大，即使同一地点，同一土层的土，其性质也随位置发生变化。所以地基土具有比任何人工材料大得多的变异性，它的复杂性质不仅难以人为控制，而且要清楚地认识它也很不容易。在进行地基可靠性研究的过程中，取样、代表性样品选择、试验、成果整理分析等各个环节都有可能带来一系列的不确定性，增加测试数据的变异性，从而影响到最终分析结果。地基土因位置不同引起的固有可变性，样品测值与真实土性值之间的差异性，以及有限数量所造成的误差等，都是地基土材料特性变异的主要来源。这种变异性比一般人工材料的变异性大。因此，地基可靠性分析的精度，在很大程度上取决于土性参数统计分析的精度。如何恰当地对地基土性参数进行概率统计分析，是基础工程最重要的问题。

首先，地基是一个半无限体，与板梁柱组成的结构体系完全不同。在结构工程中，可靠性研究的第一步先解决单构件的可靠度问题，目前列入规范的亦仅仅是这一步，至于结构体系的系统可靠度分析，还处在研究阶段，还没有成熟到可以用于设计标准的程度。地基设计与结构设计不同的地方在于无论是地基稳定和强度问题还是变形问题，求解的都是整个地基的综合响应。地基的可靠性研究无法区分构件与体系，从一开始就必须考虑半无限体的连续介质，或至少是一个大范围连续体。显然，这样的验算不论是从计算模型还是涉及的参数方面都比单构件的可靠性分析复杂得多。

其次，在结构设计时，所验算的截面尺寸与材料试样尺寸之比并不很大。但在地基问题中却不然，地基受力影响范围的体积与土样体积之比非常大。这就引起了两方面的问题：一是小尺寸的试件如何代表实际工程的性状；二是由于地基的范围大，决定地基性状的因素不仅是一点土的特性，而是取决于一定空间范围内平均土层特性，这是结构工程与基础工程在可靠度分析方面的最基本的区别所在。

我国基础工程可靠度研究始于20世纪80年代初，虽然起步较晚，但发展很快，研究涉及的课题范围较广，有些课题的研究成果，已达国际先进水平。但由于研究对象的复杂性，基础工程的可靠度研究落后于上部结构可靠度的研究，而且要将基础工程可靠度研究成果纳入设计规范，进入实用阶段，还需要做大量的工作。国外有些国家已建立了地基按半经验半概率的分项系数极限状态标准执行。在我国，随着结构设计使用极限状态设计方法，在地基设计中采用极限状态设计工作也已提到议事日程上。我国1992年颁布了《工程结构可靠度设计统一标准》(GB 50153—92)，1999年6月颁布了推荐性国家标准《公路工程结构可靠度设计统一标准》(GB/T 50283—1999)。2001年11月建设部对92版标准又进行了修改补充，颁布《建筑结构可靠度设计统一标准》(GB 50068—2001)，该标准规定，制订建筑结构荷载规范以及钢结构、薄壁型钢结构、混凝土结构、砌体结构、木结构等设计规范，均应遵守该标准的规定。至此，可靠度设计已经成为我国建筑结构设计的统一依据。

20世纪90年代以来，我国在公路桥梁荷载方面(恒荷载、汽车荷载、人群荷载、汽车冲击力、风荷载、温度作用等)都进行了全国性的调查和测试，取得了大量的较具代表性的数据，并运用统计数学的方法寻找各种荷载的统计参数和概率分布类型；用随机过程概率模型来描述可变荷载，并最终求得在设计基准期内最大值的概率分布。在取得各种荷载统计规律的基础上，根据国际通用的原则，以概率分布的某一分位值作为各种荷载的标准值。基于此，原“85桥规”于2004年以后陆续修订为《公路桥涵设计通用规范》(JTG D60—2004)、《公路圬工桥涵设计规范》(JTG D61—2005)、《公路钢筋混凝土及预应力混凝土桥涵设计规范》(JTG D62—2004)，向可靠度设计方法迈出了坚实的一步。基于岩土本身的复杂性，短期内完全应用可靠度设计有一定的困难，因此，我国现行《公路桥涵地基与基础设计规范》(JTG D63—2007)虽然引用了部分可靠度设计原则，但仍在相当程度上保留了《公路桥涵地基与基础设计规范》(TTT 024—1985)的内容。

第五节　基础工程的发展概况

基础工程既是一项古老的工程技术，又是一门年轻的应用科学。

追本溯源，世界文化古国的先民，在史前的建筑活动中，就已经创造了自己的基础工艺。两千多年来在世界各地建造的宫殿楼宇、寺院教堂、高塔亭台、长城运河、古道石桥、码头、堤岸等工程，无论是至今完好，还是不复存在，都凝聚着佚名者和杰出人物的智慧。采用石料修筑基础、木材做成桩基础、石灰拌土夯成垫层或浅基础、砂土水撼加密、填土击实等修筑地基基础的传统方法，目前在某些范围内还在应用。18世纪到19世纪，人们在大规模建设中遇到了许多与岩土工程相关的问题，促进了岩土力学的发展。例如，法国科学家C. A. 库仑(Coulomb)在1773年提出了砂土抗剪强度公式和挡土墙土压力的滑楔理论；英国学者W. J. M. 朗金(Rankine)又从另一途径建立了土压力理论；法国工程师H. 达西(Darcy)在1856年提出了层流运动的达西定律；捷克工程师E. 文克勒(Winkler)在1867年提出了铁轨下任一点的接触压力与该点土的沉降成正比的假设；法国学者 J. 布辛奈斯克(Boussinesq)在 1885 年提出了竖向集中荷载作用下半无限弹性体应力和位移的理论解答。这些先驱者的工作为土力学的建立奠定了基础。然而，作为一个完整的工程学科的建立，则以太沙基 1925 年发表第一本比较系统完整的著作《土力学》为标志。太沙基与 R. 佩克(Peck)在 1948 年发表的《工程实用土力学》中，将理论、测试和工程经验密切结合，推动了土力学和基础工程学科的发展。

"工程实用土力学"的出现，标志着"土力学及基础工程"真正成为一门工程科学；1936 年在美国哈佛召开了第一届国际土力学及基础工程学术会议，至今已 17 届，特别是在 20 世纪 70 年代以来，把学科推向现代化。在理论上，从饱和砂土的有效应力原理和线弹性力学为基础的土力学，逐渐发展为至今的考虑土的结构影响的黏弹塑性体的应力、应变、强度的数学模型，从饱和土为主的理论，发展到非饱和土，还发展了土的动力特性等。在基础工程应用技术上，数百米高的超高层建筑物，地下有百余米深地下多层基础工程，大型钢厂的深基础，海洋石油平台基础，海上大型混凝土储油罐，人工岛(关西机场)，条件复杂的高速公路路基，跨海大桥的桥梁基础等工程技术，使桩基、墩基、地基处理不断革新，走向现代。我国改革开放以来，大规模的现代化建设，深圳、广州、上海浦东以及沿海的中等城市，数以万计的高层建筑，三峡水利工程，南水北调工程，青藏铁路，全国各省市高速公路等成功实践，有效地促进了我国基础工程现代化发展。

自人工挖孔桩于 100 年前在美国问世以来，灌注桩基础得到了极大的发展，出现了很多新的桩型。单桩承载力可达数千千牛，最大的灌注桩直径可达数米，深度已超过 100 m。上海金茂大厦的桩基础入土深度达到 80 m 以上。钢管桩、大型钢桩、预应力混凝土管桩、劲性水泥土搅拌桩等新老桩型也在大量采用，桩基础的设计理论也得到较大的发展。特别是近年来，考虑桩和土共同承担荷载的复合桩基础设计理论在多高层建筑中得到较为广泛的应用。

高层和超高层建筑地下室的修建、地铁车站的建造以及城市地下空间的开发利用等，提出了与深基础相关的深、大基坑的开挖和支护问题。在 20 世纪 30 年代，太沙基等人就已开始研究基坑工程中的岩土工程问题。随着我国建设的发展，特别是进入 20 世纪 90 年代以来，深基坑的数量和深度都很大，基坑开挖深度达 30 m 以上。基坑围护体系的种类、各种围护体系的设计计算方法、施工技术、监测手段以及基坑工程的研究取得了很大的进展。由于基坑围护系统大多为临时性结构，使得基坑工程具有安全储备小、风险大的特点。基坑工程具有很强的地域性，不同地区采取的支护形式会有不同的特点和习惯做法。基坑工程还具有很强的个性，即使在同一地区的同样深度的基坑，由于基坑周围环境条件如建筑物、道路、地下管线的情况不同，支护方案也可能完全不同；甚至由于施工单位的物料储备也会对造价有影响，因而影响支护形式。

第二章 浅 基 础

第一节 概 述

进行地基基础设计时,必须根据建筑物的用途和设计等级、建筑布置和上部结构类型,充分考虑建筑场地和地基岩土条件,结合施工条件以及工期、造价等各方面的要求,合理选择地基基础方案。常见的地基基础方案有:天然地基或人工地基上的浅基础、深基础、深浅结合的基础(如桩—筏、桩—箱基础等)。上述每种方案中各有多种基础类型和做法,可以根据实际情况加以选择。一般而言,天然地基上的浅基础便于施工、工期短、造价低,如能满足地基的强度和变形要求,宜优先选用。

本章主要讨论天然地基上浅基础的设计原理和计算方法,这些原理和方法也基本适用于人工地基上的浅基础。

一、浅基础设计内容

天然地基上浅基础的设计,包括下列各项内容:

(1)选择基础的材料、类型,进行基础平面布置;

(2)确定地基持力层和基础埋置深度;

(3)确定地基承载力;

(4)确定基础的底面尺寸,必要时进行地基变形与稳定性验算;

(5)进行基础结构设计(对基础进行内力分析、截面计算并满足构造要求);

(6)绘制基础施工图,提出施工说明。

设计浅基础时要充分掌握拟建场地的工程地质条件和地基勘察资料,例如:不良地质现象和发震断层的存在及其危害性、地基土层分布的不均匀性和软弱下卧层情况、各层土的类别及其工程特性指标。地基勘察的详细程度应与地基基础设计等级(见表 2－1)和场地的工程地质条件相适应。

在仔细研究地基勘察资料的基础上,结合考虑上部结构的类型、荷载的性质及大小和分布、建筑布置和使用要求以及拟建基础对周围环境的影响,即可选择基础类型和进行基础平面布置,并确定地基持力层和基础埋置深度。

上述浅基础设计的各项内容是互相关联的。设计时可按上述顺序逐项进行设计与计算,如发现前面的选择不妥,则须修改设计,直至各项计算均符合要求且各数据前后一致为止。对规模较大的基础工程,还宜对若干可能的方案做出技术经济比较,然后择优采用。

如果地基软弱,为了减轻不均匀沉降的危害,在进行基础设计的同时,尚需从整体上对建筑设计和结构设计采取相应的措施,并对施工提出具体(或特殊)要求。

二、浅基础设计方法

在工程设计中，通常把上部结构、基础和地基三者分离开来，分别对三者进行计算。以图2－1(a)中柱下条形基础上的框架结构设计为例：先视框架柱底端为固定支座，将框架分离出来，然后按如图2－1(b)所示的计算简图计算荷载作用下的框架内力。再把求得的柱脚支座反力作为基础荷载反方向作用于条形基础上[见图2－1(c)]，并按直线分布假设计算基底反力，这样就可以求得基础的截面内力。进行地基计算时，则将基底压力(与基底反力大小相等、方向相反)施加于地基上[见图2－1(d)]，并作为柔性荷载(不考虑基础刚度)来验算地基承载力和地基沉降。

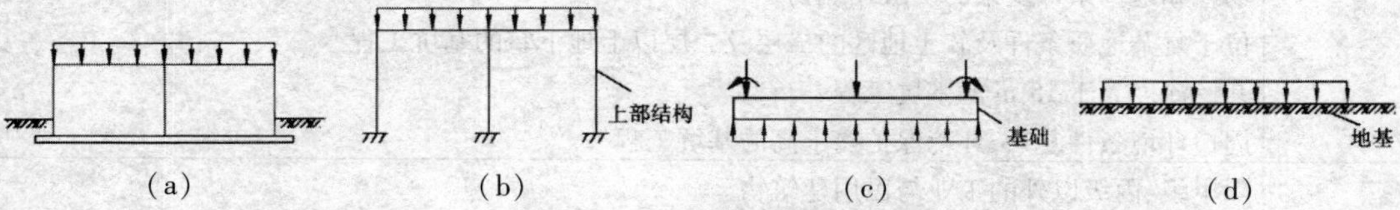

图2－1　常规设计法计算简图

上述设计方法可称之为常规设计法。这种设计方法虽然满足了静力平衡条件，但却忽略了地基、基础和上部结构三者之间受荷前后的变形连续性。事实上，地基、基础和上部结构三者是相互联系成整体来承担荷载而发生变形的，它们原来互相连接或接触的部位，在受荷后一般仍然保持连接或接触，即墙柱底端的位移、该处基础的变位和地基表面的沉降应相一致，满足变形协调条件。显然，地基越软弱，按常规方法计算的结果与实际情况的差别就越大。

由此可见，合理的分析方法，原则上应该以地基、基础、上部结构之间必须同时满足静力平衡和变形协调两个条件为前提。只有这样，才能揭示它们在外荷载作用下相互制约、彼此影响的内在联系，从而达到安全、经济的设计目的。鉴于这种从整体上进行相互作用分析难度较大，于是对于一般的基础设计仍然采用常规设计法，而对于复杂的或大型的基础，则宜在常规设计的基础上，区别情况，采用目前可行的方法考虑地基－基础－上部结构的相互作用。

常规设计法在满足下列条件时可认为是可行的。

(1)地基沉降较小或较均匀。若地基不均匀沉降较大，就会在上部结构中引起很大的附加内力，导致结构设计不安全。

(2)基础刚度较大。基底反力一般并非呈直线分布，它与土的类别及性质、基础尺寸和刚度以及荷载大小等因素有关。一般而言，当基础刚度较大时，可认为基底反力近似呈直线分布。对连续基础(指柱下条形基础、柱下交叉条形基础、筏形基础和箱形基础)，通常还要求地基、荷载分布及柱距较均匀。

三、地基基础设计原则

(一)对地基计算的要求

根据地基复杂程度、建筑物规模和功能特征以及由于地基问题可能造成建筑物破坏或影响正常使用的程度，《建筑地基基础设计规范》GB 50007—2011将地基基础设计分为三个设计等级(见表2－1)。

表 2－1 地基基础设计等级

设计等级	建筑和地基类型
甲级	重要的工业与民用建筑物 30 层以上的高层建筑 体型复杂，层数相差超过 10 层的高低层连成一体的建筑物 大面积的多层地下建筑物（如地下车库、商场、运动场等） 对地基变形有特殊要求的建筑物 复杂地质条件下的坡上建筑物（包括高边坡） 对原有工程影响较大的新建建筑物 场地和地基条件复杂的一般建筑物 位于复杂地质条件及软土地区的二层及二层以上地下室的基坑工程 开挖深度大于 15 m 的基坑工程 周边环境条件复杂、环境保护要求高的基坑工程
乙级	除甲级、丙级以外的工业与民用建筑物 除甲级、丙级以外的基坑工程
丙级	场地和地基条件简单、荷载分布均匀的七层及七层以下民用建筑及一般工业建筑；次要的轻型建筑物 非软土地区且场地地质条件简单、基坑周边环境条件简单、环境保护要求不高且开挖深度小于 5.0 m的基坑工程

根据建筑物地基基础设计等级及长期荷载作用下地基变形对上部结构的影响程度，地基基础设计应符合下列规定。

（1）所有建筑物的地基计算均应满足承载力计算的有关规定。

（2）设计等级为甲、乙级的建筑物，均应按地基变形设计（即应验算地基变形）。

（3）表 2－2 所列范围内设计等级为丙级的建筑物可不作地基变形验算，如有下列情况之一时，仍应作地基变形验算：①地基承载力特征值小于 130 kPa，且体型复杂的建筑；②在基础上及其附近有地面堆载或相邻基础荷载差异较大，可能引起地基产生过大的不均匀沉降时；③软弱地基上的建筑物存在偏心荷载时；④相邻建筑距离过近，可能发生倾斜时；⑤地基内有厚度较大或厚薄不匀的填土，其自重固结未完成时。

表 2－2 可不作地基变形验算设计等级为丙级的建筑物范围

地基主要受力情况	地基承载力特征值 f_{ak}（kPa）			$80 \le f_{ak} < 100$	$100 \le f_{ak} < 130$	$130 \le f_{ak} < 160$	$160 \le f_{ak} < 200$	$200 \le f_{ak} < 300$
	各土层坡度（%）			≤5	≤10	≤10	≤10	≤10
建筑类型	砌体承重结构、框架结构（层数）			≤5	≤5	≤6	≤6	≤7
	单层排架结构（6m 柱距）	单跨	吊车额定起重量（t）	10～15	15～20	20～30	30～50	50～100
			厂房跨度（m）	≤18	≤24	≤30	≤30	≤30
		多跨	吊车额定起重量（t）	5～10	10～15	15～20	20～30	30～75
			厂房跨度（m）	≤18	≤24	≤30	≤30	≤30
	烟囱		高度（m）	≤40	≤50	≤75		≤100
	水塔		高度（m）	≤20	≤30	≤30		≤30
			容积（m^3）	50～100	100～200	200～300	300～500	500～1000

注:1. 地基主要受力层系指条形基础底面下深度为 $3b$(b 为基础底面宽度),独立基础下为 $1.5b$,且厚度均不小于 5 m 的范围(二层以下一般的民用建筑除外)。

2. 地基主要受力层中如有承载力特征值小于 130 kPa 的土层时,表中砌体承重结构的设计,应符合《建筑地基基础设计规范》GB 50007—2011 第 7 章的有关要求。

3. 表中砌体承重结构和框架结构均指民用建筑,对于工业建筑可按厂房高度、荷载情况折合成与其相当的民用建筑层数;

4. 表中吊车额定起重量、烟囱高度和水塔容积的数值系指最大值。

(4)对经常受水平荷载作用的高层建筑、高耸结构和挡土墙等,以及建造在斜坡上或边坡附近的建筑物和构筑物,尚应验算其稳定性。

(5)基坑工程应进行稳定性验算。

(6)建筑地下室或地下构筑物存在上浮问题时,尚应进行抗浮验算。

(二)关于采用的作用效应与相应的抗力限值的规定

地基基础设计时,所采用的作用效应与相应的抗力限值应按下列规定采用。

(1)按地基承载力确定基础底面积及时,传至基础底面上的作用效应应按正常使用极限状态下作用的标准组合;相应的抗力应采用地基承载力特征值。

(2)计算地基变形时,传至基础底面上的作用效应应按正常使用极限状态下作用的准永久组合,不应计入风荷载和地震作用;相应的限值应为地基变形允许值。

(3)计算挡土墙、地基或滑坡稳定以及基础抗浮稳定时,作用效立应按承载能力极限状态下作用的基本组合,但其分项系数均为 1.0。

(4)在确定基础高度、支挡结构截面、计算基础或支挡结构内力、确定配筋和验算材料强度时,上部结构传来的作用效应和相应的基底反力、挡土墙土压力以及滑坡推力,应按承载能力极限状态下作用的基本组合,采用相应的分项系数。当需要验算基础裂缝宽度时,应按正常使用极限状态下作用的标准组合。

(5)由永久作用控制的基本组合值可取标准组合值的 1.35 倍。

(三)荷载效应取值

1. 两种极限状态设计

当整个结构或结构的某一部分超过某一特定状态就不能满足设计规定的某一功能要求,此特定状态称为该功能的极限状态。结构的极限状态总体上可分为承载力极限状态和正常使用极限状态两类。承载力极限状态一般以结构的内力超过其承载能力为依据;正常使用极限状态一般以结构的变形、裂缝、振动参数超过设计允许的限值为依据。在地基基础设计时,地基稳定和变形允许是地基基础必须满足的两种不同要求。为此,现行《建筑地基基础设计规范》(GB 50007—2011)采用正常使用极限状态进行地基计算,采用承载力极限状态进行基础设计,并明确规定了两种极限状态对应的荷载组合及使用范围。

2. 荷载效应取值的基本规定

地基基础设计时,所采用的荷载效应最不利组合与相应的抗力限值应按下列规定。

(1)按地基承载力确定基础底面积及埋深或按单桩承载力确定桩数时,传至基础或承台底面上的荷载效应应按正常使用极限状态下荷载效应的标准组合。相应的抗力应采用地基承载力特征值或单桩承载力特征值。正常使用极限状态下,荷载效应的标准组合值 S_K 应用下式表示

$$S_K = S_{GK} + S_{Q1K} + \sum_{i=2}^{n} \Psi_{ci} S_{QiK} \tag{2-1}$$

式中，S_{GK} 为按永久荷载标准值 G_K 计算的荷载效应值；S_{QiK} 为按可变荷载标准值 Q_{iK} 计算的荷载效应值；S_{Q1K} 为诸可变荷载效应中起控制作用者 Ψ_{ci} 为可变荷载 Q_i 的组合值系数，按现行《建筑结构荷载规范》(GB 50009—2001)的规定取值。

(2)计算地基变形时，传至基础底面上的荷载效应应按正常使用极限状态下荷载效应的准永久组合，不应计入风荷载和地震作用。相应的限值应为地基变形允许值。正常使用极限状态下，荷载效应的准永久组合值 S_K 应用下式表示

$$S_K = S_{GK} + \sum_{i=1}^{n} \Psi_{qi} S_{QiK} \tag{2-2}$$

式中，Ψ_{qi} 为准永久值系数，按现行《建筑结构荷载规范》(GB 50009—2001)的规定取值。

(3)在确定基础或桩台高度、支挡结构截面，计算基础或支挡结构内力，确定配筋和验算材料强度时，上部结构传来的荷载效应组合和相应的基底反力，应按承载能力极限状态下荷载效应的基本组合，采用相应的分项系数。

①承载力极限状态下，由可变荷载效应控制的基本组合设计值 S 应用下式表示

$$S = \gamma_G S_{GK} + \gamma_{Q1} S_{Q1K} + \sum_{i=2}^{n} \gamma_{Qi} \Psi_{ci} S_{QiK} \tag{2-3}$$

式中，γ_G 为永久荷载的分项系数，按现行《建筑结构荷载规范》(GB 50009—2001)的规定取值；γ_{Qi} 为第 i 个可变荷载的分项系数，按现行《建筑结构荷载规范》(GB 50009—2001)的规定取值；Ψ_{ci} 为可变荷载 Q_i 的组合值系数，按现行《建筑结构荷载规范》(GB 50009—2001)的规定取值。

②由永久荷载效应控制的基本组合设计值 S 应用下式表示

$$S = \gamma_G S_{GK} + \sum_{i=1}^{n} \gamma_{Qi} \Psi_{ci} S_{QiK} \tag{2-4}$$

对由永久荷载效应控制的基本组合，也可采用简化规则，即荷载效应基本组合设计值 S 按下式确定

$$S = 1.35 S_K \leqslant R \tag{2-5}$$

式中，R 为结构构件抗力的设计值，按有关建筑结构设计规范的规定确定；S_K 为荷载效应的标准组合值。

(4)计算挡土墙土压力、地基或斜坡稳定及滑坡推力时，荷载效应应按承载能力极限状态下荷载效应的基本组合，但其分项系数均为 1.0。

当需要验算基础裂缝宽度时，应按正常使用极限状态下荷载效应的标准组合。

另外，基础设计安全等级、结构设计使用年限、结构重要性系数应按有关规范的规定采用，但结构重要性系数 γ_0 不应小于 1.0。

第二节　浅基础的类型与方案选择

浅基础根据结构形式可以分为无筋扩展基础、扩展基础、柱下条形基础、筏板基础、箱形基础、独立基础等。根据所用材料的性能可分为无筋基础和钢筋混凝土基础。

一、浅基础的类型

（一）无筋扩展基础

无筋扩展基础系指由砖、毛石、混凝土或毛石混凝土、灰土和三合土等材料组成的，且无须配置钢筋的墙下条形基础或柱下独立基础。无筋扩展基础适用于多层民用建筑和轻型厂房。

1. 砖

抗冻性差，适用于干燥较温暖的地区，不宜用于寒冷和潮湿的地区。在地下水位以上可用混合砂浆，水下则只能用水泥砂浆。由于砖具有就地取材、烧制方便、施工简单和价格低廉的优点，所以砖作基础较为广泛，是常用的基础材料。

2. 石

它的强度和抗冻性优于砖，施工方便，价格较低，是最常用的基础材料之一。

3. 灰土

由石灰与土料配制而成。石灰宜用块状生石灰，经消化 1 ~ 2d 后过筛立即使用；土料宜用塑性指数较低的粉土或粉质黏土，放入基槽内分层夯实。灰土虽然抗剪强度较低，抗水性能差，但因取材容易，施工简便，价格便宜，所以常用作干燥土层上的基础，广泛用于我国华北和西北地区。

4. 三合土

由石灰、砂、骨料加水均匀拌和，分层夯实而成。三合土具有取材方便，施工简单，价格较低的优点，但因其抗剪强度较低，不宜用于荷载较大建筑物作基础。三合土基础广泛用于我国南方地区。

5. 混凝土

抗压强度、耐久性和抗冻性都很好，而且可做成任何形状又便于机械化施工。为节省水泥用量，常在混凝土中掺入占体积 25% ~ 30% 的毛石做成毛石混凝土基础。

无筋扩展基础工作条件像一个倒置的两边外伸的悬臂梁，受力后在靠墙、柱边或断面突变处发生弯曲破坏（见图 2 - 2）和剪切破坏。由于无筋扩展基础所用的材料抗拉、抗剪强度较差，设计时为了防止基础的弯曲破坏，保证基础内的拉应力和剪应力不超过其相应的材料强度设计值，通常是用基础构造的限制来实现的：基础的每个台阶的宽度与其高度之比都不得超过基础台阶高宽比的允许值，如图 2 - 3 所示，即应满足公式 $H_0 \geqslant \dfrac{b - b_0}{2\tan\alpha}$。在这样的限制下，基础的高度相对比较大，并具有足够的刚度，几乎不发生挠曲变形，因而不需要再做抗弯、抗剪验算。

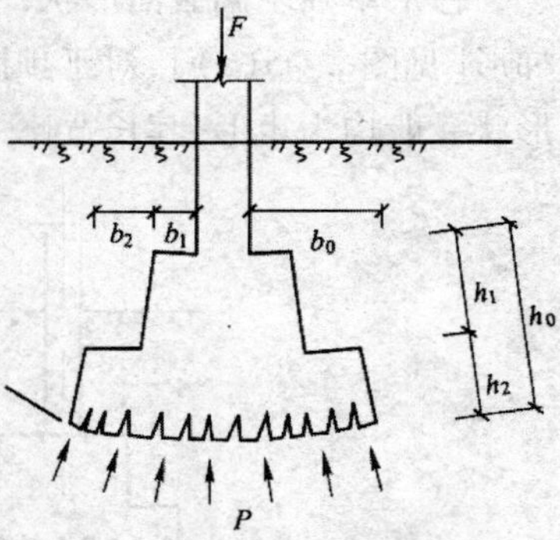

图 2 - 2　刚性基础弯曲破坏

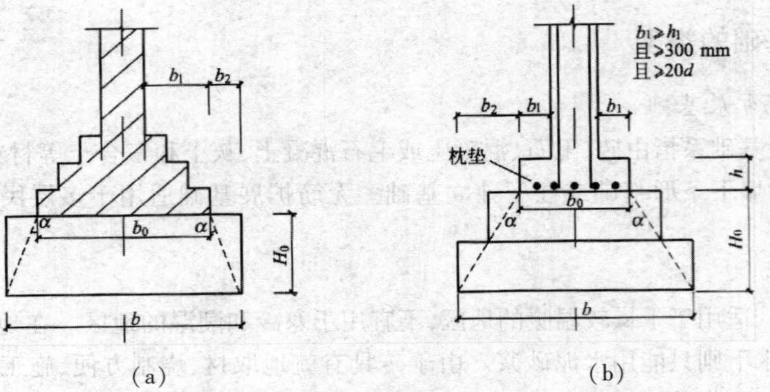

图 2－3　刚性基础构造示意图

无筋扩展基础截面的基本形状是矩形(见图 2－4a),为节省基础材料常做成锥形(见图 2－4b),为便于施工多做成阶梯形(见图 2－4c)。

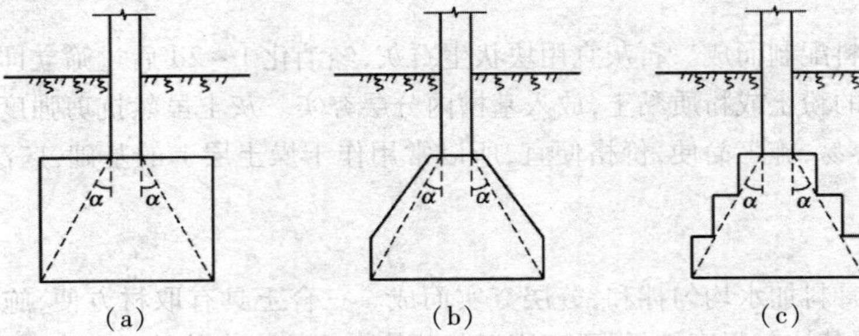

图 2－4　刚性基础

(二)扩展基础

扩展基础系指柱下钢筋混凝土独立基础和墙下钢筋混凝土条形基础。

1. 柱下钢筋混凝土独立基础

柱下单独基础截面形状,一般多做成锥形[见图 2－5(b)],有时为便于施工也可做成阶梯形[见图 2－5(a)],对于预制钢筋混凝土柱,便可做成杯形[见图 2－5(c)]。它们的基底形状一般均为矩形,其长宽比为 1～3。

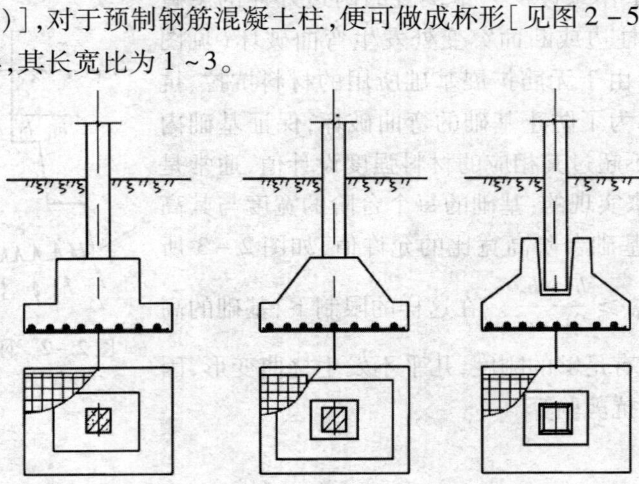

(a)阶梯形基础　　(b)锥形基础　　(c)杯形基础

图 2－5　柱下钢筋混凝土单独基础

2. 墙下钢筋混凝土条形基础

墙下条形基础截面形状常为梯形[见图 2-6(a)],若地基不均匀,为增强基础的整体性和抗弯能力,可采用有肋的条形基础[见图 2-6(b)],由于这种基础的高度可以很小,故适宜于需要“宽基浅埋”的情况。

对于软弱地基的表层具有一定厚度的所谓“硬壳层”,可利用该层作为持力层时,便可以考虑采用这种基础形式。

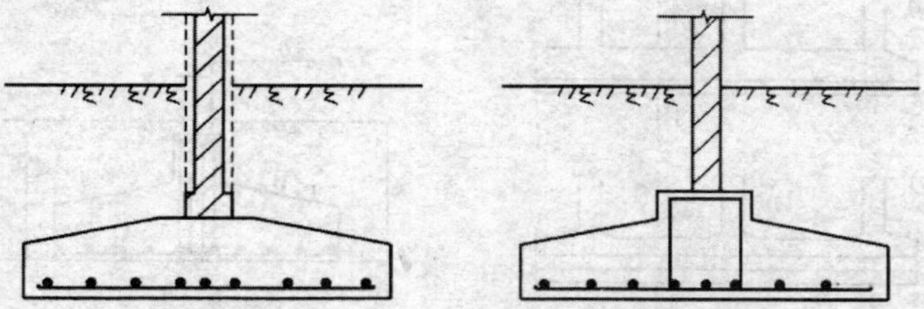

(a)无肋的　　(b)有肋的

图 2-6　墙下钢筋混凝土条形基础

(三)柱下条形基础

柱下条形基础是由两个或两个以上的柱下钢筋混凝土单独基础,在基底部分连接组合而成的长条形连续基础,通常分为局部条形基础、单向条形基础和交叉条形基础。

1. 局部条形基础

局部条形基础是指相邻的两个柱下单独基础连接组合而成的基础,也是相邻二柱公共的钢筋混凝土基础,故又称二柱联合基础。这种基础不仅可增大基底面积,而且还能起调整不均匀沉降、防止两柱间的相向倾斜的作用。

这类基础主要用于柱荷载大而地基又较软弱,一柱靠近建筑界限而柱距又较小的情况。为加强基础的整体刚度,解决基底面积不足或偏心过大,对于荷载较小柱一侧场地受限,常用矩形联合基础[见图 2-7(a)];对于荷载较大柱一侧场地受限,则可用梯形联合基础[见图 2-7(b)]。有时也用于柱荷载偏心、柱距较大且地基承载力较高的情况。为解决柱端偏心或防止两柱倾斜,没有必要把两柱基底面积完全联在一起,可以用连系梁连接两柱基,形成连系梁式联合基础[见图 2-7(c)]。

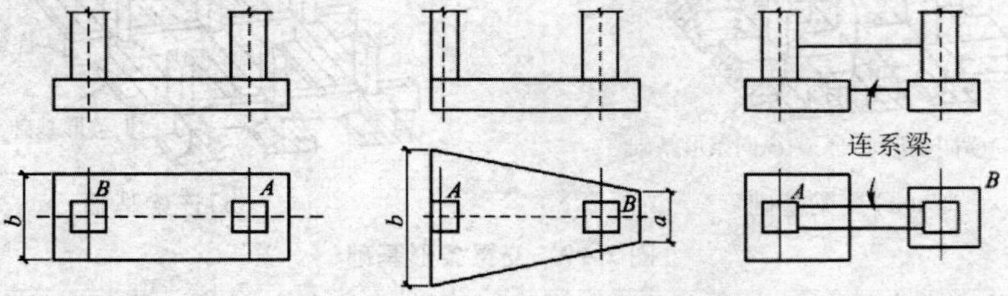

(a)矩形联合基础　　(b)梯形联合基础　　(c)连系梁式联合基础

图 2-7　二柱钢筋混凝土联合基础

2. 单向条形基础(常简称柱下条形基础)

单向条形基础是在同一轴线(或同一方向)上若干个柱下单独基础联合组成的长条形连续基础。此种基础又称为梁式基础(见图 2-8)。为了加强基础的整体刚度,这种基础通常均有肋梁,因而基础的横截面常为倒 T 形。T 形截面中部高度较大者即为肋梁,底部有横向外伸者则为翼板,一般情况下,常用等截面的柱下条形基础[见图2-8(a)];当柱荷载较大时,可在柱两侧局部增高(加腋)做成柱位加腋的柱下条形基础[见图2-8(b)]。

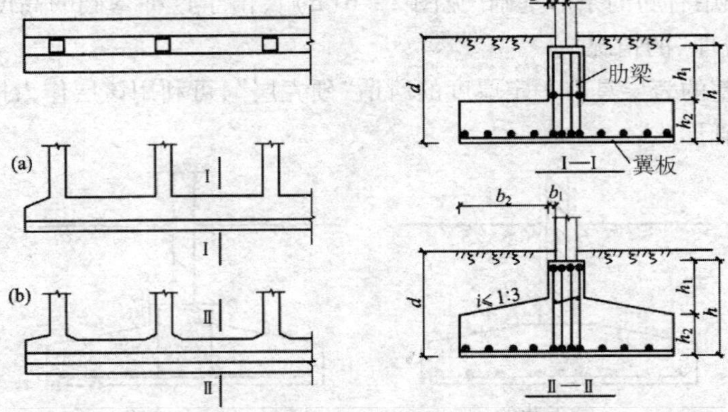

图2-8 柱下条形基础

柱下条形基础常用于柱荷载较大或地基承载力较低,以致基底面积彼此靠近,甚至连接的情况,也用于单独基础之间沉降差过大,采用联合的条形基础,以调整其不均匀沉降的情况。

3. 交叉条形基础(十字形基础)

交叉条形基础是在柱网下纵横两个方向用条形基础(或一个方向用条形基础而另一个方向用连梁)连接组合而成的十字交叉连续基础。此种基础又称为十字形基础(见图2-9)。如果两个方向都是条形基础的交叉条形基础,称为交梁基础[见图2-9(a)]。这种基础不仅纵横两个方向的条形基础扩大了基底面积以满足地基承载力的要求,而且还利用其空间刚度起着调整不均匀沉降的作用。如果一个方向上条形基础的基底面积已足够,另一方向只需要用有一定刚度和强度的连梁而组成的交叉条形基础,则称为连梁基础[见图2-9(b)]。这种基础利用连梁的足够刚度,来减少基础之间的不均匀沉降。

(a)交梁基础　　(b)连梁基础

图2-9 交叉条形基础

交叉条形基础常用于地基土软弱且压缩性不均,或柱荷载较大又分布不均的情况。

(四)筏板基础(片筏基础)

筏板基础又称为片筏基础,在交叉条形基础的基底面积还不能满足地基承载力的要求时,可在建筑物的柱、墙下面做一块整体的钢筋混凝土连续板作为基础。此种基础也称为连续板基础,或俗称满樘红基础(见图2-10)。根据不同的构造这类基础可分为以下三种。

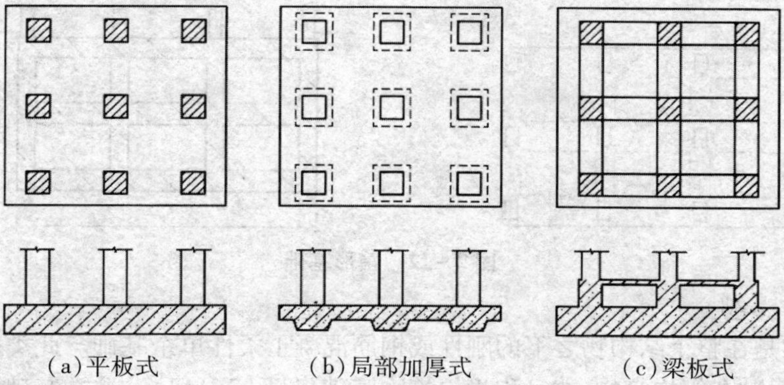

图 2－10　筏板基础

(1)平板式筏板基础[见图 2－10(a)],适用于柱网较均匀且间距较小或墙荷载较大的情况。

(2)局部加厚式筏板基础,可在板上加厚也可在板下加厚[见图 2－10(b)],适用于柱网较均匀,但柱距较大的情况。

(3)梁板式筏板基础,可在板上加肋梁[见图 2－10(c)],也可在板下加肋梁,适用于柱网不均匀,柱距较大的情况。

筏板基础因其板上四周有墙体封闭,它与单独基础或条形基础相比(见图 2－11),不仅扩大了基底面积,使基底压力减少;而且基础的计算埋置深度相对增大,使地基承载力加大。所以,筏板基础常用于地基土很软弱,墙、柱荷载很大和特别是需要有地下室的情况。这类基础具有较大的整体刚度,有利于调整地基的不均匀变形和跨越地基中的洞穴。

在具有硬壳层(包括人工处理形成的)比较均匀的软弱地基,可采用墙下浅埋(或不埋)筏板基础,但仅适用于 6 层及 6 层以下横墙较密的民用建筑。

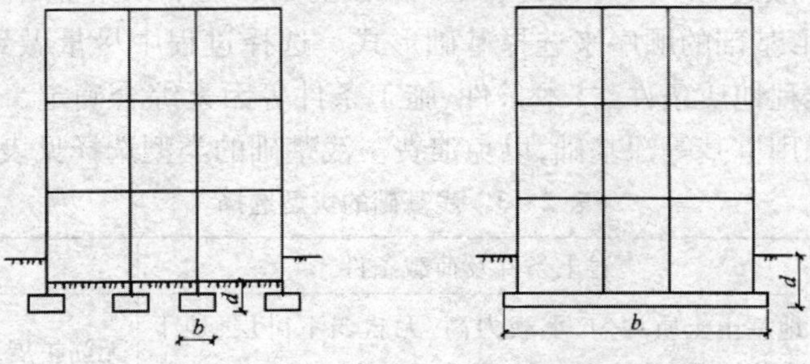

图 2－11　单独基础与筏板基础的比较

(五)箱形基础

箱形基础是筏板基础的进一步发展,它是由顶板、若干纵横墙体和筏板基础(底板)所组成的箱体作为建筑物的基础(见图 2－12)。此种基础不仅具有很大的刚度,可调整地基的不均匀变形,而且挖去了大量的土,可减少基底的附加压力,如果地下水接近地表,还有水的浮力,也可减少基底的附加压力,同时箱体内有较大的空间,可用作地下室等。

箱形基础常用于地基特别软弱、土层厚度较大,上部结构荷载很大、建筑平面紧凑且面积较小和形状比较简单的高层建筑,也用于某些对不均匀沉降有严格要求的构筑物。

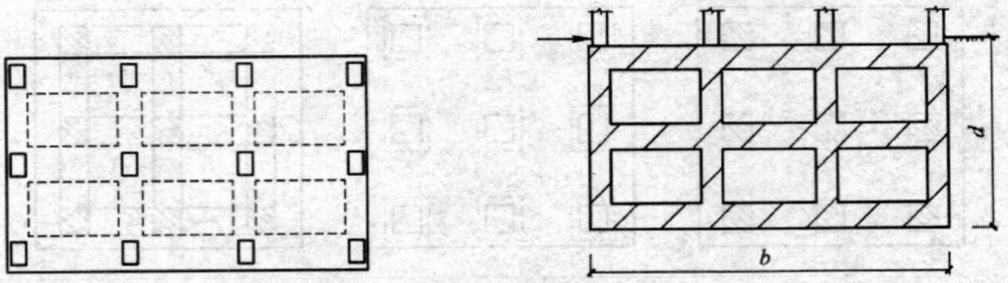

图 2－12　箱形基础

（六）独立基础

独立基础是在整个结构物之下的刚性或钢筋混凝土柔性单个基础。此类基础常用于烟囱、水塔、高炉、贮仓等构筑物，故又称为构筑物基础（见图 2－13）。这类基础通常有钢筋混凝土圆环和圆板基础［见图 2－13（a）、（b）］、混凝土大块式基础［见图 2－13（c）］和钢筋混凝土壳体基础［见图 2－13（d）］。

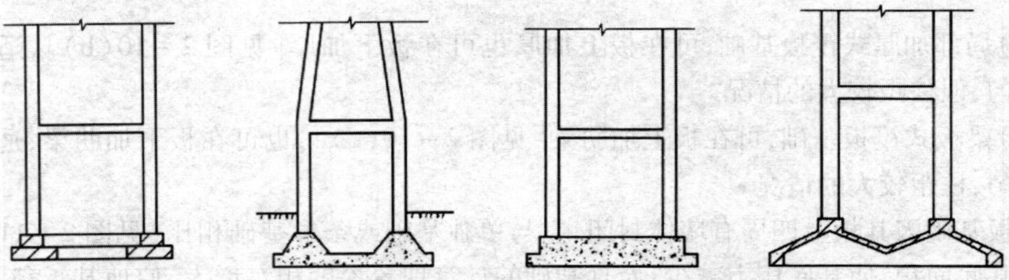

（a）圆环基础　（b）圆板基础　（c）大块式基础　（d）壳体基础

图 2－13　独立基础

二、浅基础方案选择

基础设计中，一般遵循无筋扩展基础—扩展基础—柱下条形基础—柱下交叉条形基础—筏形基础—箱形基础的顺序来选择基础形式。选择过程中尽量做到经济、合理、安全，并考虑建筑条件、工程地质条件、技术条件、施工条件等因素综合确定。只有当上述浅基础均不合适时，才考虑用桩基等深基础，以免浪费。浅基础的类型选择见表 2－3。

表 2－3　浅基础的类型选择

结构类型	岩土条件及荷载条件	基础类型
多层砖混结构	地基土土质均匀、承载力高、无软弱下卧层、地下水位以上、荷载不大（5 层以下建筑）	无筋扩展基础
	地基土土质均匀性差、承载力低、有软弱下卧层、基础需浅埋时	墙下钢筋混凝土条形基础或墙下钢筋混凝土交叉条形基础
	地基土土质均匀性差、承载力低、荷载较大、采用条形基础基底面积超过建筑物投影面积的 50% 时	墙下筏形基础

续表

结构类型	岩土条件及荷载条件	基础类型
框架结构（无地下室）	地基土土质均匀、承载力高、荷载相对较小、柱网分布均匀	柱下钢筋混凝土独立基础
	地基土土质均匀性差、承载力低、荷载较大、采用独立基础不能满足要求	柱下钢筋混凝土条形基础或柱下钢筋混凝土交叉条形基础
	地基土土质均匀性差、承载力低、荷载较大、采用条形基础基底面积超过建筑物投影面积的50%时	柱下筏形基础
剪力墙结构，10层以上住宅	地基土层较好、荷载分布均匀	墙下钢筋混凝土条形基础
	当上述条件不满足时	墙下筏形基础或箱形基础
高层框架、剪力墙结构（有地下室）	可采用天然地基时	筏形基础或箱形基础

第三节　地基承载力容许值的确定

地基承载力容许值的确定一般有以下三种方法：

(1)根据现场荷载试验的 $p-s$ 曲线确定；

(2)按地基承载力理论公式计算；

(3)按现行规范提供的经验公式计算。

这里介绍按《公路桥涵地基与基础设计规范》(JTG D63—2007)提供的经验公式和参数确定地基承载力容许值的方法。《公路桥涵地基与基础设计规范》(JTG D63—2007)中地基设计采用正常使用极限状态，所选定的地基承载力为地基承载力容许值，这是由于土是大变形材料，当荷载增加时，随着地基变形的相应增长，地基承载力也在逐渐增大，很难界定出一个真正的“极限值”；另外桥涵结构物的使用有一个功能要求，常常是地基承载力还有潜力可挖，而地基的变形却已经达到或超过按正常使用的限值，因此地基承载力应取结构物容许沉降对应的地基承受荷载的能力。

地基承载力基本容许值 $[f_{a0}]$，为载荷试验地基土压力变形关系线性变形段内不超过比例界限点的地基压力值。《公路桥涵地基与基础设计规范》(JTJ 024—1985)所推荐的地基容许承载力 $[\sigma_0]$ 是根据荷载试验与土的物理力学性质指标的资料对比及国内外有关规范和实践经验综合考虑编制成的，$[\sigma_0]$ 的确定同时满足强度和变形两方面条件，因此可视为按正常使用极限状态确定的地基承载力。《公路桥涵地基与基础设计规范》(JTG D63—2007)修正后的地基承载力容许值 $[f_a]$ 对应于《公路桥涵地基与基础设计规范》(JTJ 024—1985)考虑地基土修正后的容许承载力 $[\sigma]$。

《公路桥涵地基与基础设计规范》(JTJ 024—1985)采用地基承载力表给公路工程设计人员提供了很大帮助，随着设计水平的提高，设计中应尽可能采用载荷试验或其他原位测试取得地基承载力，但是由于桥涵基础所处环境特殊，在很多地点可能无法进行现场测试，可查《公路桥涵地基与基础设计规范》(JTG D63—2007)地基承载力表。

按照《公路桥涵地基与基础设计规范》(JTG D63—2007)提供的经验公式和数据来确定

地基承载力容许值的步骤和方法如下。

一、确定地基岩土的名称

公路桥涵地基的岩土分为岩石、碎石土、砂土、粉土、黏性土和特殊性岩土。

（一）*岩石*

岩石为颗粒间连接牢固、呈整体或具有节理裂隙的地质体。作为公路桥涵地基，除应确定岩石的地质名称外，还应按《公路桥涵地基与基础设计规范》（JTG D63—2007）规定划分其坚硬程度、完整程度、节理发育程度、软化程度和特殊性岩石。

岩石的坚硬程度应根据岩块的饱和单轴抗压强度标准值f_{rk}按表2－4分为坚硬岩、较硬岩、较软岩、软岩和极软岩5个等级。当缺乏有关试验数据或不能进行该项试验时，可按《公路桥涵地基与基础设计规范》（JTG D63—2007）附录表A.0.1－1定性分级。

表2－4　岩石坚硬程度分级

坚硬程度类别	坚硬岩	较硬岩	较软岩	软岩	极软岩
饱和单轴抗压强度标准值f_{rk}（MPa）	$f_{rk}>60$	$60\geqslant f_{rk}>30$	$30\geqslant f_{rk}>15$	$15\geqslant f_{rk}>5$	$f_{rk}\leqslant 5$

注：岩石饱和单轴抗压强度试验要点，见《公路桥涵地基与基础设计规范》（JTG D63—2007）附录B。

岩体完整程度根据完整性指数按表2－5分为完整、较完整、较破碎、破碎和极破碎5个等级。当缺乏有关试验数据时，可按《公路桥涵地基与基础设计规范》（JTG D63—2007）附录表A.0.1－3定性分级。

表2－5　岩体完整程度划分

完整程度等级	完整	较完整	较破碎	破碎	极破碎
完整性指数	>0.75	0.75～0.55	0.55～0.35	0.35～0.15	<0.15

注：完整性指数为岩体纵波波速与岩块纵波波速之比的平方。

岩体节理发育程度根据节理间距按表2－6分为节理很发育、节理发育、节理不发育3类。

表2－6　岩体节理发育程度的分类

程度	节理不发育	节理发育	节理很发育
节理间距（mm）	>400	200～400	20～200

注：节理是指岩体破裂面两侧岩层无明显位移的裂缝或裂隙。

岩石按软化系数可分为软化岩石和不软化岩石，当软化系数等于或小于0.75时，应定为软化岩石；当软化系数大于0.75时，定为不软化岩石。

当岩石具有特殊成分、特殊结构或特殊性质时，应定为特殊性岩石。如易溶性岩石、膨胀性岩石、崩解性岩石、盐渍化岩石等。

（二）*碎石土*

碎石土为粒径大于2 mm的颗粒含量超过总质量50%的土。碎石土可按表2－7分为漂石、块石、卵石、碎石、圆砾和角砾6类。

表 2-7　碎石土的分类

土的名称	颗粒形状	粒组含量
漂石	圆形及亚圆形为主	粒径大于 200 mm 的颗粒含量超过总质量 50%
块石	棱角形为主	
卵石	圆形及亚圆形为主	粒径大于 20 mm 的颗粒含量超过总质量 50%
碎石	棱角形为主	
圆砾	圆形及亚圆形为主	粒径大于 20 mm 的颗粒含量超过总质量 50%
角砾	棱角形为主	

注:碎石土分类时应根据粒组含量从大到小以最先符合者确定。

碎石土的密实度,可根据重型动力触探锤击数 $N_{63.5}$ 按表 2-8 分为松散、稍密、中密、密实 4 级。当缺乏有关试验数据时,碎石土平均粒径大于 50 mm 或最大粒径大于 100 mm 时,按《公路桥涵地基与基础设计规范》(JTG D63—2007)附录表 A.0.2 鉴别其密实度。

表 2-8　碎石土的密实度

锤击数 $N_{63.5}$	密实度	锤击数 $N_{63.5}$	密实度
$N_{63.5} \leqslant 5$	松散	$10 < N_{63.5} \leqslant 20$	中密
$5 < N_{63.5} \leqslant 10$	稍密	$N_{63.5} > 20$	密实

注:1. 本表适用于平均粒径小于或等于 50 mm 且最大粒径不超过 100 mm 的卵石、碎石、圆砾、角砾;

2. 表内 $N_{63.5}$ 为经修正后锤击数的平均值,锤击数的修正按《公路桥涵地基与基础设计规范》(JTG D63—2007)附录 C 进行。

(三)砂土

砂土为粒径大于 2 mm 的颗粒含量不超过总质量 50%、粒径大于 0.075 mm 的颗粒超过总质量 50% 的土。砂土可按表 2-9 分为砾砂、粗砂、中砂、细砂和粉砂 5 类。

表 2-9　砂土分类

土的名称	粒组含量
砾砂	粒径大于 2 mm 的颗粒含量占总质量 25% ~50%
粗砂	粒径大于 0.5 mm 的颗粒含量超过总质量 50%
中砂	粒径大于 0.25 mm 的颗粒含量超过总质量 50%
细砂	粒径大于 0.075 mm 的颗粒含量超过总质量 85%
粉砂	粒径大于 0.075 mm 的颗粒含量超过总质量 50%

砂土的密实度可根据标准贯入锤击数按表 2-10 分为松散、稍密、中密、密实 4 级。

表 2-10　砂土的密实度

标准贯入锤击数 N	密实度	标准贯入锤击数 N	密实度
$N \leqslant 10$	松散	$15 < N \leqslant 30$	中密
$10 < N \leqslant 15$	稍密	$N > 30$	密实

(四)粉土

粉土为塑性指数 $I_P \leqslant 10$ 且粒径大于 0.075 mm 的颗粒含量不超过总质量 50% 的土。

粉土的密实度应根据孔隙比 e 划分为密实、中密和稍密;其湿度应根据天然含水率 ω(%)划分为稍湿、湿、很湿。密实度和湿度的划分应分别符合表 2-11 和表 2-12 的规定。

表 2-11　粉土密实度分类

孔隙比 e	密实度
$e<0.75$	密实
$0.75\leqslant e\leqslant 0.90$	中密
$e>0.90$	稍密

表 2-12　粉土湿度分类

天然含水率 ω (%)	湿度
$\omega<20$	稍湿
$20\leqslant\omega\leqslant 30$	湿
$\omega>30$	很湿

(五)黏性土

黏性土为塑性指数 $I_P>10$ 且粒径大于 0.075 mm 的颗粒含量不超过总质量 50% 的土。黏性土根据塑性指数按表 2-13 分为黏土和粉质黏土。

表 2-13　黏性土的分类

塑性指数 I_P	土的名称
$I_P>17$	黏土
$10<I_P\leqslant 17$	粉质黏土

注:液限和塑限分别按 76 g 锥试验确定。

黏性土的软硬状态可根据液性指数 I_L 按表 2-14 分为坚硬、硬塑、可塑、软塑、流塑 5 种状态。

表 2-14　黏性土的状态

液性指数 I_L	状态	液性指数 I_L	状态
$I_L\leqslant 0$	坚硬	$0.75<I_L\leqslant 1$	软塑
$0<I_L\leqslant 0.25$	硬塑	$I_L>1$	流塑
$0.25<I_L\leqslant 0.75$	可塑	—	—

黏性土可根据沉积年代按表 2-15 分为老黏性土、一般黏性土和新近沉积黏性土。

表 2-15　黏性土的沉积年代分类

沉积年代	土的分类
第四纪晚更新世(Q_3)及以前	老黏性土
第四纪全新世(Q_4)	一般黏性土
第四纪全新世(Q_4)以后	新近沉积黏性土

(六)特殊性岩土

特殊性岩土是具有一些特殊成分、结构和性质的区域性土,包括软土、膨胀土、湿陷性土、红黏土、冻土、盐渍土和填土等。

1. 软土

软土为滨海、湖沼、谷地、河滩等处天然含水率高、天然孔隙比大、抗剪强度低的细粒土,其鉴别指标应符合表 2－16 规定，包括淤泥、淤泥质土、泥炭、泥炭质土等。

表 2－16　软土地基鉴别指标

指标名称	天然含水率 ω（%）	天然孔隙比 e	直剪内摩擦角 φ（°）	十字板剪切强度 c_u	压缩系数 a_{1-2}（MPa^{-1}）
指标值	≥35 或液限	≥1.0	宜小于 5°	<35 kPa	宜大于 0.5

淤泥为在静水或缓慢的流水环境中沉积，并经生物化学作用形成，其天然含水率大于液限、天然孔隙比大于或等于 1.5 的黏性土。

天然含水率大于液限而天然孔隙比小于 1.5 但大于或等于 1.0 的黏性土或粉土为淤泥质土。

2. 膨胀土

膨胀土为土中黏粒成分主要由亲水性矿物组成，同时具有显著的吸水膨胀和失水收缩特性，其自由膨胀率大于或等于 40% 的黏性土。

3. 湿陷性土

湿陷性土为浸水后产生附加沉降，其湿陷系数大于或等于 0.015 的土。

4. 红黏土

红黏土为碳酸盐岩系的岩石经红土化作用形成的高塑性黏土，其液限一般大于 50。红黏土经再搬运后仍保留其基本特征且其液限大于 45 的土为次生红黏土。

5. 冻土

冻土为温度为 0 ℃或负温，含有冰且与土颗粒呈胶结状态的土。

6. 盐渍土

盐渍土为土中易溶盐含量大于 0.3%，并具有溶陷、盐胀、腐蚀等工程特性的土。

7. 填土

填土根据其组成和成因，可分为素填土、压实填土、杂填土、冲填土。素填土为由碎石土、砂土、粉土、黏性土等组成的填土。经过压实或夯实的素填土为压实填土。杂填土为含有建筑垃圾、工业废料、生活垃圾等杂物的填土。冲填土为由水力冲填泥砂形成的填土。

二、地基岩土工程特性指标确定

土的工程特性指标包括抗剪强度指标、压缩性指标、动力触探锤击数、静力触探探头阻力、载荷试验承载力以及其他特性指标。

地基土工程特性指标的代表值应分别为标准值、平均值及容许值。强度指标应取标准值；压缩性指标应取平均值；承载力指标应取容许值。

土的抗剪强度指标可采用原状土室内剪切试验、无侧限抗压强度试验、现场剪切试验、十字板剪切试验等方法测定。当采用室内剪切试验确定土的抗剪强度指标时，室内试验抗剪强度指标黏聚力标准值 c_k、内摩擦角标准值 φ_k，可按《公路桥涵地基与基础设计规范》（JTG D63—2007）附录 G 确定。

土的压缩性指标可采用原状土室内压缩试验、原位浅层或深层平板载荷试验、旁压试验确定。当采用室内压缩试验确定压缩模量时，试验所施加的最大压力应超过土自重压力与预计附加压力之和，试验成果用 $e-p$ 曲线表示。地基土的压缩性可按 p_1 为 100 kPa、p_2 为 200 kPa 相对应的压缩系数值 a_{1-2} 划分为低、中、高压缩性，且应按以下规定进行评价：

(1)当 $a_{1-2}<0.1\text{MPa}^{-1}$时，为低压缩性土；

(2)当 $0.1\text{MPa}^{-1}\leqslant a_{1-2}<0.5\text{MPa}^{-1}$时，为中压缩性土；

(3)当 $a_{1-2}\geqslant 0.5\text{MPa}^{-1}$时，为高压缩性土。

土的载荷试验应包括浅层平板载荷试验和深层平板载荷试验。两种载荷试验要点应分别符合《公路桥涵地基与基础设计规范》(JTG D63—2007)附录 D、E 规定。岩基载荷试验要点应符合《公路桥涵地基与基础设计规范》(JTG D63—2007)附录 F 规定。

三、地基承载力容许值确定

地基承载力的验算，应以修正后的地基承载力容许值 $[f_a]$ 控制。该值系在地基原位测试或《公路桥涵地基与基础设计规范》(JTG D63—2007)给出的各类岩土承载力基本容许值 $[f_{a0}]$ 的基础上，经修正后而得。地基承载力基本容许值应首先考虑由载荷试验或其他原位测试取得，其值不应大于地基极限承载力的 1/2；对中小桥、涵洞，当受现场条件限制，或载荷试验和原位测试确有困难时，也可按照《公路桥涵地基与基础设计规范》(JTG D63—2007)第 3.3.3 条有关规定采用。

地基承载力基本容许值尚应根据基底埋深、基础宽度及地基土的类别按照《公路桥涵地基与基础设计规范》(JTG D63—2007)第 3.3.4 条规定进行修正。

软土地基承载力容许值可按照《公路桥涵地基与基础设计规范》(JTG D63—2007)第 3.3.5 条确定。

其他特殊性岩土地基承载力基本容许值可参照各地区经验或相应的标准确定。

(一)地基承载力基本容许值的确定

地基承载力基本容许值 $[f_{a0}]$ 可根据岩土类别、状态及其物理力学特性指标按表 2-17 ~表 2-23 选用。

(1)一般岩石地基可根据强度等级、节理按表 2-17 确定承载力基本容许值 $[f_{a0}]$。复杂的岩层(如溶洞、断层、软弱夹层、易溶岩石、软化岩石等)应按各项因素综合确定。

表 2-17　岩石地基承载力基本容许值 $[f_{a0}]$

节理发育程度 / $[f_{a0}]$ (kPa) / 坚硬程度	节理不发育	节理发育	节理很发育
坚硬岩、较硬岩	>3000	3000 ~ 2000	2000 ~ 1500
较软岩	3000 ~ 1500	1500 ~ 1000	1000 ~ 800
软岩	1200 ~ 1000	1000 ~ 800	800 ~ 500
极软岩	500 ~ 400	400 ~ 300	300 ~ 200

(2)碎石土地基可根据其类别和密实程度按表 2-18 确定承载力基本容许值 $[f_{a0}]$。

表 2－18 碎石土地基承载力基本容许值 [f_{a0}]

密实程度 / [f_{a0}]（kPa） / 土名	密实	中密	稍密	松散
卵石	1200～1000	1000～650	650～500	500～300
碎石	1000～800	800～550	550～400	400～200
圆砾	800～600	600～400	400～300	300～200
角砾	700～500	500～400	400～300	300～200

注：1. 由硬质岩组成，填充砂土者取高值；由软质岩组成，填充黏性土者取低值；

2. 半胶结的碎石土，可按密实的同类土的[知]值提高 10%～30%；

3. 松散的碎石土在天然河床中很少遇见，需特别注意鉴定；

4. 漂石、块石的 [f_{a0}] 值，可参照卵石、碎石适当提高。

（3）砂土地基可根据土的密实度和水位情况按表 2－19 确定承载力基本容许值 [f_{a0}]。

表 2－19 砂土地基承载力基本容许值 [f_{a0}]

土名	密实度 / [f_{a0}]（kPa） / 湿度	密实	中密	稍密	松散
砾砂、粗砂	与湿度无关	550	430	370	200
中砂	与湿度无关	450	370	330	150
细砂	水上	350	270	230	100
	水下	300	210	190	—
粉砂	水上	300	210	190	—
	水下	200	110	90	—

（4）粉土地基可根据土的天然孔隙比 e 和天然含水率 ω（%）按表 2－20 确定承载力基本容许值 [f_{a0}]。

表 2－20 粉土地基承载力基本容许值 [f_{a0}]

ω（%） / [f_{a0}]（kPa） / e	10	15	20	25	30	35
0.5	400	380	355	—	—	—
0.6	300	290	280	270	—	—
0.7	250	235	225	215	205	—
0.8	200	190	180	170	165	—
0.9	160	150	145	140	130	125

（5）老黏性土地基可根据压缩模量 E_s 按表 2－21 确定承载力基本容许值 [f_{a0}]。

表 2－21 老黏性土地基承载力基本容许值 [f_{a0}]

E_s（MPa）	10	15	20	25	30	35	40
[f_{a0}]（kPa）	380	430	470	510	550	580	620

注：当老黏性土 E_s ＜10 MPa 时，承载力基本容许值 [f_{a0}] 按一般黏性土（表 2－22）确定。

(6)一般黏性土可根据液性指数 I_L 和天然孔隙比 e 按表 2－22 确定地基承载力基本容许值 $[f_{a0}]$。

表 2－22　一般黏性土地基承载力基本容许值 $[f_{a0}]$

e \ $[f_{a0}]$ (kPa) \ I_L	0	0.1	0.2	0.3	0.4	0.5	0.6	0.7	0.8	0.9	1.0	1.1	1.2
0.5	450	440	430	420	400	380	350	310	270	240	220	—	—
0.6	420	410	400	380	360	340	310	280	250	220	200	180	—
0.7	400	370	350	330	310	290	270	240	220	190	170	160	150
0.8	380	330	300	280	260	240	230	210	180	160	150	140	130
0.9	320	280	260	240	220	210	190	180	160	140	130	120	100
1.0	250	230	220	210	190	170	160	150	140	120	110	—	—
1.1	—	—	160	150	140	130	120	110	100	90	—	—	—

注:1. 土中含有粒径大于 2 mm 的颗粒质量超过总质量 30% 以上者,$[f_{a0}]$ 可适当提高;

2. 当 $e<0.5$ 时,取 $e=0.5$;当 $I_L<0$ 时,取 $I_L=0$。此外,超过表列范围的一般黏性土,$[f_{a0}]=57.22E_s^{0.57}$。

(7)新近沉积黏性土地基可根据液性指数 I_L 和天然孔隙比 e 按表 2－23 确定承载力基本容许值 $[f_{a0}]$。

表 2－23　新近沉积黏性土地基承载力基本容许值 $[f_{a0}]$

e \ $[f_{a0}]$ (kPa) \ I_L	≤0.25	0.75	1.25
≤0.8	140	120	100
0.9	130	110	90
1.0	120	100	80
1.1	110	90	—

(二)地基承载力容许值的确定

地基承载力容许值 $[f_a]$ 按式(2－6)确定。当基础位于水中不透水地层上时,$[f_a]$ 按平均常水位至一般冲刷线的水深每米再增大 10 kPa。

$$[f_a]=[f_{a0}]+k_1\gamma_1(b-2)+k_2\gamma_2(h-3) \tag{2-6}$$

式中,$[f_a]$ ——地基承载力容许值(kPa);

b ——基础底面的最小边宽(m),当 $b<2$ m 时,取 $b=2$ m;当 $b>10$ m 时,取 $b=10$ m;

h ——基底埋置深度(m),自天然地面起算,有水流冲刷时自一般冲刷线起算;当 $h<3$ m时,取 $h=3$ m;当 $h/b>4$ 时,取 $h=4b$;

k_1、k_2 ——基底宽度、深度修正系数,根据基底持力层土的类别按表 2－24 确定;

γ_1 ——基底持力层土的天然重度(kN/m^3),若持力层在水面以下且为透水者,应取浮重度;

γ_2 ——基底以上土层的加权平均重度（kN/m^3），换算时若持力层在水面以下，且不透水时，不论基底以上土的透水性质如何，一律取饱和重度；当透水时，水中部分土层则应取浮重度。

表 2－24　地基土承载力宽度、深度修正系数 k_1、k_2

系数＼土类	黏性土				粉土	砂土								碎石土			
	老黏性土	一般黏性土		新近沉积黏性土	—	粉砂		细砂		中砂		砾砂、粗砂		碎石、圆砾、角砾		卵石	
		$I_L \geq 0.5$	$I_L < 0.5$		—	中密	密实	中密	密实	中密	密实	中密	密实	中密	密实	中密	密实
k_1	0	0	0	0	0	1.0	1.2	1.5	2.0	2.0	3.0	3.0	4.0	3.0	4.0	3.0	4.0
k_2	2.5	1.5	2.5	1.0	1.5	2.0	2.5	3.0	4.0	4.0	5.5	5.0	6.0	5.0	6.0	6.0	10.0

注：1. 对于稍密和松散状态的砂、碎石土，k_1、k_2 值可采用表列中密值的 50%；

2. 强风化和全风化的岩石，可参照所风化成的相应土类取值；其他状态下的岩石不修正。

（三）地基承载力容许值应乘的抗力系数

地基承载力容许值 $[f_a]$ 应根据地基受荷阶段及受荷情况，乘以下列规定的抗力系数 γ_R。

1. 使用阶段

（1）当地基承受作用短期效应组合或作用效应偶然组合时，可取 $\gamma_R = 1.25$；但对承载力容许值 $[f_a]$ 小于 150 kPa 的地基，应取 $\gamma_R = 1.0$。

（2）当地基承受的作用短期效应组合仅包括结构自重、预加力、土重、土侧压力、汽车和人群效应时，应取 $\gamma_R = 1.0$。

（3）当基础建于经多年压实未遭破坏的旧桥基（岩石旧桥基除外）上时，不论地基承受的作用情况如何，抗力系数均可取 $\gamma_R = 1.5$；对 $[f_a]$ 小于 150 kPa 的地基可取 $\gamma_R = 1.25$。

（4）基础建于岩石旧桥基上，应取 $\gamma_R = 1.0$。

2. 施工阶段

（1）地基在施工荷载作用下，可取 $\gamma_R = 1.25$；

（2）当墩台施工期间承受单向推力时，可取 $\gamma_R = 1.5$。

第四节　基础底面尺寸的确定

在初步选择基础类型和埋置深度后，就可以根据持力层的承载力特征值计算基础底面尺寸。如果地基受力层范围内存在着承载力明显低于持力层的下卧层，则所选择的基底尺寸尚须满足对软弱下卧层验算的要求。此外，必要时还应对地基变形或地基稳定性进行验算。

一、按地基持力层承载力计算基底尺寸

除烟囱等圆形结构物常采用圆形（或环形）基础外，一般柱、墙的基础通常为矩形基础或

条形基础，且采用对称布置。按荷载对基底形心的偏心情况，上部结构作用在基础顶面处的荷载可以分为轴心荷载和偏心荷载两种。

（一）轴心荷载作用

在轴心荷载作用下，按地基持力层承载力计算基底尺寸时，要求基础底面压力满足下式要求

$$p_k \leqslant f_a \tag{2-7}$$

式中，f_a ——修正后的地基持力层承载力特征值；

p_k ——相应于作用的标准组合时，基础底面处的平均压力值，按下式计算

$$p_k = \frac{F_k + G_k}{A} \tag{2-8}$$

A ——基础底面面积；

F_k ——相应于作用的标准组合时，上部结构传至基础顶面的竖向力值；

G_k ——基础自重和基础上的土重，对一般实体基础，可近似地取 $G_k = \gamma_G Ad$（γ_G 为基础及回填土的平均重度，可取 $\gamma_G = 20\ \text{kN/m}^3$，$d$ 为基础平均埋深），但在地下水位以下部分应扣去浮托力。即 $G_k = \gamma_G Ad - \gamma_w Ah_w$（$h_w$ 为地下水位至基础底面的距离）。

将式(2-8)代入式(2-7)，得基础底面积计算公式如下

在轴心荷载作用下，柱下独立基础一般采用方形，其边长为

$$b \geqslant \sqrt{\frac{F_k}{f_a - \gamma_G d + \gamma_w h_w}} \tag{2-9}$$

对于墙下条形基础，可沿基础长方向取单位长度 1 m 进行计算，荷载也为相应的线荷载(kN/m)，则条形基础宽度为

$$b \geqslant \frac{F_k}{(f_a - \gamma_G d + \gamma_w h_w)} \tag{2-10}$$

在上面的计算中，一般先要对地基承载力特征值 f_{ak} 进行深度修正，然后按计算得到的基底宽度 b，考虑是否需要对 f_{ak} 进行宽度修正。如需要，修正后重新计算基底宽度，如此反复计算一两次即可。最后确定的基底尺寸 b 和 l 均应为 100 mm 的整数倍。

（二）偏心荷载作用

对偏心荷载作用下的基础，如果是采用魏锡克或汉森一类公式计算地基承载力特征值 f_a，则在 f_a 中已经考虑了荷载偏心和倾斜引起地基承载力的折减，此时基底压力只需满足条件(式 2-7)的要求即可。但是如果 f_a 是按载荷试验或规范表格确定的，则除应满足式(2-7)的要求外，尚应满足以下附加条件

$$p_{k\max} \leqslant 1.2 f_a \tag{2-11}$$

式中，$p_{k\max}$ ——相应于作用的标准组合时，按直线分布假设计算的基底边缘处的最大压力值；

f_a ——修正后的地基承载力特征值。

对常见的单向偏心矩形基础，当偏心距 $e \leqslant l/6$ 时，基底最大压力可按下式计算

$$p_{k\max} = \frac{F_k}{bl} + \gamma_G d - \gamma_w h_w + \frac{6M_k}{bl^2} \tag{2-12}$$

或
$$p_{k\max} = p_k(1 + \frac{6e}{l}) \tag{2-13}$$
式中，l ——偏心方向的基础边长，一般为基础长边边长；

b ——垂直于偏心方向的基础边长，一般为基础短边边长；

M_k ——相应于作用的标准组合时，基础所有荷载对基底形心的合力矩；

e ——偏心距，$e = M_k / (F_k + G_k)$；

其余符号意义同前。

为了保证基础不致过分倾斜，通常还要求偏心距 e 宜满足下列条件
$$e \leqslant l/6 \tag{2-14}$$
一般认为，在中、高压缩性地基上的基础，或有吊车的厂房柱基础，e 不宜大于 $l/6$；对低压缩性地基上的基础，当考虑短暂作用的偏心荷载时，e 可放宽至 $l/4$。

确定矩形基础底面尺寸时，为了同时满足式（2-7）、式（2-11）和式（2-14）的条件，一般可按下述步骤进行。

（1）进行深度修正，初步确定修正后的地基承载力特征值。

（2）根据荷载偏心情况，将按轴心荷载作用计算得到的基底面积增大 10%～40%，即取
$$A = (1.1 \sim 1.4)\frac{F_k}{f_a - \gamma_G d + \gamma_w h_w} \tag{2-15}$$
（3）选取基底长边 l 与短边 b 的比值 n（一般取 $n \leqslant 2$），于是有
$$b = \sqrt{A/n} \tag{2-16}$$
$$l = nb \tag{2-17}$$
（4）考虑是否应对地基承载力进行宽度修正。如需要，在承载力修正后，重复上述（2）、（3）两个步骤，使所取宽度前后一致。

（5）计算偏心距 e 和基底最大压力 $p_{k\max}$，并验算是否满足式（2-11）和式（2-14）的要求。

（6）若 b、l 取值不适当（太大或太小），可调整尺寸再行验算，如此反复一两次，便可定出合适的尺寸。

二、地基软弱下卧层承载力验算

当地基受力层范围内存在软弱下卧层（承载力显著低于持力层的高压缩性土层）时，除按持力层承载力确定基底尺寸外，还必须对软弱下卧层进行验算，要求作用在软弱下卧层顶面处的附加应力与自重应力之和不超过它的承载力特征值，即
$$p_z + p_{cz} \leqslant f_{az} \tag{2-18}$$
式中，p_z ——相应于作用的标准组合时，软弱下卧层顶面处的附加压力值；

p_{cz} ——软弱下卧层顶面处土的自重压力值；

f_{az} ——软弱下卧层顶面处经深度修正后的地基承载力特征值。

计算附加压力 p_z 时，一般采用简化方法，即参照双层地基中附加应力分布的理论解答按压力扩散角的概念计算（图 2-14）。假设基底处的附加压力（$p_0 = p_k - p_c$）往下传递时按压力扩散角 θ 向外扩散至软弱下卧层表面，根据基底与扩散面积上的总附加压力相等的条件，可得附加压力 p_z 的计算公式如下

条形基础 $$p_z=\frac{b(p_k-p_c)}{b+2z\tan\theta} \tag{2-19}$$

矩形其础 $$p_z=\frac{lb(p_k-p_c)}{(l+2z\tan\theta)(b+2z\tan\theta)} \tag{2-20}$$

式中，b ——条形基础或矩形基础的底面宽度；

l ——矩形基础的底面长度；

p_k ——相应于作用的标准组合时的基底平均压力值；

p_c ——基底处土的自重压力值；

z ——基底至软弱下卧层顶面的距离；

θ ——地基压力扩散角，可按表2-25采用。

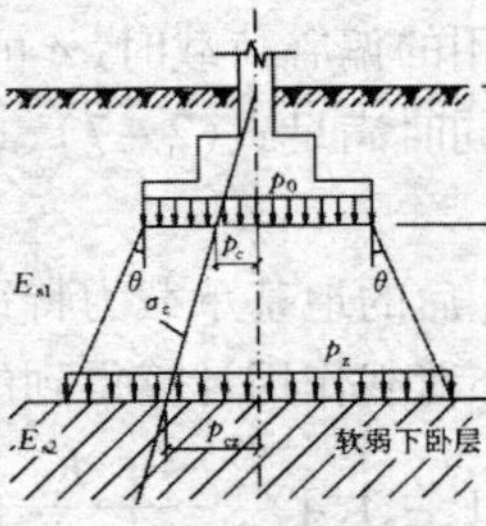

图2-14　软弱下卧层验算

表2-25　地基压力扩散角 θ 值

E_{s1}/E_{s2}	$z=0.25b$	$z\geq 0.50b$
3	6°	23°
5	10°	25°
10	20°	30°

注：1. E_{s1} 为上层土的压缩模量；E_{s2} 为下层土的压缩模量；

2. $z<0.25b$ 时取 $\theta=0°$，必要时，宜由试验确定；$z\geq 0.50b$ 时 θ 值不变。

由式(2-20)可知，如要减小作用于软弱下卧层表面的附加压力 p_z，可以采取加大基底面积(使扩散面积加大)或减小基础埋深(使 z 值加大)的措施。前一措施虽然可以有效地减小 p_z，但却可能使基础的沉降量增加。因为附加压力的影响深度会随着基底面积的增加而加大，从而可能使软弱下卧层的沉降量明显增加；反之，减小基础埋深可以使基底到软弱下卧层的距离增加，使附加压力在软弱下卧层中的影响减小，因而基础沉降随之减小。因此，当存在软弱下卧层时，基础宜浅埋，这样不仅使"硬壳层"充分发挥应力扩散作用，同时也减小了基础沉降。

三、按允许沉降差调整基础底面尺寸

(一)基本概念

同一建筑物下荷载不同的柱基础，如果只按一个统一的地基承载力特征值 f_a 来确定底面尺寸，即取 $p=f_a$(为便于叙述，此处不考虑作用组合，下同)，则各基础的沉降是不相同的，因而未必能满足地基变形允许值(主要是沉降量和沉降差)的要求。尤其当地基的压缩性高，各基础荷载大小相差悬殊时，矛盾会更加突出。为了说明这一概念，下面给出计算地

基沉降的弹性力学公式

$$s = \frac{1 - \mu^2}{E_0}\omega b p_0 \tag{2-21}$$

式中，s ——圆形或矩形荷载（基础）下的地基沉降；

E_0 、μ ——地基土的变形模量和泊松比；

ω ——沉降影响系数，按基础的刚度、底面形状及计算点位置而定，由表 2-26 查得，表中系数 ω_c 、ω_0 和 ω_m 分别为柔性基础角点、中点和平均沉降影响系数；

b ——圆形荷载的直径或矩形荷载的宽度；

p_0 ——基底附加压力。

表 2-26　沉降影响系数 ω 值

计算点位置 荷截面形状		圆形	方形	矩形（l/b）										
				1.5	2.0	3.0	4.0	5.0	6.0	7.0	8.0	9.0	10.0	100.0
柔性基础	ω_c	0.64	0.56	0.68	0.77	0.89	0.98	1.05	1.11	1.16	1.20	1.24	1.27	2.00
	ω_0	1.00	1.12	1.36	1.53	1.78	1.96	2.10	2.22	2.32	2.40	2.48	2.54	4.01
	ω_m	0.85	0.95	1.15	1.30	1.52	1.70	1.83	1.96	2.04	2.12	2.19	2.25	3.70
刚性基础	ω_r	0.79	0.88	1.08	1.22	1.44	1.61	1.72	—	—	—	—	2.12	3.40

对于按条件 $p = f_a$ 设计的各基础，设具有相同的埋深 d 和沉降影响系数 ω ，则基底附加压力均为 $p_0 = p - \gamma_m d$ ，故由式(2-21)可知，底面尺寸愈大的基础（即柱荷载 F 越大），沉降量也愈大。

为了减小基础的沉降量，可以考虑适当增大基础的底面尺寸。现用基底平均净反力 $p_j = F/A = F/lb$ 来近似地代替式(2-21)中的 p_0（因重度 γ_m 与 γ_G 相差不大，故 $p_0 = F/A + \gamma_G d - \gamma_m d \approx F/A$ ），得

$$s = \frac{(1 - \mu^2)\omega}{E_0}\frac{F}{l} \tag{2-22}$$

就一个柱基而言，由于柱荷载 F 值是固定不变的，根据式(2-22)，基础沉降量与基础底面尺寸成反比，即增大底面尺寸可以减少沉降量，因为此时基底附加应力 p_0 已随着底面积的增大而减小了（注意前后两个结论的前提：前者是比较柱荷载 F 不同但基底压力 p 相同的两个基础，后者是针对同一个基础）。

对于相邻的两个基础 j 和 k ，若都是以相同的地基承载力 f_a 确定其底面积，设柱荷载 $F_k > F_j$，则底面积 $A_k > A_j$ ，因此沉降 $s_k > s_j$ 。如沉降差 $\Delta_{kj} = s_k - s_j$ 超过允许值[Δ]时，就只能通过增大 k 基础的底面积来减小 s_k ，从而使沉降差满足要求。

当然，如能确保地基强度储备足够，亦可通过减小基础的底面积（即提高其地基承载力特征值）来增大 s_j 。改变基础的边长比 n 亦可在一定程度上调整基础的沉降，边长比愈大，基础沉降愈小。对上述的基础 j 和 k ，j 基础的边长比宜小，而 k 基础的边长比宜大。

但是，正如前面指出的，当地基存在压缩性大的软弱下卧层时，扩大基底面积不仅可能无法有效地减小沉降量，反而可能适得其反（底面积愈大，附加应力影响深度就愈大，软弱下卧层的变形就会相应增加）。此时，可以考虑通过减小基础埋深或采取其他方面的措施来

解决。

（二）基础底面尺寸的调整

上述 j 、k 两基础的沉降可分别表达为

$$s_j = \delta_{jj}F_j + \delta_{jk}F_k \tag{2-23a}$$

$$s_k = \delta_{kk}F_k + \delta_{kj}F_j \tag{2-23b}$$

式中 δ 称为沉降系数（或称地基柔度系数），δ_{jk} 表示 k 基础承受单位竖向柱荷载 $F_k = 1$ 时，在 j 基础中心处引起的沉降；其余系数 δ_{kj} 、δ_{jj} 和 δ_{kk} 的意义可照此类推。如不考虑邻近基础的影响（当地基压缩性较低且柱距较大时），则可取 $\delta_{jk} = \delta_{kj} = 0$。

对于均质地基，可用弹性力学公式计算 δ。由式（2-22）可得 $\delta_{jj} = (1-\mu_j^2)\omega_j/E_jl_j$ 及 $\delta_{kk} = (1-\mu_k^2)/\pi E_k r$。当 j、k 两基础稍远时，$\delta_{jk} = (1-\mu_j^2)/\pi E_j r$，$\delta_{kj} = (1-\mu_k^2)/\pi E_k r$（$r$ 为两基础的中心距）。如两基础的地基条件相同，则有 $\delta_{jk} = \delta_{kj}$。对非均质地基，可按分层总和法计算 δ。

设 k 基础的沉降较大，利用式（2-23），k 、j 两基础的沉降差可表达为

$$\Delta_{kj} = s_k - s_j = (\delta_{kk} - \delta_{jk})F_k - (\delta_{jj} - \delta_{kj})F_j \tag{2-24}$$

如 $\Delta_{kj} > [\Delta]$，且按相同的 f_a 值选定了 A_j 和 A_k，则只能将 A_k 增大为 A_k^*，以便使沉降差由 Δ_{kj} 减小到 $[\Delta]$。此时，k 基础的基底附加压力减小为 $p_k^* = F_k/A_k^*$，与其底面尺寸有关的沉降系数 δ_{kk} 和 δ_{jk} 相应改为 δ_{kk}^* 和 δ_{jk}^*，仿照式（2-24），有

$$[\Delta] = (\delta_{kk}^* - \delta_{jk}^*)F_k - (\delta_{jj} - \delta_{kj})F_j \tag{2-25}$$

鉴于沉降计算具有粗略估计的性质，笔算时可近似取 $\delta_{jk}^* = \delta_{jk}$，于是上式成为

$$[\Delta] = (\delta_{kk}^* - \delta_{jk})F_k - (\delta_{jj} - \delta_{kj})F_j \tag{2-26}$$

从而有

$$\delta_{kk}^* = \delta_{jk} + \frac{[\Delta] + (\delta_{jj} - \delta_{kj})F_j}{F_k} \tag{2-27}$$

相应的调整后的基础底面尺寸为

$$l_k^* = \frac{1-\mu_k^2}{E_k\delta_{kk}^*}\omega_k \tag{2-28}$$

$$b_k^* = l_k^*/n \tag{2-29}$$

柱网下的扩展基础群按允许沉降差调整基础底面尺寸时，应首先选取沉降差与柱距之比为最大的一对基础（j 和 k）来计算。由于对 j 或 k 有影响的邻近基础 i 可能不止一个，故 j 和 k 基础的沉降应分别表达如下（设 $s_k > s_j$）

$$s_j = \delta_{jk}F_k + \Big(\sum_{i=1}^{m}\delta_{ji}F_i\Big)_{i\neq k} \tag{2-30a}$$

$$s_k = \delta_{kk}F_k + \Big(\sum_{i=1}^{m}\delta_{ki}F_i\Big)_{i\neq k} \tag{2-30b}$$

式（2-27）亦应改为下式

$$\delta_{kk}^* = \delta_{jk} + \frac{[\Delta] + \Big(\sum_{i=1}^{m}\delta_{ji}F_i - \sum_{i=1}^{m}\delta_{ki}F_i\Big)_{i\neq k}}{F_k} \tag{2-31}$$

在求得 A_k^* 之后，可以研究其余基础（ $i \neq k$ ）是否也需要调整，因为此时已可参照 j 、k 两基础的情况大致作出判断，从而相应增大需要减少沉降的基础的底面积，而并不一定要逐一详细计算。

四、地基稳定性验算

对于经常承受水平荷载作用的高层建筑、高耸结构，以及建造在斜坡上或边坡附近的建筑物和构筑物，应对地基进行稳定性验算。

在水平荷载和竖向荷载的共同作用下，基础可能和深层土层一起发生整体滑动破坏。这种地基破坏通常采用圆弧滑动面法进行验算，要求最危险的滑动面上诸力对滑动圆弧的圆心所产生的抗滑力矩 M_R 与滑动力矩 M_S 之比应符合下式要求

$$K = M_R/M_S \geqslant 1.2 \tag{2-32}$$

式中，K 为地基稳定安全系数。

对修建于坡高和坡角不太大的稳定土坡坡顶的基础（见图 2－15），当垂直于坡顶边缘线的基础底面边长 $b \leqslant 3$ m 时，如基础底面外缘至坡顶边缘的水平距离 a 不小于 2.5 m，且符合下式要求

$$a \geqslant \xi b - d/\tan\beta \tag{2-33}$$

则土坡坡面附近由基础所引起的附加压力不影响土坡的稳定性。式中 β 为土坡坡角，d 为基础埋深，系数 ξ 取 3.5（对条形基础）或 2.5（对矩形基础和圆形基础）。

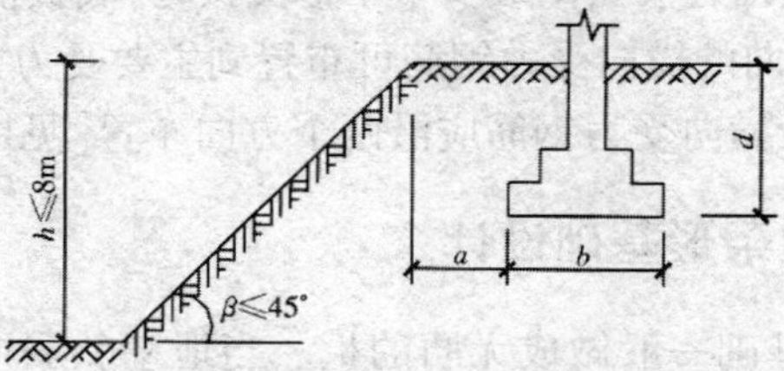

图 2－15　基础底面外缘至坡顶边缘的水平距离示意图

当式（2－33）的要求不能得到满足时，可以根据基底平均压力按圆弧滑动面法进行土坡稳定验算，以确定基础距坡顶边缘的距离和基础埋深。

第五节　扩展基础设计

钢筋混凝土扩展基础常简称为扩展基础，是指墙下钢筋混凝土条形基础和柱下钢筋混凝土独立基础。与无筋扩展基础相比，扩展基础由于配置了钢筋而不受台阶宽高比的限制，基础可以做得较薄，这样既节省材料又可减少基础埋深。

一、扩展基础的构造要求

（1）锥形基础的边缘高度，不宜小于 200 mm；阶梯形基础的每阶高度，宜为 300 mm～500 mm；一般基础高度小于等于 250 mm 时，可做成等厚度板。

（2）扩展基础下部需要浇筑厚度不宜小于 70 mm 的素混凝土垫层。垫层混凝土强度等级应为 C10，每边伸出基础 50 mm～100 mm。

(3)扩展基础底板受力钢筋的最小配筋率不应小于 0.15%，底板受力钢筋的最小直径不宜小于 10 mm；间距不宜大于 200 mm，也不宜小于 100 mm。墙下钢筋混凝土条形基础纵向分布钢筋的直径不小于 8 mm，间距不大于 300 mm，每延米分布钢筋的面积应不小于受力钢筋面积的 0.15%。当有垫层时钢筋保护层的厚度不小于 40 mm；无垫层时不小于 70 mm。

(4)混凝土强度等级不应低于 C20。

(5)当柱下钢筋混凝土独立基础的边长和墙下钢筋混凝土条形基础的宽度大于或等于 2.5 m时，底板受力钢筋的长度可取边长或宽度的 9/10 倍，并宜交错布置[见图 2－16(a)]。

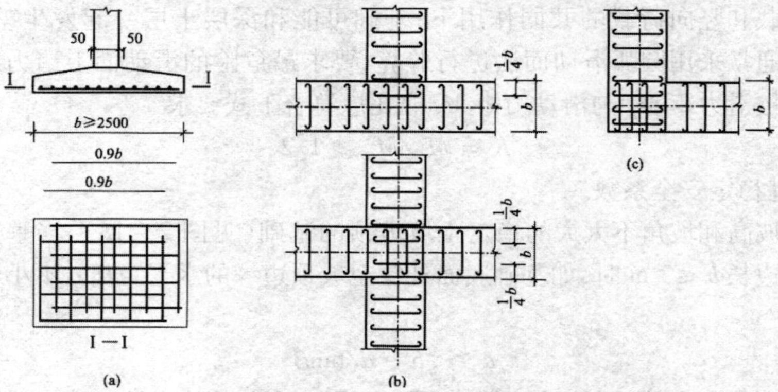

图 2－16　扩展基础底板受力钢筋布置图

(6)钢筋混凝土条形基础底板在 T 形及十字形交接处，底板横向受力钢筋仅沿一个主要受力方向通长布置，另一方向的横向受力钢筋可布置到主要受力方向底板宽度 1/4 处[见图 2－16(b)]。在拐角处底板横向受力钢筋应沿两个方向布置[见图 2－16(c)]。

二、墙下钢筋混凝土条形基础设计

墙下钢筋混凝土条形基础一般做成无肋的板。当地基软弱或不均匀时，可采用带肋的板来增加基础刚度，以调节不均匀沉降，肋梁的纵向钢筋和箍筋一般按经验确定。

墙下钢筋混凝土条形基础一般按平面应变问题处理，可沿墙长度方向取 1 m 作为计算单元。基础底面的宽度 b 应根据地基承载力按式 $b \geqslant \dfrac{F_k}{f_a - \gamma_G d}$ 确定，在墙下条形基础相交处，不应重复计入基础面积。当基础埋深和底面尺寸确定之后，便可进行基础截面设计，即确定基础高度和基础底板配筋。

基础在荷载作用下，如同倒置的悬臂梁(见图 2－17)，当底板配筋不足时，会因弯矩过大而沿 I—I 截面开裂；当底板厚度不够时，会产生斜裂缝。由于基础内不配箍筋和弯起筋，故基础高度由混凝土的受剪切承载力确定；基础底板的受力配筋则由基础所验算截面的抗弯能力确定。由于基础和其上土的重力所产生的那部分地基反力将与重力相抵消，因此，在基础截面设计时，应采用地基净反力进行计算。地基净反力是指扣除基础自重及其上土重后相应于荷载效应基本组合时的地基土单位面积净反力，一般用 p_j 表示。

对于条形基础，p_j 的表达式为

轴心荷载作用下

$$p_j = \frac{F}{A} = \frac{F}{1 \times b} \tag{2-34a}$$

偏心荷载作用下
$$p_{\substack{jmax\\jmin}} = \frac{F}{1 \times b} \pm \frac{6M}{b^2} \tag{2-34b}$$

或
$$p_{\substack{jmax\\jmin}} = \frac{F}{1 \times b}\left(1 \pm \frac{6e_0}{b}\right) \tag{2-34c}$$

式中，p_j 为相应于荷载效应基本组合时，基础底面处的平均地基净反力值；p_{jmax} 为相应于荷载效应基本组合时，基础底面边缘处的最大地基净反力值；p_{jmin} 为相应于荷载效应基本组合时，基础底面边缘处的最小地基净反力值；F 为相应于荷载效应基本组合时，上部结构传至基础顶面的竖向力值，kN/m；M 为相应于荷载效应基本组合时，上部结构传至基础顶面的弯矩值，kN · m/m；b 为基础底面宽度；e_0 为荷载的净偏心距，$e_0 = M/F$。

(一)基础高度

墙下钢筋混凝土条形基础由混凝土的受剪切承载力确定，应符合下式要求
$$V \leqslant 0.7\beta_{hs}f_t h_0 \tag{2-35a}$$

或
$$h_0 \geqslant \frac{V}{0.7\beta_{hs}f_t} \tag{2-35b}$$

式中，β_{hs} 为受剪切承载力截面高度影响系数，$\beta_{hs} = (800/h_0)^{1/4}$，当 $h_0 < 800$ mm 时，取 $h_0 = 800$ mm，当 $h_0 > 2000$ mm 时，取 $h_0 = 2000$mm；f_t 为混凝土轴心抗拉强度设计值；h_0 为基础底板的有效高度；V 为相应于荷载效应基本组合时的剪力设计值。

轴心荷载作用下(图 2 - 17)：$V = p_j b_1$　(2 - 36a)

偏心荷载作用下(图 2 - 18)：$V = \frac{b_1}{2b}[(2b - b_1)p_{jmax} + b_1 p_{jmin}]$　(2 - 36b)

式中，b_1 为基础悬臂部分计算截面的挑出长度，当墙体为混凝土时，b_1 为基础边缘至墙角的距离，当为砖墙且放脚不大于 1/4 砖长时，b_1 为基础边缘至墙角的距离加上 0.06 m。

基础截面设计时，一般先假定基础高度为 h（一般取 $h = b/8$），然后按式(2 - 35a)验算，直至满足要求为止。

(二)基础底板配筋

悬臂根部处的最大弯矩设计值如下。

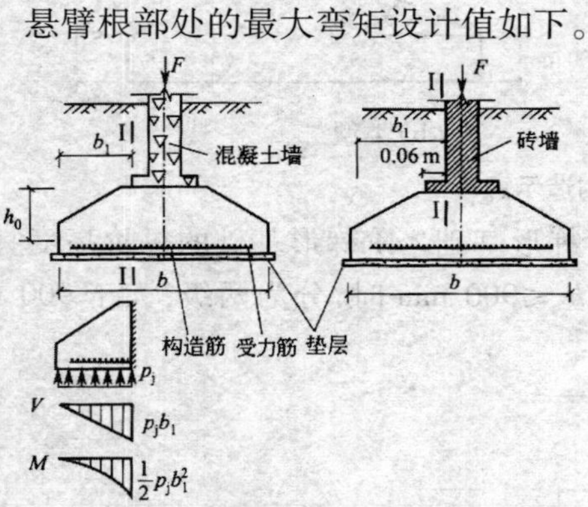

图 2 - 17　轴心荷载作用下墙下条形基础

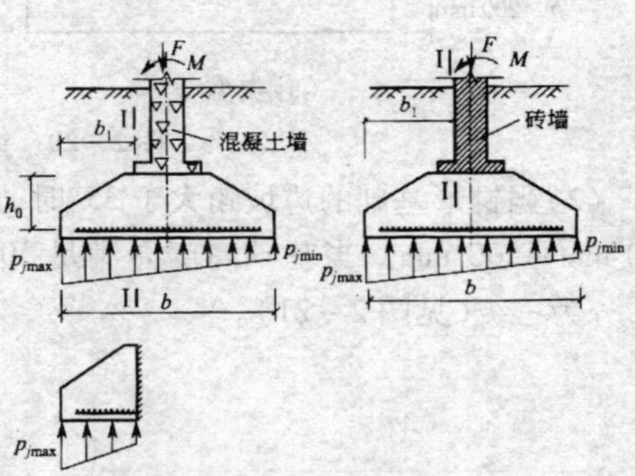

图 2 - 18　偏心荷载作用下墙下条形基础

轴心荷载作用下(图 2 - 17 Ⅰ—Ⅰ截面处)：$M = \frac{p_j b_1^2}{2}$　(2 - 37a)

偏心荷载作用下(图 2 - 18 Ⅰ—Ⅰ截面处)：$M = \frac{b_1^2}{6b}[(3b - b_1)p_{jmax} + b_1 p_{jmin}]$　(2 - 37b)

基础底板每米长的受力钢筋面积：$A_s = \dfrac{M}{0.9f_y h_0}$ (2－38)

式中，f_y 为钢筋抗拉强度设计值。

三、柱下钢筋混凝土独立基础设计

在柱荷载作用下，如果柱下钢筋混凝土独立基础的底板配筋不足，可能会产生弯曲破坏；如果基础高度（或阶梯高度）不足，将沿柱周边（或阶梯高度变化处）产生近45°方向的斜拉裂缝即发生冲切破坏（见图2－19），形成冲切破坏锥体［见图2－19（b）］。因此，柱下钢筋混凝土独立基础应有足够的高度和底板配筋，同时应满足相关的构造要求。

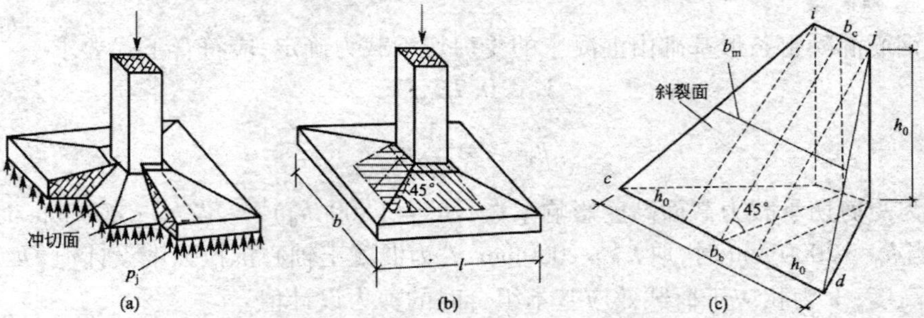

图2－19　柱下钢筋混凝土独立基础的冲切破坏

（一）构造要求

柱下钢筋混凝土独立基础，除应满足扩展基础的构造要求外，还应满足如下一些要求。

（1）当采用锥形基础时，其边缘高度 h_1 不宜小于200 mm，顶部每边应沿柱边放出50 mm（见图2－20）。

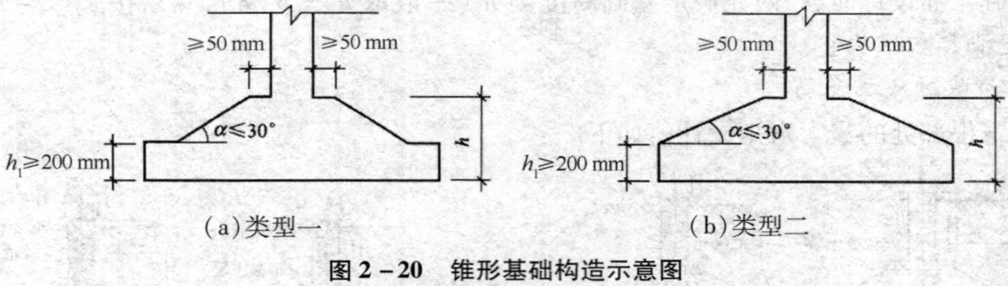

图2－20　锥形基础构造示意图

（2）当锥形基础的边坡角大于35°时，宜采用阶梯形基础。阶梯形基础的每阶高度宜为300 mm～500 mm。当基础高度 h 满足 $500\text{ mm} < h \leqslant 900\text{ mm}$ 时，分为两级；大于900 mm时，分为三级（见图2－21）。

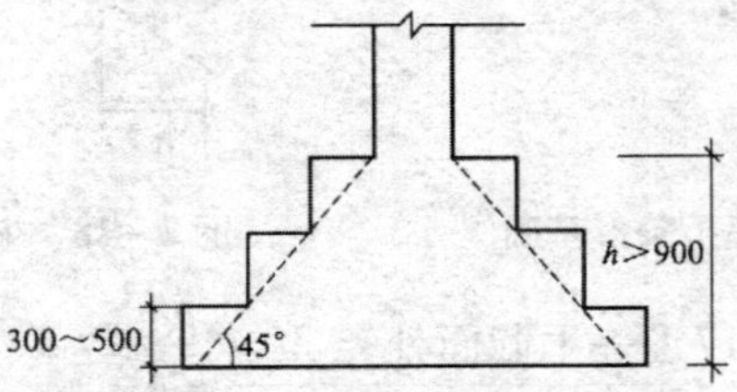

图2－21　阶梯形基础构造示意图

（3）现浇柱的纵向钢筋可通过插筋锚固入基础。插筋的数量、直径以及钢筋种类应与柱内纵向钢筋相同。

插筋的锚固长度 l_a 或 l_{aE}（有抗震设防要求时）应根据钢筋在基础内的最小保护层厚度按现行《混凝土结构设计规范》(GB 50010—2002)的有关规定确定。插筋与柱的纵向受力钢筋的连接方法，应符合现行《混凝土结构设计规范》(GB 50010)的规定。插筋的下端宜做成直钩放在基础底板钢筋网上。当符合下列条件之一时，可仅将四角的插筋伸至底板钢筋网上，其余插筋锚固在基础顶面下 l_a（或 l_{aE}）处（见图 2-22）：柱为轴心受压或小偏心受压，基础高度大于等于 1200 mm；柱为大偏心受压，基础高度大于等于 1400 mm。

(4) 杯口基础的构造详见现行《建筑地基基础设计规范》(GB 50007—2002)。

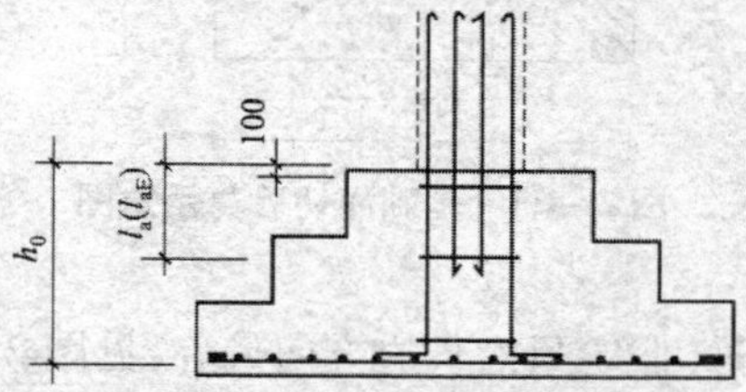

图 2-22　基础中插筋构造示意图

（二）基础高度

基础高度由混凝土的受冲切承载力确定。实践证明，矩形独立基础一般沿柱短边一侧先产生冲切破坏，所以只需要根据短边一侧的冲切破坏条件确定基础高度。柱与基础交接处以及基础变阶处的受冲切承载力应按下式计算

$$F_1 \leqslant 0.7\beta_{hp} f_t b_m h_0 \tag{2-39}$$

$$b_m = (b_c + b_b)/2$$

式中，F_1 为相应于荷载效应基本组合时作用于基础的冲切力；β_{hp} 为受冲切承载力截面高度影响系数，当 $h \leqslant 800$ mm 时，取 1.0，当 $h \geqslant 2000$ mm 时，取 0.9，其间按线性内插法取用；h_0 为基础冲切破坏锥体的有效高度；b_m 为冲切破坏锥体最不利一侧计算长度；b_c 为冲切破坏锥体最不利一侧斜截面的上边长，当计算柱与基础交接处的受冲切承载力时，取柱宽，当计算基础变阶处的受冲切承载力时，取上阶宽；b_b 为冲切破坏锥体最不利一侧斜截面在基础底面积范围内的下边长，当冲切破坏锥体的底边落在基础底面以内，计算柱与基础交接处的受冲切承载力时，$b_b = b_c + 2h_0$，当计算基础变阶处的受冲切承载力时，取上阶宽加两倍该处的基础有效高度，当冲切破坏锥体的底边在 b 方向落在基础底面以外，即 $b < b_c + 2h_0$ 时，应该按照验算柱与基础交接处的基础受剪切承载力确定基础高度。

1. 轴心荷载作用下

当冲切破坏锥体的底边落在基础底面以内[图 2-23]，即满足 $b \geqslant b_c + 2h_0$ 时，则有

$$b_m = (b_c + b_b)/2 = b_c + h_0 \tag{2-40}$$

$$b_m h_0 = (b_c + h_0)h_0 \tag{2-41}$$

$$p_j = \frac{F}{A} = \frac{F}{lb} \tag{2-42}$$

$$A_1 = \left(\frac{l}{2} - \frac{l_c}{2} - h_0\right)b - \left(\frac{b}{2} - \frac{b_c}{2} - h_0\right)^2 \tag{2-43}$$

式中，p_j 为扣除基础自重及其上土重后，相应于荷载效应基本组合时的地基土单位面积净反

力；l，b 为基础底面的边长（见图 2－23）；A_1 为冲切验算时取用的部分基底面积［图 2－23 中的阴影面积］；l_c，b_c 分别为柱截面的长边和短边长。

将式（2－41）～式（2－43）代入式（2－39），得

$$p_j\left[\left(\frac{l}{2}-\frac{l_c}{2}-h_0\right)b-\left(\frac{b}{2}-\frac{b_c}{2}-h_0\right)^2\right] \leqslant 0.7\beta_{hp}f_t\,(b_c+h_0)\,h_0 \qquad (2-44)$$

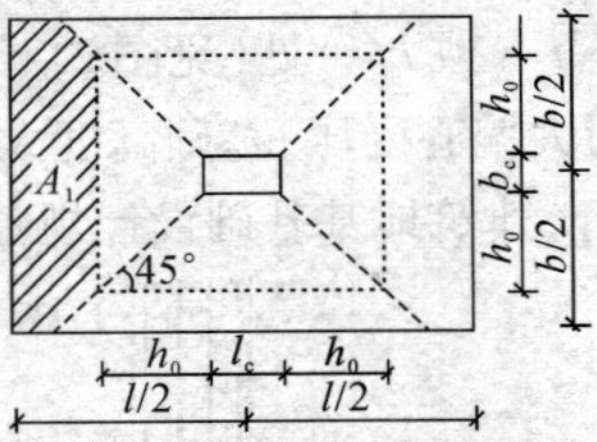

图 2－23　基础冲切验算示意图

2. 偏心荷载作用

当基础受偏心荷载作用时（假定只沿长边方向偏心，见图 2－24），用基础边缘处的最大地基土单位面积净反力 p_{jmax} 代替 p_j，仍用式（2－44）或进行验算。其中：

$$p_{\substack{jmax\\jmin}} = \frac{F}{lb} \pm \frac{6M}{bl^2} \qquad (2-45a)$$

或

$$p_{\substack{jmax\\jmin}} = \frac{F}{lb}\left(1 \pm \frac{6e_0}{l}\right) \qquad (2-45b)$$

式中，l 为矩形基础偏心方向的边长。

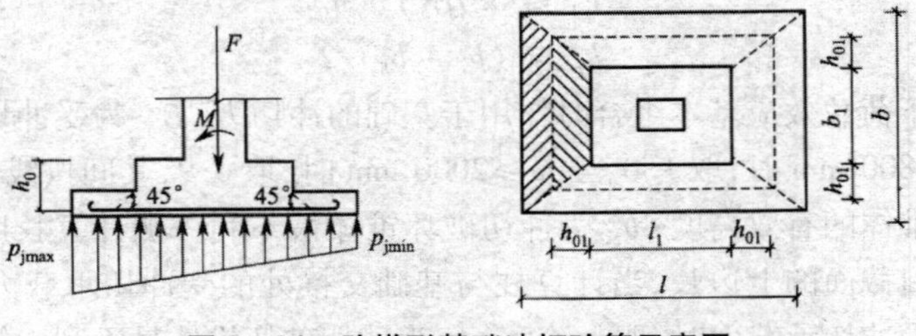

图 2－24　阶梯形基础冲切验算示意图

（三）基础底板配筋

在地基净反力作用下，基础底板将沿柱的周边向上弯曲，故两个方向均需要配筋。实践证明，当发生弯曲破坏时，裂缝将沿柱角至基础角将底板分成四块梯形板。因此，基础底板可视为四块固定在柱边的梯形悬臂板。配筋计算时，沿基础长宽方向的弯矩等于梯形面积上地基净反力对计算截面产生的弯矩，计算截面一般取在柱边和变阶处（见图 2－25）。

对于矩形基础，当台阶的宽高比小于或等于 2.5 和偏心距小于或等于 1/6 基础宽度时，任意截面的弯矩可按下列公式计算。

1. 轴心荷载作用下

如图 2－25 所示，在轴心荷载作用下，柱边截面 Ⅰ—Ⅰ、Ⅱ—Ⅱ 以及变阶处的截面 Ⅲ—Ⅲ 和 Ⅳ—Ⅳ 都是抗弯的危险截面，应配有足够的钢筋。

（1）Ⅰ—Ⅰ 截面。地基净反力对柱边 Ⅰ—Ⅰ 截面产生的弯矩为

$$M_I = \frac{1}{24}p_j(2b+b_c)(l-l_c)^2 \qquad (2-46a)$$

式中，M_{I} 为柱边截面Ⅰ—Ⅰ处相应于荷载效应基本组合时的弯矩设计值，即图 2－25 中梯形 1234 面积的地基净反力对Ⅰ—Ⅰ截面产生的弯矩。

垂直于Ⅰ—Ⅰ截面（平行于 l 方向）的底板受力钢筋的面积可按下式计算

$$A_{s\text{I}} = \frac{M_{\text{I}}}{0.9f_y h_0} \tag{2-46b}$$

（2）Ⅱ—Ⅱ截面。地基净反力对柱边Ⅱ—Ⅱ截面产生的弯矩及配筋分别按下式计算

$$M_{\text{II}} = \frac{1}{24}p_j(2l + l_c)(b - b_c)^2 \tag{2-47a}$$

$$A_{s\text{II}} = \frac{M_{\text{II}}}{0.9f_y(h_0 - d)} \tag{2-47b}$$

式中，M_{II} 为柱边截面Ⅱ—Ⅱ处相应于荷载效应基本组合时的弯矩设计值，即图 2－25 中梯形 1265 面积的地基净反力对Ⅱ—Ⅱ截面产生的弯矩；$A_{s\text{II}}$ 为垂直于Ⅱ—Ⅱ截面（平行于 b 方向）的底板受力钢筋的面积；d 为下层钢筋的直径（平行于 l 方向钢筋）。

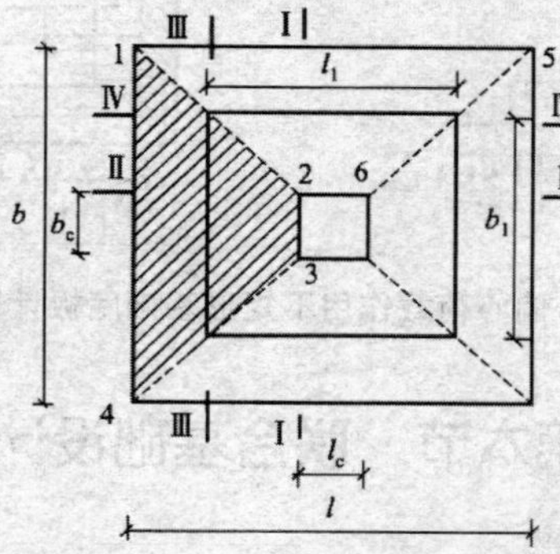

图 2－25　轴心荷载作用下矩形基础底板计算示意图

（3）Ⅲ—Ⅲ截面。采用式（2－46a）和式（2－46b）进行变阶处Ⅲ—Ⅲ截面的弯矩和配筋计算。计算时，需要把式中的 l_c 和 b_c 分别用上阶的 l_1 和 b_1 代替，把 h_0 换成下阶的有效高度 h_{01}。即

$$M = \frac{1}{24}p_j(2b + b_1)(l - l_1)^2 \tag{2-48a}$$

$$A_s = \frac{M}{0.9f_y h_{01}} \tag{2-48b}$$

（4）Ⅳ—Ⅳ截面。采用式（2－47a）和式（2－47b）进行变阶处Ⅳ—Ⅳ截面的弯矩和配筋计算。计算方法同上，即

$$M = \frac{1}{24}p_j(b - b_1)^2(2l + l_1) \tag{2-49a}$$

$$A_s = \frac{M}{0.9f_y(h_{01} - d)} \tag{2-49b}$$

按 $A_{s\text{I}}$ 和 A_s 中大值配置平行于 l 边方向的钢筋，放置在下层；按 $A_{s\text{II}}$ 和 A_s 中大值配置平行于 b 边方向的钢筋，放置在上排。

2. 偏心荷载作用下

在沿 l 方向单向偏心荷载作用下，底板的弯矩可按下列简化方法计算（图 2－26）

Ⅰ—Ⅰ截面处：$M_{\mathrm{I}} = \dfrac{1}{48}[(p_{j\max} + p_{j\mathrm{I}})(2b + b_c) + (p_{j\max} - p_{j\mathrm{I}})b](l - l_c)^2$ (2-50a)

Ⅱ—Ⅱ截面处：$M_{\mathrm{II}} = \dfrac{1}{24}p_j(2l + l_c)(b - b_c)^2$ (2-50b)

Ⅲ—Ⅲ截面处：$M_{\mathrm{III}} = \dfrac{1}{48}[(p_{j\max} + p_j)(2b + b_1) + (p_{j\max} - p_j)b](l - l_1)^2$ (2-50c)

Ⅳ—Ⅳ截面处：$M_{\mathrm{IV}} = \dfrac{1}{24}p_j(b - b_1)^2(2l + l_1)$ (2-50d)

钢筋面积计算同上。

式中，$p_{j\mathrm{I}}$ 为相应于荷载效应基本组合时在截面Ⅰ—Ⅰ处的基础底面地基净反力值；p_j 为相应于荷载效应基本组合时在截面Ⅲ—Ⅲ处的基础底面地基净反力值。

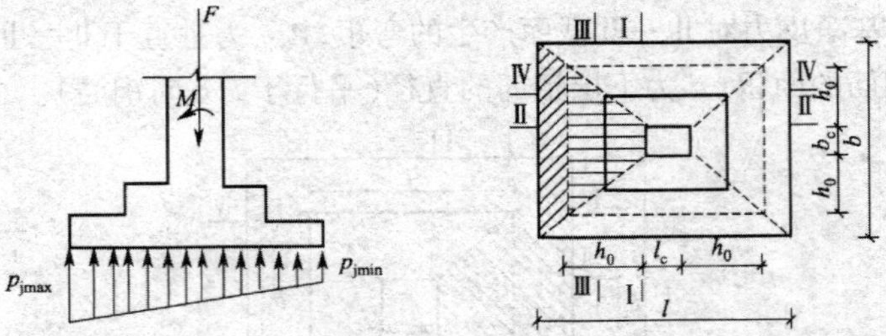

图 2-26　偏心荷载作用下矩形基础底板计算示意图

第六节　联合基础设计

一、概述

典型的双柱联合基础可以分为三种类型，即矩形联合基础、梯形联合基础和连梁式联合基础（见图 2-27）。

矩形和梯形联合基础一般用于柱距较小时的情况，这样可以避免造成板的厚度及配筋过大。为使联合基础的基底压力分布较为均匀，应使基础底面形心尽可能接近柱主要荷载的合力作用点。因此，当 $x' \geqslant l'/2$ 时（x'、l' 参见图 2-27），可以采用矩形联合基础；当 $l'/3 < x' < l'/2$ 时，则宜采用梯形联合基础。如果柱距较大，可在两个扩展基础之间加设不着地的刚性连系梁形成连梁式联合基础[见图 2-27(c)]，使之达到阻止两个扩展基础转动、调整各自底面压力趋于均匀的目的。

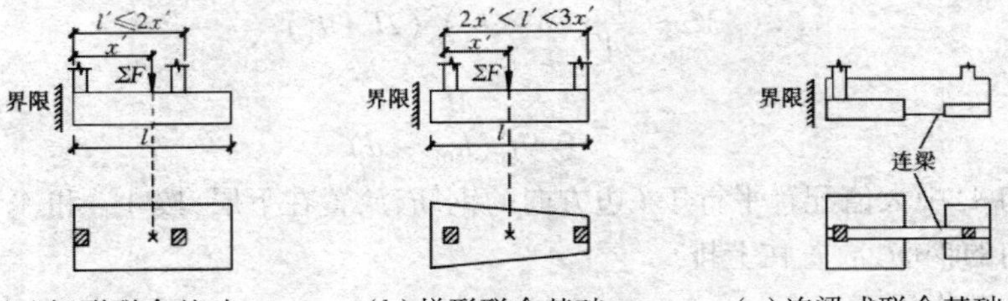

(a)矩形联合基础　(b)梯形联合基础　(c)连梁式联合基础

图 2-27　典型的双柱联合基础

联合基础的设计通常作如下的规定或假定：

(1)基础是刚性的。一般认为，当基础高度不小于柱距的1/6时，基础可视为是刚性的；

(2)基底压力为线性(平面)分布；

(3)地基主要受力层范围内土质均匀；

(4)不考虑上部结构刚度的影响。

二、矩形联合基础

矩形联合基础的设计步骤如下：

(1)计算柱荷载的合力作用点(荷载重心)位置；

(2)确定基础长度，使基础底面形心尽可能与柱荷载重心重合；

(3)按地基土承载力确定基础底面宽度；

(4)按反力线性分布假定计算基底净反力设计值，并用静定分析法计算基础内力，画出弯矩图和剪力图；

(5)根据受冲切和受剪承载力确定基础高度。一般可先假设基础高度，再代入式(2-51)和式(2-52)进行验算。

①受冲切承载力验算。验算公式为

$$F_l \leqslant 0.7\beta_{hp} f_t u_m h_0 \tag{2-51}$$

式中，F_l——相应于作用的基本组合时的冲切力设计值，取柱轴心荷载设计值减去冲切破坏锥体范围内的基底净反力(见图2-28)；

u_m——临界截面的周长，取距离柱周边 $h_0/2$ 处板垂直截面的最不利周长；

其余符号与式(2-39)相同。

②受剪承载力验算。由于基础高度较大，无须配置受剪钢筋。验算公式为

$$V \leqslant 0.7\beta_{hs} f_t b h_0 \tag{2-52}$$

式中，V——验算截面处相应于作用的基本组合时的剪力设计值，验算截面按宽梁可取在冲切破坏锥体底面边缘处(见图2-28)；

其余符号意义同前。

(6)按弯矩图中的最大正负弯矩进行纵向配筋计算；

(7)按等效梁概念进行横向配筋计算。

由于矩形联合基础为一等厚度的平板，其在两柱间的受力方式如同一块单向板，而在靠近柱位的区段，基础的横向刚度很大。因此，根据J. E. 波勒斯(Bowles)的建议，认为可在柱边以外各取等于0.75 h_0 的宽度(见图2-28)与柱宽合计作为“等效梁”宽度。基础的横向受力钢筋按横向等效梁的柱边截面弯矩计算并配置于该截面内，等效梁以外区段按构造要求配置。各横向等效梁底面的基底净反力以相应等效梁上的柱荷载计算。

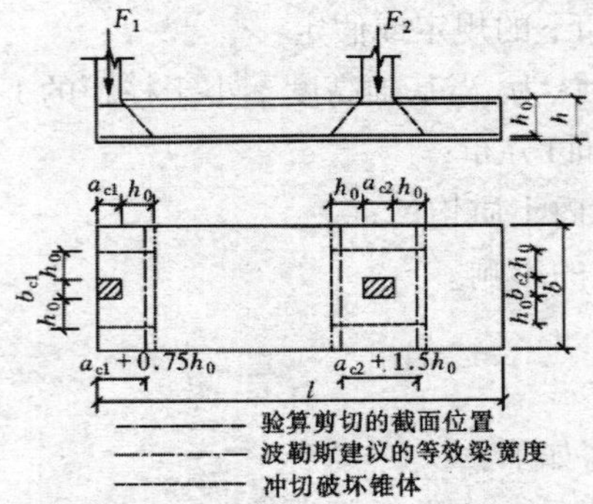

图 2－28　矩形联合基础的抗剪切、抗冲切和横向配筋计算

三、梯形联合基础

当建筑界限靠近荷载较小的柱一侧时，采用矩形联合基础是合适的。对于荷载较大的柱一侧的空间受到约束的情况（图 2－29），如仍采用矩形基础，则基底形心无法与荷载重心重合。为使基底压力均匀分布，这时只能采用梯形基础。

从图 2－29 可以看出，梯形基础的适用范围是 $l/3 < x < l/2$。当 $x = l/2$ 时，梯形基础转化为矩形基础。

根据梯形面积形心与荷载重心重合的条件，可得：

$$x = \frac{l}{3}\frac{2a+b}{a+b} \tag{2-53}$$

又由地基承载力条件，有

$$A = \frac{F_{k1}+F_{k2}}{f_a-\gamma_G d+\gamma_w h_w} \tag{2-54}$$

其中

$$A = \frac{a+b}{2}l \tag{2-55}$$

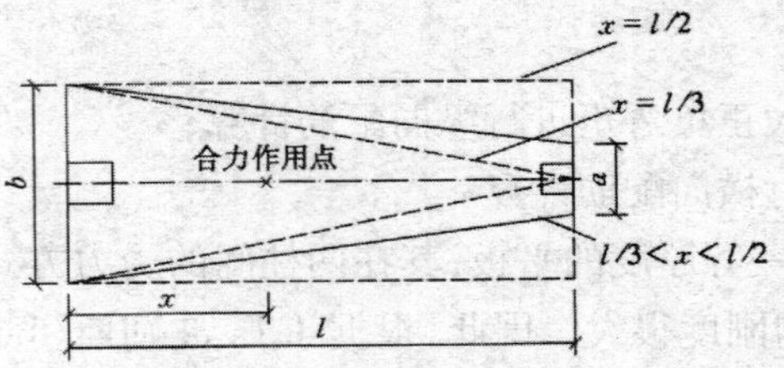

图 2－29　采用梯形联合基础的情况

联立求解上述三式，即可求得 a 和 b。然后可参照矩形基础的计算方法进行内力分析和设计，但需注意基础宽度沿纵向是变化的，因此纵向线性净反力为梯形分布。在选取受剪承载力验算截面和纵向配筋计算截面时均应考虑板宽的变化（此时内力最大的截面不一定是最不利的截面）。等效梁沿横向的长度可取该段的平均长度。

与偏心受压的矩形基础相比，梯形基础虽然施工较为不便，但其基底面积较小，造价低，且沉降更为均匀。

四、连梁式联合基础

如果两柱间的距离较大,联合基础就不宜采用矩形或梯形基础。因为随着柱距的增加,跨中的基底净反力会使跨中负弯矩急剧增大。此时采用连梁式联合基础是合适的,由于连梁的底面不着地,基底反力仅作用于两柱下的扩展基础,因而连梁中的弯矩较小。连梁的作用在于把偏心产生的弯矩传递给另一侧的柱基础,从而使分开的两基础都获得均匀的基底反力。当地基承载力较低时,两边的扩展基础可能会因面积的增加而靠得很近,这时可按第三章所述的柱下条形基础进行设计。

设计连梁式联合基础应注意的三个基本要点为:

(1)连梁必须为刚性,梁宽不应小于最小柱宽;

(2)两基础的底面尺寸应满足地基承载力计算的要求,并避免不均匀沉降过大;

(3)连梁底面不应着地,以免造成计算困难。连梁自重在设计中通常可忽略不计。

第七节　防止或减轻不均匀沉降危害的措施

任何建(构)筑物,都会由于上部结构的荷载及分布差异或地基的软弱与不均匀等原因,产生均匀沉降或不均匀沉降。均匀沉降一般不致带来大损害,但超量时就会影响建筑物的功能和正常使用;不均匀沉降则可能造成较大的危害,过大时往往会引起建筑物开裂、倾斜,甚至破坏。尤其是软弱地基上的建筑物,这种危害可能更大。由此可知,不均匀沉降对建筑物的危害最大。所以,如何防止或减轻不均匀沉降的危害,就成为设计工作中必须认真考虑、慎重对待的一个重要问题。

为了解决不均匀沉降的问题,通常可采用下面的三种办法:(1)选择承载力大而变形小的地基(坚硬土层或岩层)作为持力层,采用桩基础或其他深基础;(2)选用恰当有效的地基处理方法,对软弱地基进行人工处理(采用人工地基);(3)从地基、基础和上部结构共同工作的观点出发,在建筑、结构和施工方面采取本节下述的某些措施。

一、建筑措施

(一)建筑的体型应力求简单

建筑的体型,是指建筑的平面和立面的轮廓形状。平面形状复杂的建筑物,如“工”字形、“L”字形、“T”字形等,其纵横单元相交处基础密集,地基中应力叠加,必然出现比别处大的沉降量,从而加大了相邻部位的不均匀沉降,加之这类形状的建筑物整体性差、刚度不对称,更容易遭受地基不均匀沉降的危害。立面高低(或轻重)变化较大,地基各部分所受的荷载轻重不同、差异较大,必然在建筑物高低相接处地基应力产生突变,出现过大的不均匀沉降,造成低的部分墙体开裂损坏。复杂的体型,常常是削弱建筑物的整体刚度和加剧地基不均匀沉降的重要因素。因此,在满足建筑功能和使用要求的前提下,应尽量采用简单的建筑体型,如长高比较小、等高的“一”字形建筑物。

实际工程中,建筑物的立面高差是难以避免的。如果地基条件较好,可允许其高差不超过两层,当地基软弱时,则不应超过一层。否则,应采取其他措施。如高差相接处设置沉降缝。

(二)设置沉降缝

当地基极不均匀,建筑物平面形状复杂和高低悬殊等情况时,在建筑物的特定部位设置沉降缝,可以有效地防止或减轻地基不均匀沉降造成的危害。沉降缝不同于伸缩缝或者防震缝,它从上部结构檐口到基础底面将建筑物分割成两个或多个独立单元,分割出的独立单元(或沉降单元)应满足体型简单、长高比小、结构类型不变和所在处的地基比较均匀等条件的要求。由于这种独立单元具有较好的整体刚度,因而具有一定的调整不均匀沉降的能力,根据独立单元的要求和工程经验,沉降缝设置的位置通常选择在下列部位:

(1)复杂建筑平面的转折部位;

(2)建筑高度或荷载变化差异处;

(3)长高比过大的建筑适当部位;

(4)建筑结构或基础类型不同处;

(5)地基土的压缩性有显著变化的部位;

(6)分期建造房屋的交接处;

(7)拟建伸缩缝或防震缝处(沉降缝可兼做伸缩缝或防震缝)。

沉降缝应有一定的宽度,以利于相邻单元沉降而不受影响,保证缝的两侧单元内倾时不互相挤压,其缝的宽度是:2 ~3 层房屋为 50 mm ~80 mm,4 ~5 层房屋为 80 mm ~120 mm,5 层以上房屋应不小于 120 mm。沉降缝内一般不要填塞任何材料,寒冷地区也只能填塞防寒松软的材料,以保证沉降缝不失去应有的作用。

沉降缝可采用图 2 -30 所示做法。图 2 -30(a)为悬挑式双墙做法,适于砌体结构房屋;图 2 -30(b)为轨枕式双墙做法,也适用于砌体房屋;图 2 -30(c)为悬挑式单墙做法,适用框架结构房屋;图 2 -30(d)为简支或悬挑跨做法,适用于沉降差值较大的两单元的沉降缝,可用于砌体或框架结构房屋。

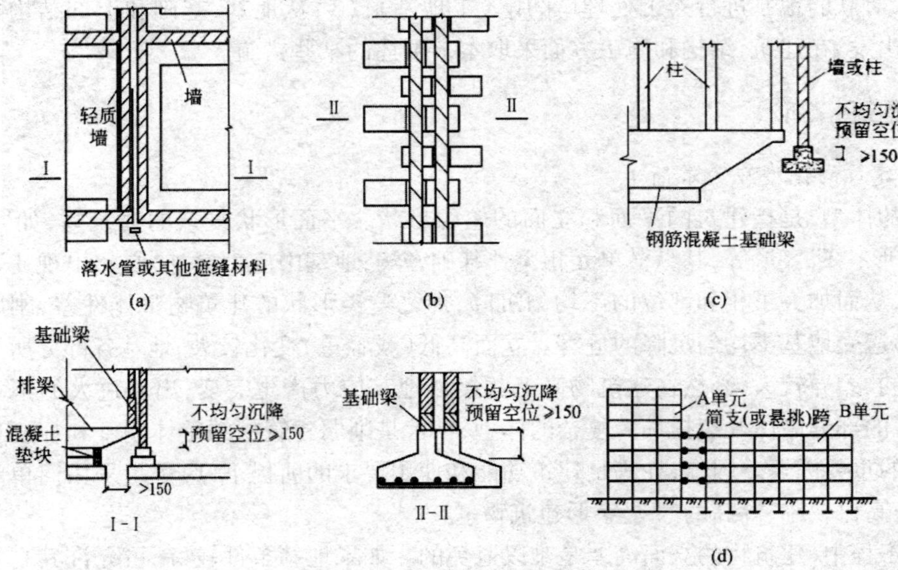

图 2 -30　沉降缝做法示意图

(三)加强建筑物的整体刚度

建筑物的整体刚度越大,调整和适应地基不均匀沉降的能力就越强。因此,应在建筑设计中控制建筑物的长高比与合理布置纵、横墙,以加强建筑物的整体刚度。

(1)控制建筑物的长高比:建筑物长高比是指它的长度 L 与其高度(屋顶檐口至基底的距离) H_f 之比,它是决定砌体结构房屋整体刚度的主要因素。长高比 L/H_f 愈小,房屋整体刚度比例愈大,调整地基不均匀沉降的能力就愈强。当房屋的预估最大沉降量大于120 mm时,对于三层和三层以上的房屋,其长高比 L/H_f 不宜大于2.5;若房屋的长高比为 $2.5 < L/H_f \leqslant 3.0$ 时,宜做到纵墙不转折或少转折,其内横墙间距不宜过大,必要时可适当增强基础刚度和强度;如不符合上述要求时,一般要设沉降缝。当房屋的预估最大沉降量不大于120 mm时,其长高比 L/H_f 可不受限制。

(2)合理布置纵、横墙:纵墙最易于地基不均匀沉降而产生挠曲变形,从而引起墙体的开裂破坏,因此,一方面要避免纵墙开洞、转折、中断而削弱纵墙刚度;另一方面应使纵墙尽可能与横墙连接,缩小横墙间距,以加强房屋的整体刚度,提高其调整不均匀沉降的能力。为了弥补墙体过大的开设门窗洞和管道孔洞而削弱整体刚度,通常可在孔洞周围墙体内配筋或设置钢筋混凝土边框。

(四)恰当安排相邻建筑物基础间的净距

建筑物的荷载不仅使其基础下面的土层受到压缩变形而产生沉降,而且还会由于其地基中附加应力的扩散作用,使相邻建筑物的沉降相互影响而引起附加的不均匀沉降。如果相邻两建筑物的距离太近时,这种附加不均匀沉降可能造成建筑物的开裂或倾斜,若被影响建筑物刚度较差时,其影响表现为墙体开裂;当其刚度较大时,则表现为房屋的整体倾斜。这种影响,对于同期建造的两相邻建筑物,特别是两建筑物的高低(或轻重)差别太大时,低(或轻)者受高(或重)者的影响;对于不同时期建造的两相邻建筑物,原有建筑物受临近新建高(或重)的建筑物的影响。

为了减少或避免相邻建筑物影响的危害,软弱地基上的相邻建筑物之间应有一定的净距,其值应根据地基的压缩性,影响建筑的荷载大小与面积,以及被影响建筑的刚度等因素而定。这些因素可归纳为影响建筑的预估平均沉降量 s 和被影响建筑的长高比 L/H_f 两个综合指标。因此,相邻建筑物基础间的净距,可按表2－27选用。

表2－27　相邻建筑物基础间的净距(m)

影响建筑的预估平均沉降量 s(mm) 被影响建筑的长高比	$2.0 \leqslant \frac{L}{H_f} < 3.0$	$3.0 \leqslant \frac{L}{H_f} < 5.0$
70～150	2～3	3～6
160～250	3～6	6～9
260～400	6～9	9～12
>400	9～12	≥12

注:1.表中 L 为建筑物长度或沉降缝分隔的单元长度(m); H_f 为自基础底面标高算起的建筑物高度(m)。

2.当被影响建筑的长高比为 $1.5 < L/H_f < 2.0$ 时,其间净距可适当缩小。

对于相邻高耸结构(或对倾斜要求严格的构筑物)的外墙间隔距离,应根据倾斜允许值计算确定。

(五)调整建筑物各部分的标高

建筑物基础的沉降,会使其各部分的标高发生变化,从而影响其功能和正常使用。因而应根据可能产生的不均匀沉降,采取下列相应的措施:

(1)室内地坪和地下设施的标高,应根据预估沉降量予以提高;

(2)建筑物各部分(或设备之间)有联系时,可将沉降较大者标高提高;

(3)建筑物与设备之间,应留有足够的净空;

(4)当有管道穿过建筑物时,应预留足够尺寸的孔洞,或采用柔性的管道接头。

二、结构措施

(一)减轻建筑物自重

建筑物的自重在基底压力中占有较大的比例。工业建筑约占40% ~50%,民用建筑约占60% ~70%。因而要减少沉降量,就应采取措施尽量减轻建筑的自重。通常可采取下列措施:

(1)减轻墙体自重,如采用多孔砖、轻质墙等;

(2)选用轻型结构,如采用预应力钢筋混凝土结构、轻钢结构,以及各种轻型空间结构(悬索结构、加气结构等);

(3)减少基础及覆土重量,如采用空心基础、壳体基础、无埋式薄板基础,以及架空地板代替厚填土。

(二)设置圈梁

圈梁的作用在于加强砌体结构的整体性,增加建筑物的整体刚度,提高墙体的抗弯、抗剪能力。因此,在墙体内设置圈梁,可有效地防止墙体出现裂缝和阻止裂缝开展。

多层房屋宜在基础顶面附近和顶层门窗顶处各设置一道圈梁,其他各层可隔层设置,必要时也可层层设置;单层工业厂房、仓库,可结合基础梁、连系梁、过梁等酌情设置,圈梁应设置在外墙、内纵墙和主要内横墙上,并应在平面内连成封闭系统。如果圈梁在墙体门窗洞口处无法连通时,应按照如图 2-31 所示要求,利用搭接圈梁进行搭接处理,搭接圈梁可用原有的门窗过梁。

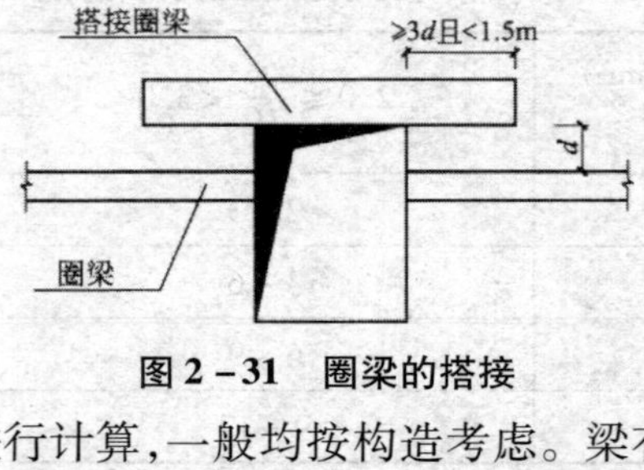

图 2-31　圈梁的搭接

圈梁的截面,目前难以进行计算,一般均按构造考虑。梁有两种,一种是钢筋混凝土圈梁,其宽度一般与墙厚相同(也可取2/3 墙厚;但不得小于 180 mm),高度不小于 120 mm(常为180 mm和 240 mm),混凝土强度等级应不低于 C15,上下各配 2 跟 φ 8 以上(常用 φ 12)的纵筋,箍筋间距不大于 300 mm;另一种是钢筋砖过梁(或钢筋砖带),即在水平灰缝内夹筋,其宽度与墙厚相等，高度常为 500 mm（8 皮砖高），用 M5 砂浆砌筑，在其上下砖缝内夹筋。

（三）减小或调整基底附加压力

减小或调整基底附加压力，可以减少基础的沉降量，使其沉降差值减少，以调整基础的不均匀沉降。

（1）按补偿性基础的概念，采用中空封闭型基础，如地下室（或半地下室）筏板基础、箱形基础等，可以减小基底附加压力；

（2）按允许沉降差调整基底尺寸的概念，改变基底尺寸，调整基底附加压力。

（四）加强基础的刚度

加强基础的刚度，可以提高其抗弯能力，以减少基础的不均匀沉降。

（1）采用钢筋混凝土梁、板式基础，如条形、十字形、筏板和箱形基础，可以增大基底面积，加强基础刚度和提高调整不均匀沉降的能力。尤其是软弱地基上的砌体结构房屋，采用刚度较大的钢筋混凝土基础，不仅具有较大的调整不均匀沉降的能力，而且万一需要事后补强或托换基础，比较容易进行处理。

（2）基础埋深变化较大时，应当做成台阶形基础，必要时还应配筋加强，以提高基础的整体刚度，增强适应不均匀沉降的能力。

（五）选用适应不均匀沉降的结构

排架、三铰拱等铰接结构，对地基变形欠敏感，不会对结构引起过大的附加应力（或次应力），有利于避免不均匀沉降的危害。

三、施工措施

（1）合理安排施工顺序：一般应先建重、高部分，后建轻、低部分；先施工主体结构，后施工附属结构。这样可以减小或调整部分不均匀沉降。

（2）基础周围不宜堆载：在已建成的建筑物（尤其是轻型建筑物）周围，不宜堆放大量的建筑材料和土方等重物，以免地面堆载引起建筑物产生附加沉降。

（3）保护基底的地基土（岩）：开挖基坑时，对基底软弱土层（尤其是灵敏度较高的软黏土）应加以保护，尽量避免或减少扰动，对于易风化岩石，也应及时覆盖，以免进一步风化，基底已扰动土应加以妥善处理，强风化岩也应加以清除，基坑内应防止雨水或地面水的流入，以免浸泡土层使地基土软化，如坑内进水应及时排除，并进行妥善处理。

（4）防止施工的不利影响：在现场进行打桩、强夯、井点降水、深基坑开挖等施工时，必须采取切实有效的措施，防止对附近建筑物的不利影响。

第三章 连续基础

第一节 概 述

柱下条形基础、交叉条形基础、筏形基础和箱形基础统称为连续基础。连续基础具有如下的特点：

(1)具有较大的基础底面积，因此能承担较大的建筑物荷载，易于满足地基承载力的要求；

(2)连续基础的连续性可以大大加强建筑物的整体刚度，有利于减小不均匀沉降及提高建筑物的抗震性能；

(3)对于箱形基础和设置了地下室的筏形基础，可以有效地提高地基承载力，并能以挖去的土重补偿建筑物的部分(或全部)重量。

连续基础一般可看成是地基上的受弯构件——梁或板。它们的挠曲特征、基底反力和截面内力分布都与地基、基础以及上部结构的相对刚度特征有关。因此，应该从三者相互作用的观点出发，采用适当的方法进行地基上梁或板的分析与设计。在相互作用分析中，地基模型的选择是最为重要的。

第二节 地基、基础与上部结构相互作用的概念

地基、基础与上部结构的相互作用一直是国内外的一项重要研究课题。诸如关于建筑物地基的允许变形值、梁板式基础的计算以及软弱地基上建筑物的设计与施工措施等问题，都要涉及有关相互作用的概念。地基基础问题的解决，不宜单纯着眼于地基基础本身，按常规设计法设计时，更应把地基、基础与上部结构视为一个统一的整体，从三者相互作用的概念出发来考虑地基基础方案。尤其是当地基比较复杂时，如果能从上部结构方面配合采取适当的建筑、结构、施工等不同措施，往往可以收到合理、经济的效果。

一、地基与基础的相互作用

(一)基底反力的分布规律

在常规设计法中，通常假设基底反力呈线性分布。但事实上，基底反力的分布是非常复杂的，除了与地基因素有关外，还受基础及上部结构的制约。为了便于分析，下面仅考虑基础本身刚度的作用而忽略上部结构的影响。

1. 柔性基础

抗弯刚度很小的基础可视为柔性基础。它就像一块放在地基上的柔软薄膜，可以随着

地基的变形而任意弯曲。柔性基础不能扩散应力,因此基底反力分布与作用于基础上的荷载分布完全一致(见图3-1)。

按弹性半空间理论所得的计算结果以及工程实践经验都表明,均布荷载下柔性基础的沉降呈碟形,即中部大、边缘小[见图3-1(a)]。显然,若要使柔性基础的沉降趋于均匀,就必须增大基础边缘的荷载,并使中部的荷载相应减少,这样,荷载和反力就变成了图3-1(b)所示的非均布的形状了。

(a)荷载均布时,$p(x,y)$=常数　　(b)沉降均匀时,$p(x,y)\neq$常数

图3-1　柔性基础的基底反力和沉降

2. 刚性基础

刚性基础的抗弯刚度极大,原来是平面的基底,沉降后依然保持平面。因此,在中心荷载作用下,基础将均匀下沉。根据上述柔性基础沉降均匀时基底反力不均匀的论述,可以推断,中心荷载下的刚性基础基底反力分布也应该是边缘大、中部小。图3-2中的实线反力图为按弹性半空间理论求得的刚性基础基底反力图,在基底边缘处,其值趋于无穷大。事实上,由于地基土的抗剪强度有限,基底边缘处的土体将首先发生剪切破坏,因此,此处的反力将被限制在一定的数值范围内,随着反力的重新分布,最终的反力图可呈如图3-2中虚线所示的马鞍形。由此可见,刚性基础能跨越基底中部,将所承担的荷载相对集中地传至基底边缘,这种现象称为基础的"架越作用"。

(a)中心荷载　　(b)偏心荷载

图3-2　刚性基础

图3-3是分别置于砂土和硬黏土上的圆形刚性基础模型底面的实测反力分布图。对于硬黏土上的刚性基础,基底反力均呈马鞍形分布[见图3-3(b)、(d)];对于砂土,由于基底边缘处的砂粒极易朝侧向挤出,因此邻近基底边缘的塑性区随荷载的增加而迅速开展,所增加的荷载必须靠基底中部反力的增大来平衡,基底反力接近抛物线分布[见图3-3(a)、(c)]。

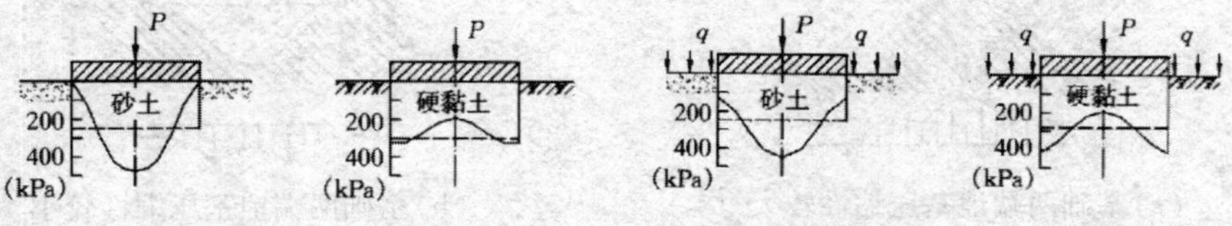

(a)无超载　　(b)无超载　　(c)有超载　　(d)有超载

图3-3　圆形刚性基础模型底面反力分布图

一般来说,无论黏性土或无黏性土地基,只要刚性基础埋深和基底面积足够大、而荷载

又不太大时,基底反力均呈马鞍形分布。

3. 基础相对刚度的影响

图 3 -4(a)表示黏性土地基上相对刚度很大的基础。当荷载不太大时,地基中的塑性区很小,基础的架越作用很明显;随着荷载的增加,塑性区不断扩大,基底反力将逐渐趋于均匀。在接近液态的软土中,反力近乎呈直线分布。

图 3 -4(c)表示岩石地基上相对刚度很小的基础,其扩散能力很低,基底出现反力集中的现象,此时基础土的内力很小。

对于一般黏性土地基上相对刚度中等的基础[见图 3 -4(b)],其情况介于上述两者之间。

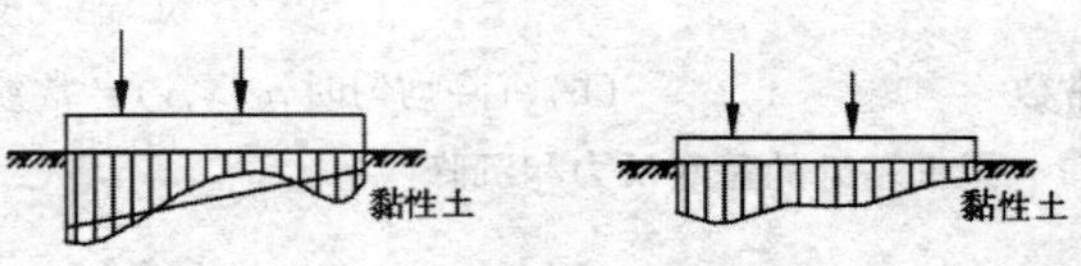

(a)基础刚度大　(b)基础刚度适中　(c)基础刚度小

图 3 -4　基础相对刚度与架越作用

归纳以上的讨论,可以得出这样的结论:基础架越作用的强弱主要取决于基础的相对刚度、土的压缩性以及基底下塑性区的大小。一般来说,基础的相对刚度愈强,沉降就愈均匀,但基础的内力将相应增大,故当地基局部软硬变化较大时,可以考虑采用整体刚度较大的连续基础;而当地基为岩石或压缩性很低的土层时,宜优先考虑采用扩展基础,如采用连续基础,抗弯刚度不宜太大,这样可以取得较为经济的效果。

4. 邻近荷载的影响

上述有关基底反力分布的规律是在无邻近荷载影响的情况下得出的。如果基础受到相邻荷载影响,受影响一侧的沉降量会增大,从而引起反力卸载,并使反力向基础中部转移,此时基底反力分布会发生明显的变化。例如,上海市四平大楼的第三单元两端各有紧靠的同时建造的相邻单元,其箱形基础纵向基底反力分布呈现为中间大两端小的向下凸的双拱形,而显著地有别于无邻近荷载影响时的马鞍形分布。

(二)地基非均质性的影响

当地基压缩性显著不均匀时,按常规设计法求得的基础内力可能与实际情况相差很大。图 3 -5 表示地基压缩性不均匀的两种相反情况,两基础的柱荷载相同,但其挠曲情况和弯矩图则截然不同。柱荷载分布情况的不同也会对基础内力造成不同的影响。在图 3 -6 中,(a)和(b)的情况最为有利,而(c)和(d)则是最不利的。

(a)基础两端地基压缩性较大　(b)基础两端地基压缩性较小

图 3 -5　地基压缩性不均匀的影响

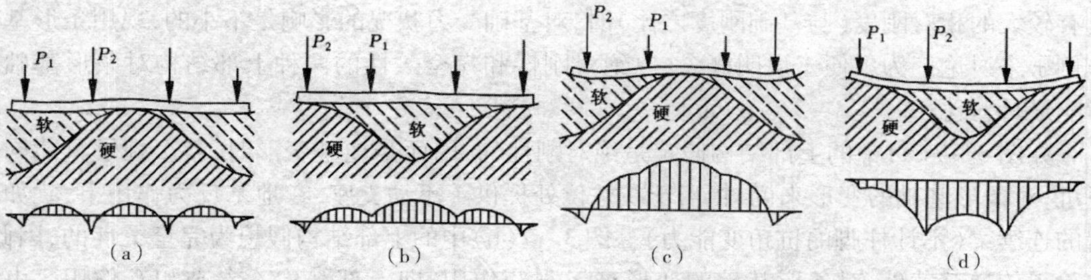

图 3-6 不均匀地基上条形基础柱荷载分布的影响

(a)、(d)内柱荷载大,边柱荷载小;(b)、(c)内柱荷载小,边柱荷载大

二、地基变形对上部结构的影响

整个上部结构对基础不均匀沉降或挠曲的抵抗能力,称为上部结构刚度,或称为整体刚度。根据整体刚度的大小,可将上部结构分为柔性结构、敏感性结构和刚性结构三类。

以屋架-柱-基础为承重体系的木结构和排架结构是典型的柔性结构。由于屋架铰接于柱顶,这类结构对基础的不均匀沉降有很大的顺从性,故基础间的沉降差不会在主体结构中引起多少附加应力。但是,高压缩性地基上的排架结构会因柱基不均匀沉降而出现围护结构的开裂,以及其他结构上和使用功能上的问题。因此,对这类结构的地基变形虽然限制较宽,但仍然不允许基础出现过量的沉降或沉降差。

不均匀沉降会引起较大附加应力的结构,称为敏感性结构,例如砖石砌体承重结构和钢筋混凝土框架结构。敏感性结构对基础间的沉降差较敏感,很小的沉降差异就足以引起可观的附加应力,因此,若结构本身的强度储备不足,就很容易发生开裂现象。

上部结构的刚度愈大,其调整不均匀沉降的能力就愈强。因此,可以通过加大或加强结构的整体刚度以及在建筑、结构和施工等方面采取适当的措施来防止不均匀沉降对建筑物的损害。对于采用单独柱基础的框架结构,设置基础梁(地梁)是加大结构刚度、减少不均匀沉降的有效措施之一。

坐落在均质地基上的多层多跨框架结构,其沉降规律通常是中部大、端部小。这种不均匀沉降不仅会在框架中产生可观的附加弯矩,还会引起柱荷载重分配现象,这种现象随着上部结构刚度增大而加剧。对一 8 跨 15 层框架结构的相互作用分析表明,边柱荷载增加了40%,而内柱则普遍卸载,中柱卸载可达 10%。由此可见,对于高压缩性地基上的框架结构,按不考虑相互作用的常规方法设计,结果常使上部结构偏于不安全。

基础刚度愈大,其挠曲愈小,则上部结构的次应力也愈小。因此,对高压缩性地基上的框架结构,基础刚度一般宜刚而不宜柔;而对柔性结构,在满足允许沉降值的前提下,基础刚度宜小不宜大,而且不一定需要采用连续基础。

刚性结构指的是烟囱、水塔、高炉、筒仓这类刚度很大的高耸结构物,其下常为整体配置的独立基础。当地基不均匀或在邻近建筑物荷载或地面大面积堆载的影响下,基础转动倾斜,但几乎不会发生相对挠曲。

三、上部结构刚度对基础受力状况的影响

目前,梁、板式基础的计算,还不能普遍考虑与上部结构的相互作用,然而,当上部结构

具有较大的相对刚度(与基础刚度之比)时,对基础受力状况的影响是不小的,现用条形基础作例子来讨论。为了便于说明概念,以绝对刚性和完全柔性的两种上部结构对条形基础的影响进行对比。

如图 3 - 7(a)中的上部结构假定是绝对刚性的,因而当地基变形时,各个柱子只能同时下沉,对条形基础的变形来说,相当于在柱位处提供了不动支座,在地基反力作用下,犹如倒置的连续梁(不计柱脚的抗角变能力)。图 3 - 7(b)中的上部结构假想为完全柔性的,因此,它除了传递荷载外,对条形基础的变形毫无制约作用,即上部结构不参与相互作用。由图 3 - 7中的对比可知,在上部结构为绝对刚性和完全柔性这两种极端情况下,条形基础的挠曲形式及相应的内力图形差别很大。必须指出,除了像烟囱、高炉等整体构筑物可以认为是绝对刚性者外,绝大多数建筑物的实际刚度介于绝对刚度和完全柔性之间,不过目前还难于定量计算,在实践中往往只能定性地判断其比较接近哪一种极端情况。例如,剪力墙体系和筒体结构的高层建筑是接近绝对刚性的;静定结构是接近完全柔性的。这些判断将有助于地基基础的设计工作。

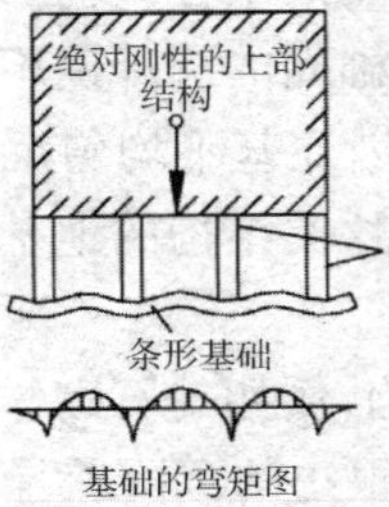

(a)上部结构为绝对刚性时

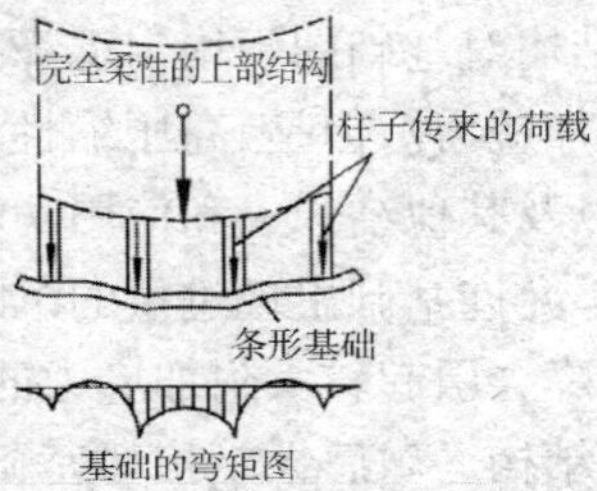

(b)上部结构为完全柔性时

图 3 - 7　上部结构刚度对基础受力状况的影响

增大上部结构刚度,将减小基础挠曲和内力。研究表明,框架结构的刚度随层数增加而增加,但增加的速度逐渐减缓,到达一定层数后便趋于稳定。例如,上部结构抵抗不均匀沉降的竖向刚度在层数超过 15 层后就基本上保持不变了。由此可见,在框架结构中下部一定数量的楼层结构明显起着调整不均匀沉降、削减基础整体弯曲的作用,同时自身也将出现较大的次应力,且层次位置愈低,其作用也愈大。

如果地基土的压缩性很低,基础的不均匀沉降很小,则考虑地基 - 基础 - 上部结构三者相互作用的意义就不大。因此,在相互作用中起主导作用的是地基,其次是基础,而上部结构则是在压缩性地基上基础整体刚度有限时起重要作用的因素。

第三节　柱下条形基础

一、概述

柱下条形基础是沿单向柱列放置的钢筋混凝土连续基础,截面形状一般为倒 T 形,中间的矩形梁为肋梁(基础梁),两侧伸出的部分为翼板(见图 3 - 8)。

柱下条形基础不仅有较大的基础底面积,还具有纵向抗弯刚度大、调整不均匀沉降能力强等优点,但是造价较扩展基础高,因此,在一般情况下,柱下应优先考虑设置扩展基础,如遇下述情况时可以考虑采用柱下条形基础：

①上部结构荷载较大，地基承载能力较低或地基土不均匀（如地基中有局部软弱夹层、土洞等）；

②荷载分布不均匀，有可能导致较大的不均匀沉降；

③采用扩展基础不能满足地基承载力或变形要求，加大、加深基础受到限制；

④上部结构对基础沉降比较敏感，有可能产生较大的次应力或影响使用功能。

柱下条形基础的设计主要包括确定基础底面宽度、基础长度、基础高度和配筋计算等内容，并应满足一定的构造要求。

二、构造要求

柱下条形基础除了应满足钢筋混凝土扩展基础的构造要求外，翼板厚度不应小于200 mm。当翼板厚度为200 mm～250 mm时，宜用等厚度翼板；当翼板厚度大于250 mm时，宜采用变厚度翼板，其坡度宜小于或等于1:3。

为了具有较大的抗弯刚度以调整不均匀沉降，基础梁的截面高度不宜太小，应根据基底反力、柱荷载的大小、地基及上部结构对基础刚度的要求等因素综合确定，一般宜取为柱距的1/8～1/4，并应经受剪承载力计算确定。当柱荷载较大时，可在柱两侧局部增高（加腋）。基础梁沿纵向一般取等截面，梁每侧比柱至少宽50 mm［见图3－8（c）］。当柱垂直于基础梁轴线方向的截面边长大于400 mm或大于等于梁宽时，可仅在柱位处将基础梁局部加宽［见图3－8（d）］。

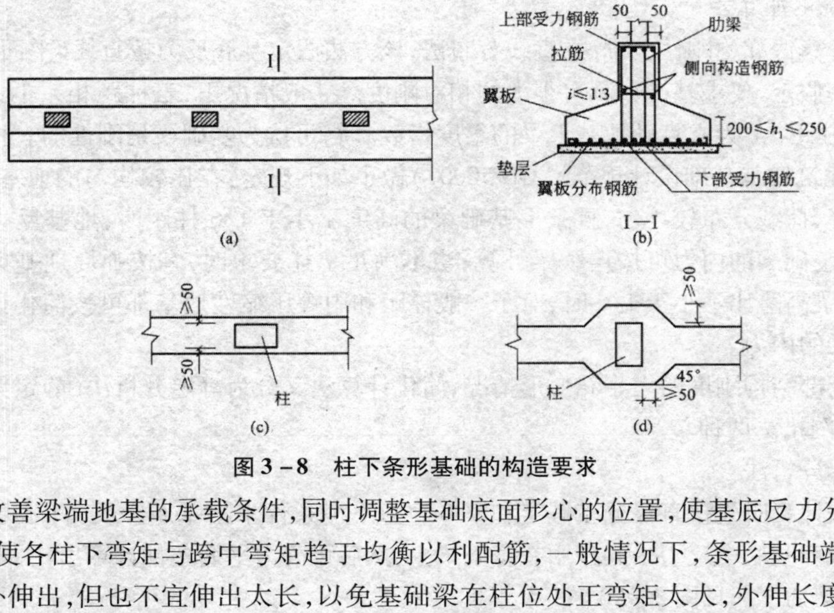

图3－8　柱下条形基础的构造要求

为了改善梁端地基的承载条件，同时调整基础底面形心的位置，使基底反力分布更为均匀合理，并使各柱下弯矩与跨中弯矩趋于均衡以利配筋，一般情况下，条形基础端部应从两端边柱向外伸出，但也不宜伸出太长，以免基础梁在柱位处正弯矩太大，外伸长度宜为边跨距的1/4。当荷载不对称时，两端伸出长度可不相等，以保证基底形心与荷载合力作用点重合。

基础梁的纵向受力钢筋、箍筋和弯起筋应按弯矩图和剪力图配置。支座（柱位）处的纵向受力钢筋布置在肋梁底部，跨中处受力钢筋布置在顶部。底部纵向钢筋需要搭接时，搭接位置宜在跨中，顶部纵向钢筋搭接位置宜在支座处，搭接长度 l_d 应满足相关要求。

基础梁顶部和底部纵向受力钢筋除应满足计算要求外，考虑到条形基础可能出现整体弯曲，且其内力计算往往存在误差，故顶部纵向受力钢筋应全部贯通，底部通长钢筋不应少于底部受力钢筋截面总面积的1/3。

当基础梁的腹板有效高度 $h_0 \geqslant 450$ mm 时，在梁的两个侧面应沿高度配置纵向构造钢筋，每侧纵向构造钢筋的面积不应小于腹板截面面积 bh_0 的0.1%，且间距不宜大于200 mm。梁两侧的纵向构造钢筋，宜用拉筋连接，拉筋直径与箍筋相同，间距为500 mm ~ 700 mm，一般为两倍的箍筋间距。箍筋应采用封闭式，直径一般为 6 mm ~ 12 mm；对截面高度大于 800 mm 的梁，箍筋直径不宜小于 8 mm；箍筋间距与普通梁相同，应按有关规定确定。当梁宽 $b \leqslant 350$ mm时，宜采用双肢箍；当梁宽 350 mm < $b \leqslant 800$ mm 时，宜采用四肢箍；当梁宽 b > 800 mm 时，宜采用六肢箍。

翼板的构造要求可参照钢筋混凝土扩展基础的有关规定。

柱下条形基础的混凝土强度等级不应低于 C20，同时应满足混凝土规范的耐久性要求。

三、内力计算

柱下条形基础在其纵横两个方向均产生弯曲变形，故在这两个方向的截面内均存在弯矩和剪力。条形基础的横向弯矩和剪力一般由翼板承担，其内力计算与墙下钢筋混凝土条形基础相同。条形基础的纵向剪力和弯矩主要由基础梁承担，基础梁的内力计算方法主要有简化计算法和弹性地基梁法以及半无限弹性地基的链杆法等。

（一）简化计算法

简化计算法亦称刚性基础法、直线分布法，该方法假定基底反力按直线（平面）分布。为了满足这一假定，要求基础梁具有很大的相对刚度。一般情况下，若柱距相差不大，当 $\lambda l \leqslant 1.75$（l 为柱距，λ 为文克勒地基上梁的柔度指数）时，可认为基础梁是刚性的。根据这一分析，现行《建筑地基基础设计规范》（GB 50007）做了如下规定：在比较均匀的地基上，上部结构刚度较好，荷载分布较均匀，且条形基础梁的高度不小于 1/6 柱距时，地基反力可按直线分布，条形基础梁的内力可按连续梁计算；当不满足上述要求时，宜按弹性地基梁计算。因此，当基础梁高跨比不小于 1/6 时，对于一般柱距和中等压缩性地基都可按简化计算法计算条形基础梁的内力。

根据上部结构刚度的大小和变形情况，简化计算法又分为静定分析法（静定梁法或静力平衡法）和倒梁法两种。

1. 静定分析法

该方法计算时先按直线分布假定和整体静力平衡条件求出基底净反力（地基净反力），再将柱荷载和基底净反力一起作用在基础梁上，然后按静力平衡条件计算出任一截面 i 上的弯矩 M_i 和剪力 V_i（见图 3－9）。

由于静定分析法没有考虑上部结构与地基基础之间的相互作用，即没有考虑上部结构刚度的有利影响，所以在荷载作用下基础梁将产生整体弯曲。与其他方法比较，该方法计算所得的基础梁不利截面上的弯矩绝对值一般偏大。静定分析法适用于上部结构刚度很小（即上部结构为柔性结构如单层排架结构）且基础本身刚度较大的柱下条形基础和联合基础。

2. 倒梁法

倒梁法假定上部结构为绝对刚性，各柱之间没有沉降差异。计算时把柱脚视为条形基础的固定铰支座，基础梁视为倒置的普通多跨连续梁，荷载包括直线分布的基底净反力以及除去柱的竖向集中力所余下的各种作用（包括传来的力矩）如图 3－10 所示，可采用弯矩分配法或弯矩系数法计算梁的内力。

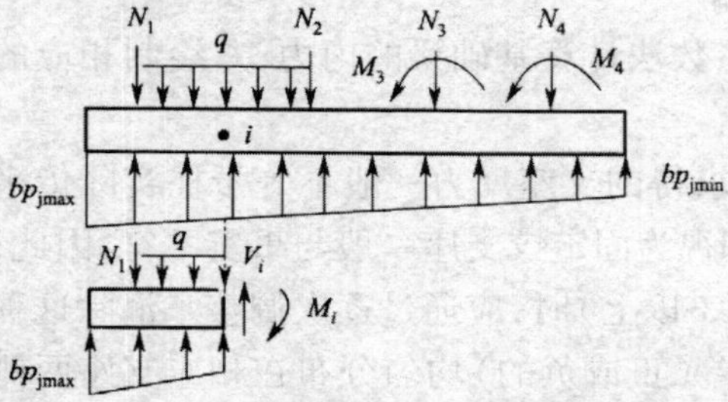

图 3－9　静定分析法计算简图

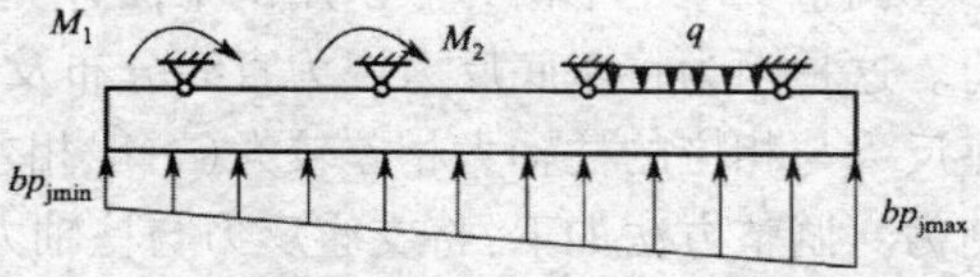

图 3－10　倒梁法计算简图

倒梁法只考虑出现于柱间的局部弯曲，忽略了沿基础全长发生的整体弯曲，因而计算所得的支座与柱间正负弯矩最大值较为均衡，基础不利截面上的弯矩绝对值一般偏小。该法适用于上部结构刚度很大、各柱之间差异很小的情况。

当条形基础的相对刚度较大时，由于基础的架越作用，其两端边跨的基底反力会有所增大，故两边跨跨中弯矩及第一内支座的弯矩值宜乘以 1.2 的增大系数。需要注意，当荷载较大、土的压缩性较高或基础埋深较浅时，随着端部基底下塑性区的开展，架越作用将减弱、消失，甚至出现基底反力从端部向内转移的现象。

倒梁法的计算步骤如下。

（1）初步确定基础底面尺寸。条形基础的长度 Z 主要根据构造要求确定（主要是确定伸出边柱的长度），并尽量使荷载的合力作用点与基底底面形心重合。根据正常使用极限状态下荷载效应的标准组合计算基底宽度 b 。

当轴心荷载作用时，基底宽度 b 为

$$b \geqslant \frac{\sum F_k + G_{wk}}{(f_a - \gamma_G d)l} \tag{3-1}$$

式中，$\sum F_k$ 为相应于荷载效应标准组合时，各柱传来的竖向力之和；G_{wk} 为作用在基础梁上墙的自重；f_a 为修正后的地基承载能力特征值；γ_G 为基础及回填土的平均重度，一般取 20 kN/m^3，地下水位以下取 10 kN/m^3；d 为基础埋深，须从设计地面或室内外平均设计地面算起。

当偏心荷载作用时，先按上式初定基础宽度并适当增大，然后按下式验算基础边缘压力

$$P_{k\max} \leqslant 1.2 f_a \tag{3-2}$$

（2）基础翼板（底板）计算。根据所确定的基础底面尺寸，改用承载能力极限状态下荷载效应的基本组合进行底板和基础梁的内力计算。柱下条形基础底板的计算方法与墙下钢筋混凝土条形基础相同。在计算基底净反力时，荷载沿纵向和横向的偏心都应考虑。当各跨的净反力相差较大时，可依次对各跨底板进行计算，净反力取本跨内的最大值。

(3)基础梁内力计算

①计算基底净反力。按下式计算沿基础梁纵向分布的基底净反力最大、最小值

$$bP_{j_{\min}^{\max}} = \frac{\sum F}{l} \pm \frac{6\sum M}{l^2} \tag{3-3}$$

式中，$\sum F$ 为相应于荷载效应基本组合时，各柱传来的竖向力之和；$\sum M$ 为相应于荷载效应基本组合时，各荷载对基础梁中点的力矩代数和。

②计算基础梁内力。用弯矩分配法或弯矩系数法计算基础梁的内力，并绘制相应的弯矩图和剪力图。

③调整支座不平衡力。采用倒梁法计算时，求得的支座反力一般不等于柱实际传来的轴力。这是因为将基底反力视为直线分布及柱脚视为固定铰支座一般与事实不符，因此，若支座反力与相应的柱轴力相差较大(一般相差20%以上)时，应通过逐次调整来消除这种不平衡力。调整方法如下：将支座反力与柱轴力之差(正或负的)均匀分布在相应支座两侧各1/3跨度范围内(对边支座的悬臂跨取全部，见图3-11)，作为调整荷载，再按调整荷载作用下的连续梁计算内力，最后与原算得的内力叠加。经调整后不平衡力将明显减小，一般调整1~2次即可。

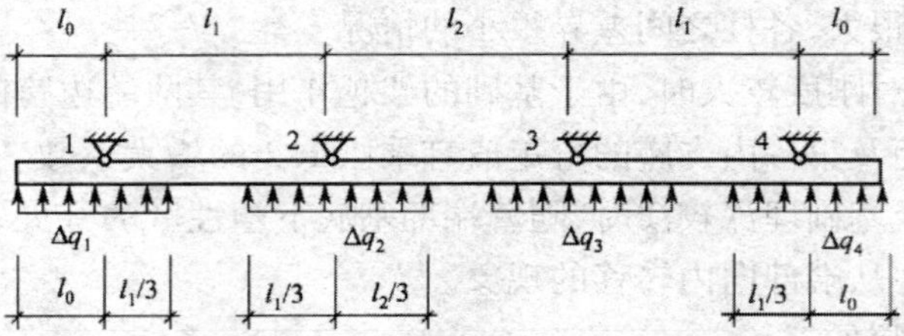

图3-11 调整荷载计算简图

各柱脚的不平衡力为

$$\Delta P_i = R_i - N_i \tag{3-4}$$

式中，R_i 为第 i 支座的支座反力；N_i 为第 i 柱的轴力。

均匀分布的调整荷载

$$\text{对边跨支座}\ \Delta q_1 = \frac{\Delta P_1}{(l_0 + \frac{1}{3}l')} \tag{3-5}$$

$$\text{对中间}\ i\ \text{支座}\ \Delta q_i = \frac{\Delta P_i}{(\frac{1}{3}l_{i-1} + \frac{1}{3}l_i)} \tag{3-6}$$

式中，l_0 为边支座的悬臂跨长；l' 为边跨的跨长；l_{i-1}，l_i 分别为第 i 支座左、右跨长度；ΔP_1 为边支座不平衡力；ΔP_i 为中间 i 支座不平衡力。

(4)基础梁配筋计算。与一般的钢筋混凝土T形截面梁类似，即对跨中按T形、对支座按矩形截面计算。另外，应验算柱边处基础梁的受剪承载力；当柱荷载对单向条形基础有扭矩作用时，应进行抗扭计算。

需要特别指出的是，静定分析法和倒梁法实际上代表了两种极端情况，且有诸多前提条件。因此，在对条形基础进行截面设计时，切不可拘泥于计算结果，而应结合实际情况和实

践经验,在配筋时进行某些必要的调整。这一原则对下面将要讨论的其他梁板式基础也是适用的。

(二)弹性地基梁法

当不满足按简化计算法计算的条件时,宜按弹性地基梁法计算基础梁的内力。一般可以根据地基条件的复杂程度,分下列三种情况选择计算方法

(1)对基础宽度不小于可压缩土层厚度2倍的薄压缩层地基,如地基的压缩性均匀,可按文克勒地基上梁的解析解计算,基床系数 k 可按式 $k=\frac{E_s}{h}$ 或式 $k=\frac{1}{\sum \frac{h_i}{E_{si}}}$ 确定。

(2)当基础宽度满足情况(1)的要求,但地基沿基础纵向的压缩性不均匀时,可沿纵向将地基划分成若干段(每段内的地基较为均匀),每段分布按式 $k=\frac{1}{\sum \frac{h_i}{E_{si}}}$ 计算基床系数,然后按文克勒地基上梁的数值分析法计算。

(3)当基础宽度不满足情况(1)的要求,或应考虑邻近基础或地面堆载对所计算基础的沉降和内力的影响时,宜采用非文克勒地基上梁的数值分析法进行迭代计算。

第四节　柱下交叉条形基础

一、概述

柱下交叉条形基础是由纵横两个方向的柱下条形基础所组成的一种空间结构,各柱位于两个方向基础梁的交叉节点处。其作用除可以进一步扩大基础底面积外,主要是利用其巨大的空间刚度以调整不均匀沉降。交叉条形基础宜用于软弱地基上柱距较小的框架结构,其构造要求与柱下条形基础类同。

在初步选择交叉条形基础的底面积时,可假设地基反力为直线分布。如果所有荷载的合力对基底形心的偏心很小,则可认为基底反力是均布的。由此可求出基础底面的总面积,然后具体选择纵、横向各条形基础的长度和底面宽度。

对交叉条形基础的内力进行比较仔细的分析是相当复杂的,目前常用的方法是简化计算法。

当上部结构具有很大的整体刚度时,可以像分析条形基础时那样,将交叉条形基础作为倒置的两组连续梁来对待,并以地基的净反力作为连续梁上的荷载。如果地基较软弱而均匀,基础刚度又较大,那么可以认为地基反力是直线分布的。

如果上部结构的刚度较小,则常采用比较简单的方法,把交叉节点处的柱荷载分配到纵横两个方向的基础梁上,待柱荷载分配后,把交叉条形基础分离为若干单独的柱下条形基础,并按照上节方法进行分析和设计。

确定交叉节点处柱荷载的分配值时,无论采用什么方法,都必须满足如下两个条件:

(1)静力平衡条件,各节点分配在纵、横基础梁上的荷载之和,应等于作用在该节点上的总荷载;

(2)变形协调条件,纵、横基础梁在交叉节点处的竖向位移应相等。

为了简化计算,设交叉节点处纵、横梁之间为铰接。当一个方向的基础梁有转角时,另一个方向的基础梁内不产生扭矩;节点上两个方向的弯矩分别由同向的基础梁承担,一个方向的弯矩不致引起另一个方向基础梁的变形。这就忽略了纵、横基础梁的扭转。为了防止这种简化计算使工程出现问题,在构造上,于柱位的前后左右,基础梁都必须配置封闭型的抗扭箍筋(用 ø10 ~ 12),并适当增加基础梁的纵向配筋量。

图 3 - 16 为一交叉条形基础示意图。任一节点 i 上作用有竖向荷载 F_i ,把 F_i 分解为作用于 x 、y 方向基础梁上的 F_{ix} 、F_{iy} 。根据静力平衡条件

$$F_i = F_{ix} + F_{iy} \tag{3-7}$$

对于变形协调条件,简化后,只要求 x 、y 方向的基础梁在交叉节点处的竖向位移 w_{ix} 、w_{iy} 相等

$$w_{ix} = w_{iy} \tag{3-8}$$

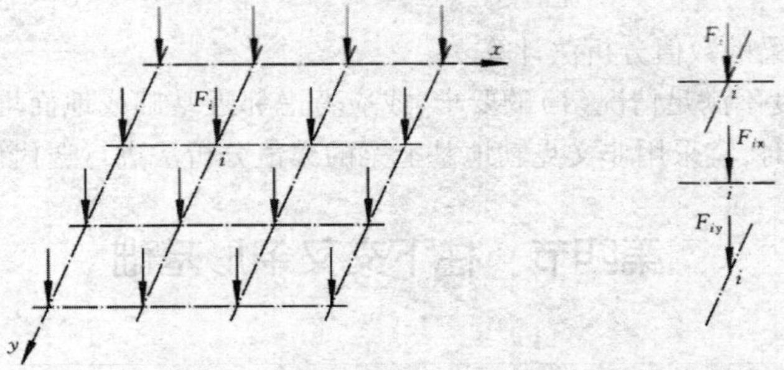

(a)轴线及竖向荷载　　(b)节点荷载分配

图 3 - 16　交叉条形基础示意图

如采用文克勒地基上梁的分析方法来计算 w_{ix} 和 w_{iy} ,并忽略相邻荷载的影响,则节点荷载的分配计算就可大为简化。交叉条形基础的交叉节点类型可分为角柱、边柱和内柱三类。下面给出节点荷载的分配计算公式。

二、角柱节点

图 3 - 17(a)所示为最常见的角柱节点,即 x 、y 方向基础梁均可视为外伸。

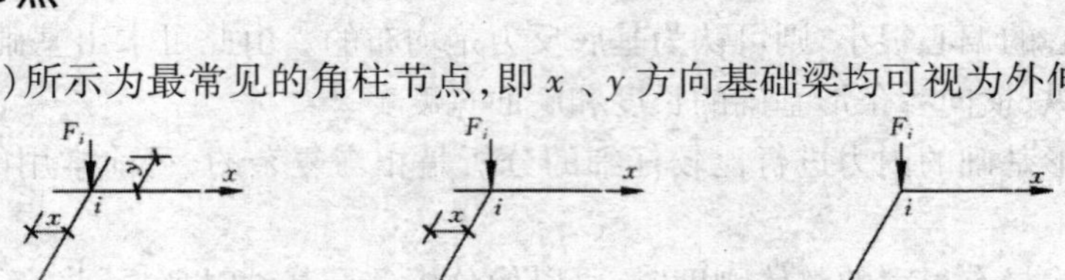

(a)两方向有外伸　　(b) x 方向有外伸　　(c)两方向无外伸

图 3 - 17　角柱节点

半无限长梁,外伸长度分别为 x 、y ,故节点处的竖向位移可按式 $w_0 = \dfrac{F_0}{2kbS}Z_X$ 求得

$$w_{ix} = \frac{F_{ix}}{2kb_xS_x}Z_x \tag{3-9a}$$

$$w_{iy} = \frac{F_{iy}}{2kb_yS_y}Z_y \tag{3-9b}$$

式中：b_x、b_y——分别为 x、y 方向基础的底面宽度；

S_x、S_y——分别为 x、y 方向基础梁的特征长度

$$S_x = \frac{1}{\lambda_x} = \sqrt[4]{\frac{4EI_x}{kb_x}} \tag{3-10a}$$

$$S_y = \frac{1}{\lambda_y} = \sqrt[4]{\frac{4EI_y}{kb_y}} \tag{3-10b}$$

λ_x、λ_y——分别为 x、y 方向基础梁的柔度特征值；

k——地基的基床系数；

E——基础材料的弹性模量；

I_x、I_y——分别为 x、y 方向基础梁的截面惯性矩。

Z_x（或 Z_y）是 $\lambda_x x$（或 $\lambda_y y$）的函数，可查表 3－1 计算，即

$$Z_x = 1 + e^{-2\lambda_x x}(1 + 2\cos^2\lambda_x x - 2\cos\lambda_x x\sin\lambda_x x) \tag{3-11}$$

表 3－1　Z_x 函数表

λx	Z_x	λx	Z_x	λx	Z_x
0	4.000	0.24	2.501	0.70	1.292
0.01	3.921	0.26	2.410	0.75	1.239
0.02	3.843	0.28	2.323	0.80	1.196
0.03	3.767	0.30	2.241	0.85	1.161
0.04	3.693	0.32	2.163	0.90	1.132
0.05	3.620	0.34	2.089	0.95	1.109
0.06	3.548	0.36	2.018	1.00	1.091
0.07	3.478	0.38	1.952	1.10	1.067
0.08	3.410	0.40	1.889	1.20	1.053
0.09	3.343	0.42	1.830	1.40	1.044
0.10	3.277	0.44	1.774	1.60	1.043
0.12	3.150	0.46	1.721	1.80	1.042
0.14	3.029	0.48	1.672	2.00	1.039
0.16	2.913	0.50	1.625	2.50	1.022
0.18	2.803	0.55	1.520	3.00	1.008
0.20	2.697	0.60	1.431	3.50	1.002
0.22	2.596	0.65	1.355	≥4.00	1.000

根据变形协调条件 $w_{ix} = w_{iy}$，有

$$\frac{Z_x F_{ix}}{b_x S_x} = \frac{Z_y F_{iy}}{b_y S_y}$$

将静力平衡条件 $F_i = F_{ix} + F_{iy}$ 代入上式，可解得

$$F_{ix} = \frac{Z_y b_x S_x}{Z_y b_x S_x + Z_x b_y S_y} F_i \tag{3-12a}$$

$$F_{iy} = \frac{Z_x b_y S_y}{Z_y b_x S_x + Z_x b_y S_y} F_i \tag{3-12b}$$

上两式即为所求的交叉节点柱荷载分配公式。

对图 3－17(b)，$y=0$，$Z_y=4$，分配公式成为：

$$F_{ix}=\frac{b_xS_x}{b_xS_x+b_yS_y}F_i \tag{3－13a}$$

$$F_{iy}=\frac{b_yS_y}{b_xS_x+b_yS_y}F_i \tag{3－13b}$$

三、边柱节点

对如图 3－18(a)所示的边柱节点，y 方向梁为无限长梁，即 $y=\infty$，$Z_y=1$，故得

$$F_{ix}=\frac{b_xS_x}{b_xS_x+Z_xb_yS_y}F_i \tag{3－14a}$$

$$F_{iy}=\frac{Z_xb_yS_y}{b_xS_x+Z_xb_yS_y}F_i \tag{3－14b}$$

对图 3－18(b)，$Z_y=1$，$Z_x=4$，从而

$$F_{ix}=\frac{b_xS_x}{b_xS_x+4b_yS_y}F_i \tag{3－15a}$$

$$F_{iy}=\frac{4b_yS_y}{b_xS_x+4b_yS_y}F_i \tag{3－15b}$$

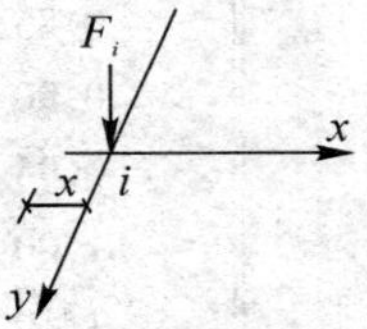

(a) x 方向有外伸

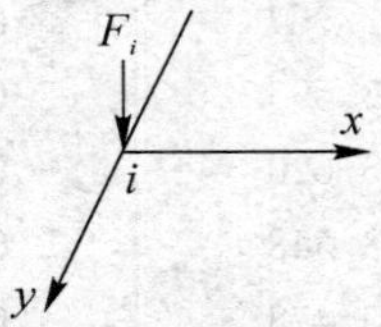

(b) x 方向无外伸

图 3－18　边柱节点

四、内柱节点

对内肋节点(见图 3－19)，$Z_x=Z_y=1$，故得

$$F_{ix}=\frac{b_xS_x}{b_xS_x+b_yS_y}F_i \tag{3－16a}$$

$$F_{iy}=\frac{b_yS_y}{b_xS_x+b_yS_y}F_i \tag{3－16b}$$

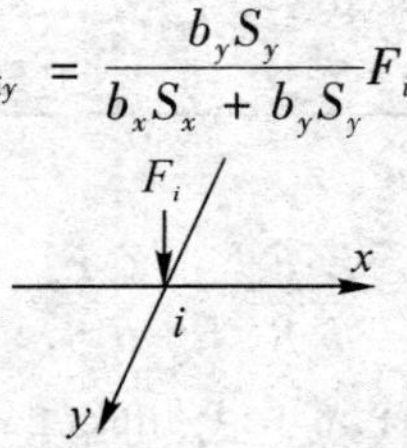

图 3－19　内肋节点

当交叉条形基础按纵、横向条形基础分别计算时，节点下的底板面积(重叠部分)被使用了两次。若各节点下重叠面积之和占基础总面积的比例较大，则设计可能偏于不安全。对此，可通过加大节点荷载的方法加以平衡。调整后的节点竖向荷载为

$$F'_{ix} = F_{ix} + \Delta F_{ix} = F_{ix} + \frac{F_{ix}}{F_i}\Delta A_i p_j \tag{3-17a}$$

$$F'_{iy} = F_{iy} + \Delta F_{iy} = F_{iy} + \frac{F_{iy}}{F_i}\Delta A_i p_j \tag{3-17b}$$

式中，p_j ——按交叉条形基础计算的基底净反力；

ΔF_{ix}、ΔF_{iy} ——分别为 i 节点在 x、y 方向的荷载增量；

ΔA_i —— i 节点下的重叠面积，按下述节点类型计算：

第Ⅰ类型[见图3-17(a)、图3-18(a)、图3-19]：$\Delta A_i = b_x b_y$

第Ⅱ类型[见图3-17(b)、图3-18(b)]：$\Delta A_i = \frac{1}{2} b_x b_y$

第Ⅲ类型[见图3-17(c)]：$\Delta A_i = 0$

对于第Ⅱ类型的节点，认为横向梁只伸到纵向梁宽度的一半处，故重叠面积只取交叉面积的一半。

第五节　筏形基础

一、概述

当上部结构荷载较大，地基土质较软弱且不均匀，以致单独基础或条形基础均不能满足地基承载力的要求时，可考虑选用扩大基底面积的筏形基础。筏形基础具有减少基底压力，提高地基承载力和调整地基不均匀沉降的能力，可以避免结构物局部发生明显的不均匀沉降。

筏形基础是地基上整体的连续的钢筋混凝土板式基础。又可分为柱下筏形基础和墙下筏形基础，或者为两种情况的组合。为了适当增加筏板整体刚度，可在板上或板底设置连续肋梁。筏形基础的结构与钢筋混凝土楼盖结构相似，由柱子或墙传来的荷载，经主、次梁及板传给地基。若将地基反力看作作用于筏形基础底板上的荷载，则筏板基础相当于倒置的钢筋混凝土楼盖。

二、构造要求

(一)基础底面积的确定

(1)应满足基础持力层承载力要求。如有软弱下卧层，应验算下卧层强度。对于非抗震设防的高层建筑筏形和基础，基础底面边缘的最小压力标准值 $p_{k\min}$ 满足下式要求

$$p_{k\min} \geqslant 0 \tag{3-18}$$

对于抗震设防的建筑，当基础底面地震效应组合的边缘最小压力出现零应力时，零应力区的面积不应超过基础底面面积的 15%。对高宽比大于 4 的高层建筑，则不宜出现零应力区。

(2)为满足地基承载力的要求而扩大底板面积，则扩大部位宜设在建筑物的宽度方向。在地基均匀的条件下，单栋建筑物的筏形基础的基底平面形心宜与结构竖向永久荷载重心重合。当不能重合时，在荷载效应准永久组合下，偏心距 e 宜符合下式要求

$$e \leqslant 0.1\frac{W}{A} \tag{3-19}$$

式中，W——与偏心距方向一致的基础底面边缘抵抗矩；

A——基础底面积。

如果偏心较大，或者不能满足式(3－19)的要求，为减少偏心距和扩大基底面积，可将筏板外伸悬挑，对于肋梁不外伸的悬挑筏板，挑出长度不宜大于2 m，如做成坡度，其边缘厚度不小于200 mm。

在一般情况下，筏形基础底板边缘应伸出边柱和角柱外侧包线或侧墙以外，伸出长度不宜小于伸出方向边跨柱距的1/4，无外伸肋梁的底板，其伸出长度一般不宜大于1.5 m。双向外伸部分的底板直角应削成钝角。

（二）筏板厚度的确定

筏形基础的板厚应按受冲切和受剪承载力计算确定。梁板式基础厚度不宜小于300 mm，且板厚与板格的最小跨度之比不宜小于1/20。平板式筏形基础的最小板厚不宜小于400 mm，当柱荷载过大时，可将柱位下筏板局部加厚或增设柱墩，也可采用设置抗冲切箍筋来提高受冲切承载能力。12层以上建筑的梁板式筏形基础的板厚不应小于400 mm，且板厚与最大双向板格的短边净跨之比不应小于1/4。也可根据楼层层数，按每层50 mm确定。对高层建筑的筏形基础，可采用厚筏板，厚度可取1 m～3 m。

（三）筏形基础配筋的确定

筏形基础的配筋应根据内力计算结果确定。受力钢筋最小直径不宜小于8 mm，一般不小于12 mm，间距100 mm～200 mm。分布钢筋直径取8 mm～10 mm，间距200 mm～300 mm，当板厚$h \leqslant 250$ mm时，取分布钢筋直径8 mm，间距250 mm，当$h>250$ mm时，取直径10 mm，间距200 mm。

考虑到整体弯曲的影响，对梁板式筏基，纵横方向的支座钢筋应有1/3～1/2贯通全跨，且配筋率不应小于0.15%；跨中钢筋应按计算配筋全部连通。对平板式筏形基础，柱下板带和跨中板带的底部钢筋应有1/3～1/2贯通全跨，且配筋率不应小于0.15%；顶部钢筋按计算配筋全部连通。

筏板边缘的外伸部分应上下配置钢筋。对无外伸肋梁的双向外伸部分，应在板底配置内锚长度为l_r（大于板的外伸长度L_1及L_2）的辐射状附加钢筋（见图3－20），其直径与边跨板的受力钢筋相同，外端间距不大于200 mm。

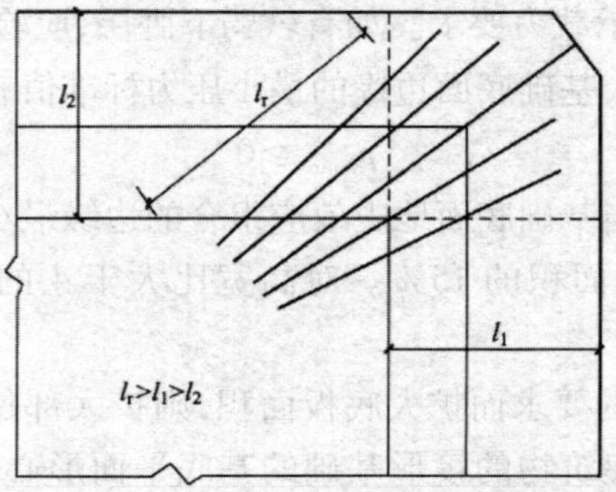

图3－20　筏板双向外伸部分的辐射状钢筋

当筏板的厚度大于 2000 mm 时，宜在板厚中间部位设置直径不小于 12 mm、间距不大于 300 mm的双向钢筋网。

（四）地下室底层柱、剪力墙与梁板式筏形基础以基础梁连接的构造要求

梁板式筏形基础的肋梁除应满足正截面受弯及斜截面受剪承载力外，还须验算柱下肋梁顶面的局部受压承载力。肋梁与柱或剪力墙的连接构造见图 3－21。

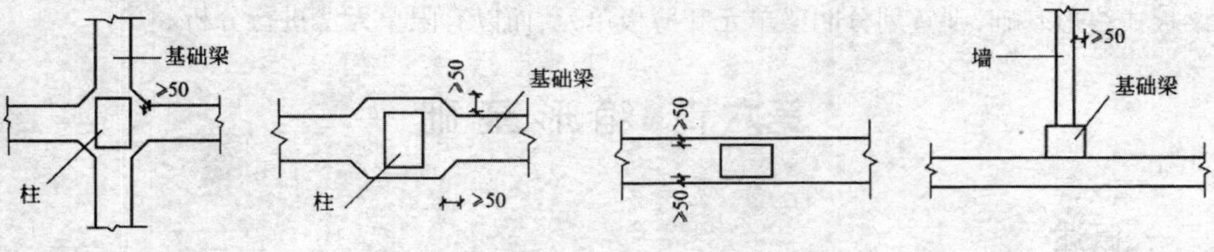

图 3－21 肋梁与地下室底层柱或剪力墙连接的构造

（五）混凝土强度等级的确定

高层建筑筏形基础的混凝土强度等级不应低于 C30。对于设置架空层或地下室的筏形基础底板、肋梁及侧壁，其所用混凝土的抗渗等级不应小于 0.6 MPa。

（六）基础的沉降

高层建筑筏形基础的埋深一般都较大，有的甚至设置了 3～4 层地下室，因此在计算地基最终沉降量时，应将地基的回弹再压缩变形考虑在内。

筏形基础的允许沉降量和允许整体倾斜值应根据建筑物的使用要求及其对相邻建筑物可能造成的影响按地区经验确定。在非抗震设计时，横向整体倾斜的计算值 αT 宜符合下式要求

$$\alpha T \leqslant \frac{b}{100H_g} \tag{3-20}$$

式中，b ——筏形基础的底面宽度；

H_g ——建筑物高（室外地面至檐口的高度）。

（七）内力计算

1. 简化计算法

筏形基础的简化计算法分倒楼盖法和静定分析法两种。计算筏板基础内力时假设基底净反力为直线分布，因此要求基础具有足够的相对刚度。当地基比较均匀，上部结构刚度较好、梁板式筏形基础梁的高跨比或平板式筏形基础板的厚跨比不小于 1/6，且相邻柱荷载及柱距的变化不超过 20% 时，筏形基础可仅考虑局部弯曲作用，按倒楼盖法进行计算。对于平板式筏形基础，可按无梁楼盖考虑。对于梁板式筏形基础，底板按连续双向板（或单向板）计算；肋梁按连续梁分析，并宜将边跨中弯矩以及第一内支座的弯矩值乘以 1.2 的系数。如上部结构刚度较差，可分别沿纵、横柱列方向截取宽度为相邻柱列间中线到中线的条形计算板带，并采用静定分析法对每个板进行内力计算。为考虑相邻板带之间剪力影响，当所计算的板带上的荷载 F_i 与两侧邻带的同列柱荷载 F'_i、F''_i 有明显差别时，宜取三者的加权平均值 F_{im} 来代替 F_i

$$F_{im} = (F'_i + 2F_i + F''_i)/4 \tag{3-21}$$

式中，F_i 的权为2,其余为1。由于板带下的净反力是按整个筏形基础计算得到的,因此其与板带上的柱荷载并不平衡,计算板带内力前需要将二者加以调整。

2. 弹性地基板法

当地基比较复杂、上部结构刚度较差,或柱荷载及柱距变化较大时,筏形基础内力宜按弹性地基板法进行分析。对于平板式筏形基础,可用有限差分法或有限单元法进行分析;对于梁板式筏形基础,则宜划分肋梁单元和薄板单元,而以有限单元法进行分析。

第六节　箱形基础

一、概述

箱形基础是由钢筋混凝土顶、底板和内外纵横墙体组成的,具有相当大的刚度的空间整体结构。箱形基础埋置于地面下一定深度,能与基底和周围土体共同工作,从而增加建筑物的整体稳定性,并对抗震有良好作用。有抗震、人防和地下室要求的高层建筑宜采用格形基础。由于箱形基础体积所占空间部分挖去的土方重量比箱形基础重很多,减少了基底附加压力,高层建筑得以建造在比较软弱的天然地基上,形成所谓的补偿性基础,从而取得较好的经济效果。箱形基础由于荷载重、埋置深、底面积大,其设计与施工较一般天然地基线基础复杂很多。除应综合考虑地质条件、施工过程和使用要求外,还要考虑地基基础与上部结构的共同作用以及相邻建筑的影响。

箱形基础的设计内容主要包括:确定箱形基础的埋深和平面布置,地基承载力及变形验算,顶板、底板、内墙、外墙以及洞口等构件的强度及配筋计算,绘制施工图等。

二、构造要求

(一)箱基的高度

箱基的高度是指基底底面到顶板顶面的外包尺寸。箱基的高度应满足结构承载力和刚度的要求,其值不宜小于箱基长度(不包括底板悬挑部分)的1/20,并不宜小于3 m。

(二)箱基的顶、底板

当考虑上部结构嵌固在箱基的顶板上或地下一层结构顶部时,箱基或地下一层结构顶板除满足正截面受弯承载力和斜截面受剪承载力要求外,其厚度尚不应小于200 mm。当箱基兼作人防地下室时,要考虑爆炸荷载及坍塌荷载的作用,所需厚度除应由计算确定外,且要大于30 cm。为了保证箱基具有足够的刚度,楼梯部位应予以加强。

箱基的底板厚度应根据实际受力情况、整体刚度及防水要求确定,底板厚度不应小于300 mm。底板除计算正截面受弯承载力外,应满足斜截面受剪承载力、底板受冲切承载力的要求。设计时,可参照表3-2初步确定底板厚度。

表3-2　底板厚度参考值

基底平均压力/kPa	底板厚度/mm	基底平均压力/kPa	底板厚度/mm
150~200	$L/14 \sim L/10$	300~400	$L/8 \sim L/6$
200~300	$L/10 \sim L/8$	400~500	$L/7 \sim L/5$

注：L 为箱基底板中较大区格的短向净跨度。

当顶、底板仅按局部弯曲计算时，顶、底板钢筋配置量除满足局部弯曲的计算要求外，纵横方向的支座钢筋尚应有 1/3～1/2 贯通全跨，且贯通钢筋的配筋率分别不应小于 0.15%、0.10%；跨中钢筋应按实际配筋全部连通。

当考虑局部弯曲及整体弯曲的作用时，应综合考虑承受整体弯曲的钢筋与局部弯曲的钢筋的配置部位，以充分发挥各截面钢筋的作用。

（三）箱基的内、外墙

箱基的墙体是保证箱基整体刚度和纵、横向抗剪强度的重要构件。箱基的内、外墙应沿上部结构柱网和剪力墙纵横均匀布置。墙体要有足够的密度，要求平均每平方米基础面积上墙体长度不得小于 400 mm 或墙体水平截面总面积（计算墙体水平截面积时，不扣除洞口部分）不宜小于箱基外墙外包尺寸的水平投影面积的 1/10；对基础平面长宽比大于 4 的箱基，其纵墙水平截面面积不得小于箱基外墙外包尺寸水平投影面积的 1/18。墙的间距不宜大于 10 m。

墙身厚度应根据实际受力情况及防水要求确定。外墙厚度不应小于 250 mm，内墙厚度不应小于 200 mm。

墙体内应设置双面钢筋，竖向和水平钢筋的直径不应小于 10 mm，间距不应大于 200 mm。除上部为剪力墙外，内、外墙的墙顶处宜配置两根直径不小于 20 mm 的通长构造钢筋。

（四）箱基墙体开洞要求

箱基的墙体应尽量不开洞或少开洞，门洞宜设在柱间居中部位，洞边至上层柱中心的水平距离不宜小于 1.2 m，洞口上过梁的高度不宜小于层高的 1/5，洞口面积不宜大于柱距与箱形基础全高乘积的 1/6。

（五）箱基内、外墙与底层柱的连接

在底层柱与箱形基础交界处，墙边与柱边或柱脚与八字角之间的净距不宜小于50 mm（见图 3－22），并应验算底层柱下墙体的局部受压承载力，当不能满足要求时，应增加墙体的承压面积或采取其他措施。

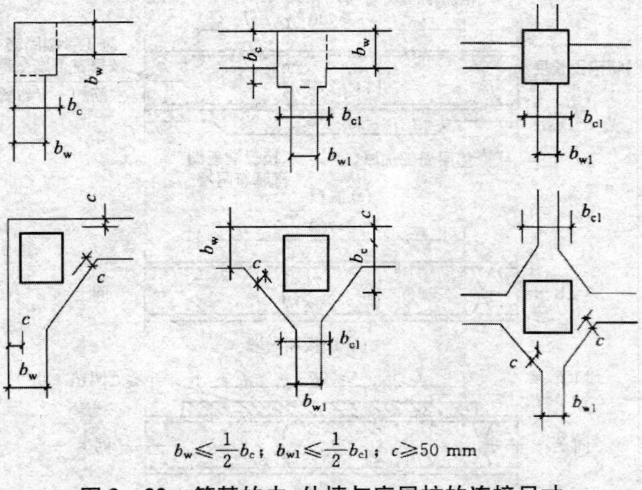

$b_w \leqslant \frac{1}{2}b_c$；$b_{w1} \leqslant \frac{1}{2}b_{c1}$；$c \geqslant 50$ mm

图 3－22　箱基的内、外墙与底层柱的连接尺寸

（六）箱基与预制柱的连接

当上部结构采用预制柱时，箱形基础顶部应预留杯口（见图3－23）。对于两面或三面与顶板连接的杯口，其临空面的杯四壁顶部厚度应符合高杯口的要求，且不应小于200 mm；当四面与顶板连接时不应小于50 mm。杯口深度取 $L/2+500$ mm（L 为预制桩的长度），且不得小于35倍柱主筋的直径，杯口配筋按计算确定，并应符合构造要求。

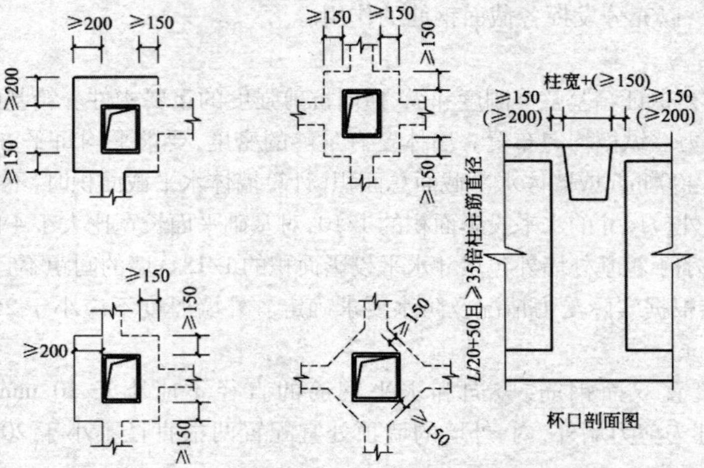

图3－23　箱基与预制柱的连接处杯口尺寸

对于柱下三面或四面有箱形基础墙的内柱，除四角钢筋直通基底外，其余钢筋伸入顶板底面以下的长度不应小于其直径的40倍。外柱、与剪力墙相连的柱及其他内柱应直通到基础底板的底面。

箱形基础的混凝土强度等级不应低于C20；当采用防水混凝土时，其抗渗等级不应小于0.6 MPa（其余同筏基）。箱基底板应设置混凝土垫层，厚度不小于100 mm。

箱形基础在相距40 m左右处应设置一道施工缝，并应设在柱距三等分的中间范围内，施工缝构造要求如图3－24所示。

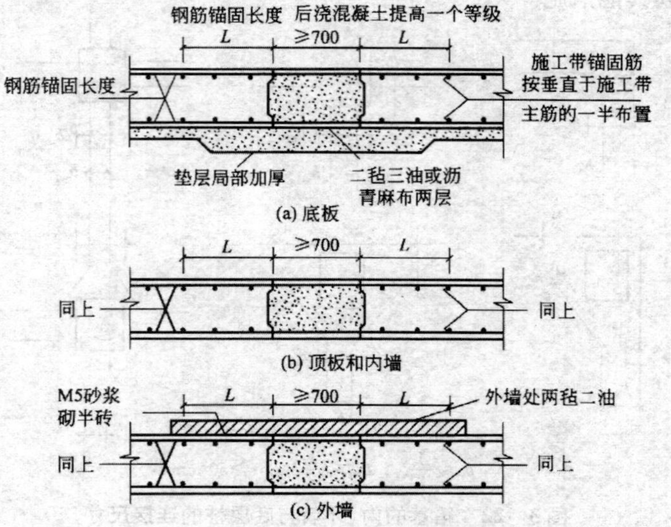

图3－24　箱形基础施工缝构造示意图

三、箱形基础设计计算

(一)基底反力

众所周知,基底反力受众多因素的影响,如地基土的性质、上部结构和基础的刚度、荷载的大小与分布、基础的埋深、尺寸及形状等。箱形基础是一个非常复杂的空间受力体系,要准确地确定箱基的基底反力仍十分困难。在进行箱基地基计算时,根据《高层建筑箱形与筏形基础技术规范》(JGJ 6—1999)规定:对于上部结构及其荷载比较均匀对称,基底底板悬挑不超过0.8 m,地基比较均匀,不受相邻建筑物的影响,并基本满足各项构造要求的单幢建筑物箱形基础,可按以下方法计算基底反力。

将基础底面划分成40个区格(纵向8格、横向5格,见图3-25,第i区格基底反力p_i,按下式确定

$$p_i = \frac{\sum P}{BL} a_i \tag{3-22}$$

式中,$\sum P$为相应于荷载效应基本组合时上部结构竖向荷载加箱基重量和挑出部分台阶上的土重;B,L分别为箱形基础的宽度和长度;a_i为相应于i区格的基底反力系数,由表3-3确定。

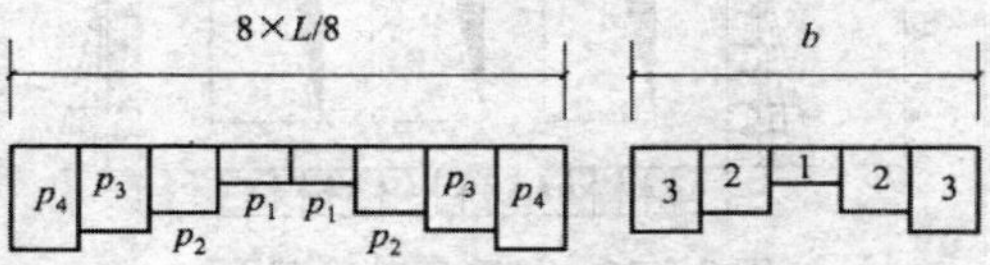

图3-25　箱形基础基底反力分布分区示意图

表3-3　箱形基础基底反力系数a_i

适用范围	L/B	纵向/横向	p_4	p_3	p_2	p_1	p_1	p_2	p_3	p_4
第四纪黏性土	3~4	3	1.282	1.043	0.987	0.976	0.976	0.987	1.043	1.282
		2	1.143	0.930	0.881	0.870	0.870	0.881	0.930	1.143
		1	1.129	0.919	0.869	0.859	0.859	0.869	0.919	1.129
		2	1.143	0.930	0.881	0.870	0.870	0.881	0.930	1.143
		3	1.282	1.043	0.987	0.976	0.976	0.987	1.043	1.282
	4~6	3	1.229	1.042	1.014	1.003	1.003	1.014	1.042	1.229
		2	1.096	0.929	0.904	0.895	0.895	0.904	0.929	1.096
		1	1.082	0.918	0.893	0.884	0.884	0.893	0.918	1.082
		2	1.096	0.929	0.904	0.895	0.895	0.904	0.929	1.096
		3	1.229	1.042	1.014	1.003	1.003	1.014	1.042	1.229
	6~8	3	1.215	1.053	1.013	1.008	1.008	1.013	1.053	1.215
		2	1.083	0.939	0.903	0.899	0.899	0.903	0.939	1.083
		1	1.070	0.927	0.892	0.888	0.888	0.892	0.927	1.070
		2	1.083	0.939	0.903	0.899	0.899	0.903	0.939	1.083
		3	1.215	1.053	1.013	1.008	1.008	1.013	1.053	1.215

适用范围	L/B	纵向 / 横向	p_4	p_3	p_2	p_1	p_1	p_2	p_3	p_4
黏性土		3	0.906	0.966	0.814	0.738	0.738	0.814	0.966	0.906
		2	1.124	1.197	1.009	0.914	0.914	1.009	1.197	1.124
		1	1.235	1.314	1.109	1.006	1.006	1.109	1.314	1.235
		2	1.124	1.197	1.009	0.914	0.914	1.009	1.197	1.124
		3	0.906	0.966	0.814	0.738	0.738	0.814	0.966	0.906

注：1. 表中 L、B 包括底板悬挑部分。

2. 若上部结构及其荷载略不对称时，应求出由于偏心产生纵横方向力矩所引起的不均匀反力，此反力按直线分布计算并与反力系数表计算的反力分布进行叠加。

3. 表中软弱土指淤泥质黏土及淤泥质亚黏土。

（二）荷载计算

作用于箱基的荷载主要有以下几项（见图 3－26）

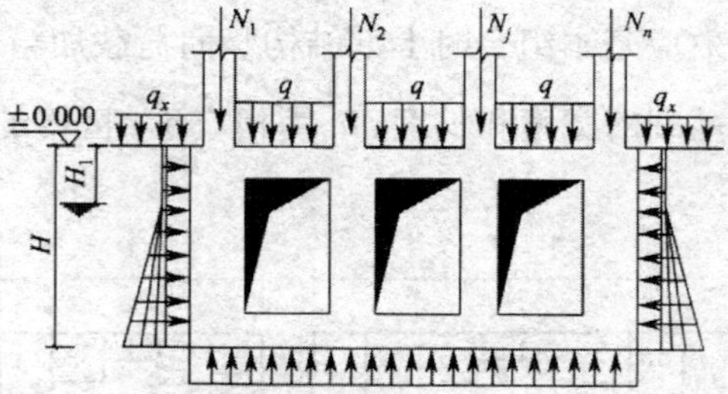

图 3－26　箱形基础荷载图

地面堆载 q_x 产生的侧压力为

$$\sigma_1 = q_x \tan^2(45° - \varphi/2) \tag{3-23}$$

地下水位以上土的侧压力为

$$\sigma_2 = \gamma H_1 \tan^2(45° - \varphi/2) \tag{3-24}$$

浸入地下水位中 H—H_1 高度土的侧压力为

$$\sigma_3 = \gamma'(H - H_1)\tan^2(45° - \varphi/2) \tag{3-25}$$

地下水产生的侧压力为

$$\sigma_4 = \gamma_w (H - H_1) \tag{3-26}$$

地基净反力为

$$\sigma_5 = p_j + \gamma_w (H - H_1) \tag{3-27}$$

顶板荷载 q 以及上部结构传来的集中力等。

式中，γ，γ_w，γ' 分别为土的重度、水的重度、土的浮重度；H_1，H 分别为地表到地下水面的深度和地表到箱形基础底面的高度。

（三）内力计算

高层建筑箱形基础作为一个空间结构，在上部结构荷载、不均匀基底反力及箱基四周侧压力（土压力、水压力）共同作用下，产生整体弯曲。顶板、底板在荷载作用下会产生局部弯曲。因此，进行箱形基础内力分析时，应根据上部结构刚度强弱采用不同的计算方法。

1. 局部弯曲引起的内力计算

当地基压缩层深度范围内的土层在竖向和水平方向较均匀，且上部结构为平立面布置较规则的剪力墙、框架、框架—剪力墙体系时，由于上部结构的刚度相当大，以至于箱基的整体弯曲小到可以忽略的程度，箱形基础的顶、底板可仅按局部弯曲计算。即顶板以实际荷载（包括板自重）按普通楼盖计算；底板以直线分布的地基净反力（计入箱基自重后扣除底板自重所余的反力）按倒楼盖计算，底板与外墙的连接可根据墙对板的实际约束情况确定，与内墙的连接可视为刚接。同时，顶、底板应满足前面所讲的构造要求。

2. 整体弯曲引起的内力计算

对不符合上述要求的箱形基础，应同时考虑局部弯曲及整体弯曲的作用。地基反力可按式（3－22）确定。计算底板的局部弯矩时，考虑到底板周边与墙体连接产生的推力作用，以及实测结果表明基底反力有由纵横墙所分出的板格中部向四周墙下转移的现象，所以底板局部弯曲产生的弯矩应乘以 0.8 折减系数。

计算整体弯曲时应考虑上部结构与箱形基础的共同作用。对框架结构，箱形基础的自重应按均布荷载处理。计算时，一般将箱基视为一块空心厚板（见图 3－27），沿纵横方向分别进行单向受弯计算，即先将箱基沿纵向作为梁，用静定分析法计算出任一横截面的总弯矩和剪力，并假定它们沿截面均匀分布，再沿横向将箱基视为梁计算其弯矩和剪力。顶、底板在两个方向均处于受压或受拉状态，剪力分别由纵横墙承受。

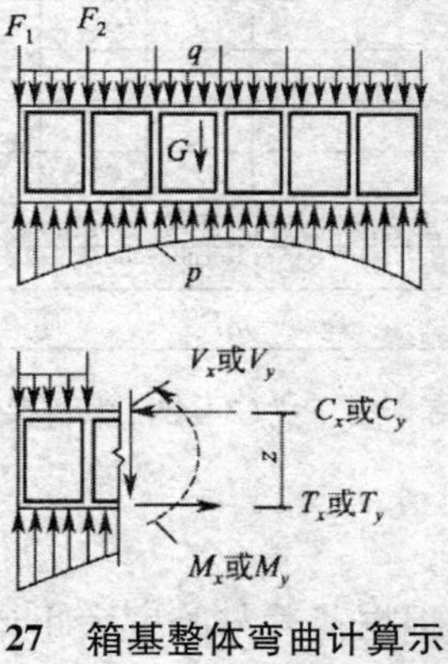

图 3－27　箱基整体弯曲计算示意图

显然，按照上述方法计算，荷载及基底反力均重复使用一次，从而使得计算出来的整体弯曲应力偏大，同时按静定分析法计算内力也未考虑上部结构刚度的影响。对于后一种因素，可采用迈耶霍夫提出的"等代刚度梁法"将两个方向计算的总弯矩进行折减，即箱形基础承受的整体弯矩可按下面的公式计算

$$M_F = \frac{E_F I_F}{E_F I_F + E_B I_B} M \tag{3-28}$$

$$E_B I_B = \sum_{i=1}^{N} \left[E_b I_{bi} \left(1 + \frac{K_{ui} + K_{li}}{2K_{bi} + K_{ui} + K_{li}} m^2 \right) \right] + E_w I_w \tag{3-29}$$

$$I_w = \frac{b_w h_w^3}{12}$$

$$K_{ui} = \frac{I_{ui}}{h_{ui}};\ K_{li} = \frac{I_{li}}{h_{li}};\ K_{bi} = \frac{I_{bi}}{l}$$

式中，M_F 为箱基承担的整体弯矩；M 为由整体弯曲产生的弯矩，可按静定梁分析或采用其他有效方法计算；$E_F I_F$ 为箱基的抗弯刚度；E_F 为箱基混凝土的弹性模量；I_F 为按工字形截面计算的箱基截面惯性矩，工字形截面的上、下翼缘宽度分别为箱基顶、底板的全宽，腹板厚度为箱基在弯曲方向的墙体厚度的总和；$E_B I_B$ 为上部结构的总折算刚度，按式(3－29)计算(见图3－28)；E_b 为梁、柱的混凝土弹性模量；N 为建筑物层数，不大于8层时取实际层数，大于8层时取 $N=8$；m 为建筑物弯曲方向的节间数；E_w，I_w 分别为在弯曲方向与箱基相连的连续钢筋混凝土墙的弹性模量和惯性矩；b_w，h_w 分别为墙体的总厚度和高度；K_{ui}，K_{li}，K_{bi} 为第 i 层上柱、下柱和梁的线刚度；I_{ui}，I_{li}，I_{bi} 分别为第 i 层上柱、下柱和梁的截面惯性矩；h_{ui}，h_{li} 分别为上柱、下柱的高度；l 为上部结构弯曲方向的柱距。

公式(3－29)适用于等柱距的框架结构。对柱距相差不超过20%的框架结构也可适用，此时，l 取柱距的平均值。

将整体和局部弯曲两种计算结果叠加，使得顶底板成为压弯或拉弯构件，最后据此进行配筋计算。

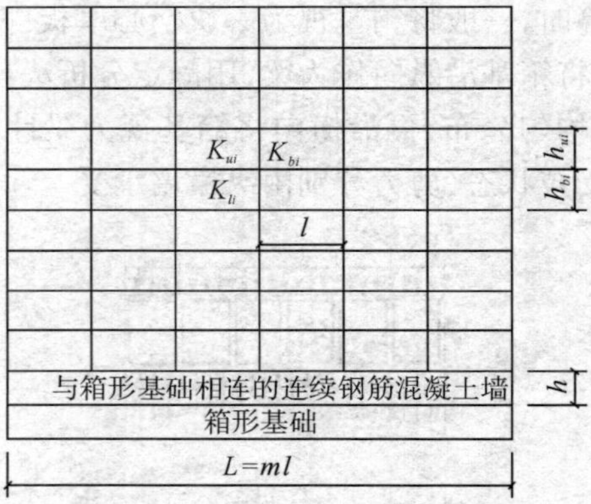

图3－28　式(3－29)中符号示意

(四)箱基构件强度计算

1. 顶板与底板计算

箱形基础的顶板和底板，除应根据荷载与跨度大小计算正截面受弯承载力外，尚应进行斜截面受剪切、底板受冲切承载力验算。顶板、底板可按式 $V_s \leqslant 0.7\beta_{hs}f_t(l_{n2}-2h_0)h_0$ 进行受剪切承载力验算，β_{hs} 为受剪切承载力截面高度影响系数；底板可按式 $F_1 \leqslant 0.7\beta_{hp}f_t u_m h_0$ 进行受冲切承载力验算，β_{hp} 为受冲切承载力截面高度影响系数。另外，《高层建筑箱形与筏形基础技术规范》(JGJ 6—1999)规定：箱形基础底板除计算正截面受弯承载力外，其斜截面受剪承载力应符合下式要求

$$V_s \leqslant 0.07 f_c b h_0 \tag{3-30}$$

式中，V_s 为扣除底板自重后基底净反力产生的板支座边缘处的总剪力设计值(见图3－29)；f_c 为混凝土轴心抗压强度设计值；b 为支座边缘处板的净宽；h_0 为板的有效高度。

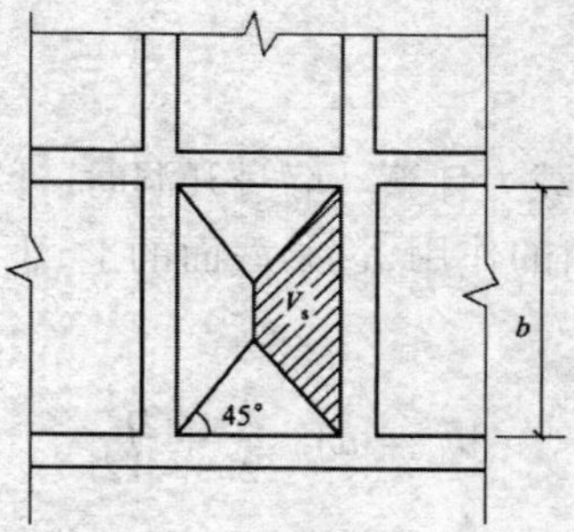

图 3-29 计算方法示意图

箱形基础底板的受冲切承载力按下式计算

$$F_1 \leqslant 0.6 f_t u_m h_0 \tag{3-31a}$$

式中，F_1 为作用在图 3-30 中阴影部分面积上的地基土平均净反力设计值；f_t 为混凝土轴心抗拉强度设计值；h_0 为板的有效高度；u_m 为距墙体边为 $h_0/2$ 处冲切临界截面的周长（见图 3-30）。

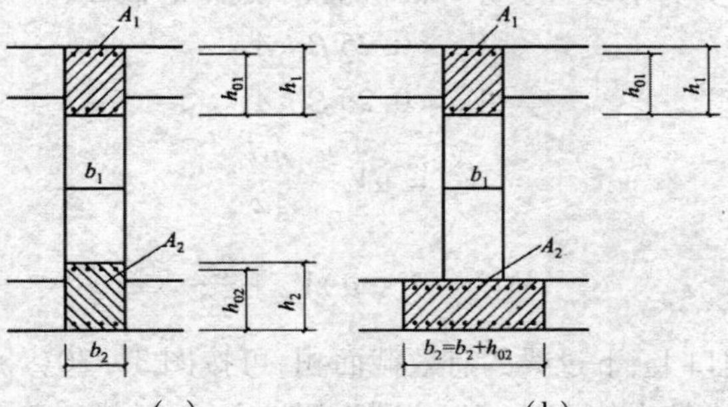

图 3-30 下过梁计算截面

当底板区格为矩形双向板时，底板的截面有效高度应符合下式要求

$$h_0 \geqslant \frac{(l_{n1}+l_{n2})-\sqrt{(l_{n1}+l_{n2})^2-\dfrac{4p_n l_{n1} l_{n2}}{p_n+0.6f_t}}}{4} \tag{3-31b}$$

式中，p_n 为扣除底板自重后的基底平均净反力设计值；l_{n1}，l_{n2} 分别为计算板格的短边和长边的净长度；基底反力系数按《高层建筑箱形与筏形基础技术规范》（JGJ 6—1999）附录 C 选用。

2. 内墙与外墙

箱形基础的内、外墙，除与剪力墙连接外，由柱根传给各片墙的竖向剪力设计值，可按相交于该柱下各片墙的刚度进行分配。其墙身受剪截面应按下式验算

$$V \leqslant 0.25\beta_c f_c A \tag{3-32}$$

式中，V 为相应于荷载效应基本组合时，由柱根轴力传给各片墙的竖向剪力设计值，按相交的各片墙的刚度进行分配；β_c 为混凝土强度影响系数，对基础所采用的混凝土，一般为 1.0；A 为墙身竖向有效截面积；f_c 为混凝土轴心抗压强度设计值。

对于承受水平荷载的内、外墙，尚需进行受弯计算，此时将墙身视为顶、底部固定的多跨连续板，作用于外墙上的水平荷载包括土压力、水压力和由于地面荷载引起的侧压力，土压

力一般按静止土压力计算。

3. 洞口

(1)洞口过梁正截面抗弯承载力计算。墙身开洞时,计算洞口处上、下过梁的纵向钢筋,应同时考虑整体弯曲和局部弯曲的作用,过梁截面的上、下钢筋,应分别按下列公式求得的弯矩设计值配置

上梁弯矩
$$M_1 = \mu V_b \frac{l}{2} + \frac{q_1 l^2}{12} \tag{3-33}$$

下梁弯矩
$$M_2 = (1-\mu) V_b \frac{l}{2} + \frac{q_2 l^2}{12} \tag{3-34}$$

$$\mu = \frac{1}{2}\left(\frac{b_1 h_1}{b_1 h_1 + b_2 h_2} + \frac{b_1 h_1^3}{b_1 h_1^3 + b_2 h_2^3}\right)$$

式中,V_b 为洞口中点处的剪力设计值;q_1,q_2 分别为作用在上、下过梁上的均布荷载设计值;l 为洞口的净宽;μ 为剪力分配系数;h_1,h_2 分别为上、下过梁截面高度。

(2)洞口过梁截面受剪承载力验算。洞口上、下过梁的截面,应分别符合以下公式要求

$$V_1 < 0.25\beta_c f_c A_1 \tag{3-35}$$

$$V_2 < 0.25\beta_c f_c A_2 \tag{3-36}$$

$$V_1 = \mu V_b + \frac{q_1 l}{12} \tag{3-37}$$

$$V_2 = (1-\mu) V_b + \frac{q_2 l}{12} \tag{3-38}$$

式中,A_1,A_2 分别为洞口上、下过梁的有效截面积,可按图 3-30(a)和图 3-30(b)中的阴影部分面积计算,取其中较大值;V_1,V_2 分别为洞口上、下过梁的剪力。

(3)洞口加强筋箱形基础墙体洞口周围应设置加强筋,钢筋面积可按以下近似公式验算

$$M_1 \leqslant f_y h_1 (A_{s1} + 1.4A_{s2}) \tag{3-39}$$

$$M_2 \leqslant f_y h_2 (A_{s1} + 1.4A_{s2}) \tag{3-40}$$

式中,M_1,M_2 分别为洞口过梁上梁、下梁的弯矩;A_{s1} 为洞口每侧附加竖向钢筋总面积;A_{s2} 为洞角附加斜钢筋面积;f_y 为钢筋抗拉强度设计值。

洞口加强钢筋除应满足上述公式要求外,每侧附加钢筋面积应小于洞口宽度内被切断钢筋面积的一半,且不小于 2 φ 16,此钢筋应从洞口边缘处向外延长 40 倍的附加钢筋的直径。洞口四角落各加不小于 2 φ 12 斜筋,长度不宜小于 1.0 m(见图 3-31)。

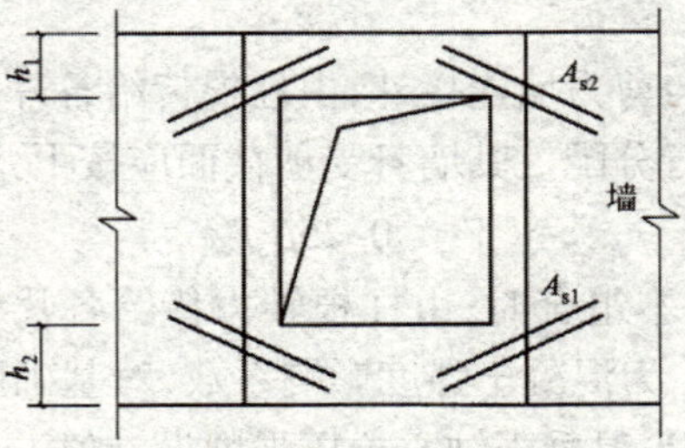

图 3-31　洞口加强钢筋布置图

第四章 桩 基 础

第一节 概 述

一、桩基础的特点和应用范围

桩是一种柱状细长构件，埋置于土中，将上部结构的荷载传递至稳定良好的岩土层。我国长江下游河姆渡文化遗址考古发现，早在距今6000年左右的新石器时代，人们就开始利用木桩作为房屋基础。随着现代科学技术的快速发展，桩基础的种类、材料、施工机具、施工工艺、设计理论和方法等也取得了令人瞩目的跨越。目前我国使用的桩最长已超过100 m，直径最大可达4 m以上，年用桩量居世界之首。

【实例】某银行大楼为11层框架剪力墙结构，外立面采用全玻璃幕墙，有一层地下金库，对防水和沉降要求高。场地地质情况如下：杂填土厚度2.5 m；粉砂层厚度8 m，承载力100 kPa，有较严重的液化现象；淤泥质黏土厚度5 m；粉细砂层厚度13 m，承载力280 kPa，土质密实。该项目可供选择的基础工程方案有箱形基础、人工地基或桩基础。箱形基础方案只能以粉砂层为持力层，从结构本身看好像不存在问题，但隔墙较多，影响地下室的使用功能，且持力土层有液化危险，对抗震设防不利，所以箱形基础无法满足本工程的要求；如果采用人工地基处理，需要加固的范围和深度都较大，造价高，工期长；最后选择桩基础方案，以粉细砂层为桩端持力层，工程取得了成功。

从上面的实例可以看出，当天然地基浅部土层的土质不良或荷载过重、采用浅基础无法满足承载力或变形的要求、考虑技术经济条件等因素不宜采用人工地基时，可选用桩基础方案。

桩基础是最常见的深基础形式，桩周围土层提供的侧向阻力和桩端土层提供的端部阻力共同平衡上部结构荷载，这是桩基础区别于浅基础的重要特点。总体上，桩基础可以分为单桩基础和群桩基础两种：单桩基础由柱与单根桩直接连接构成，柱荷载直接传给桩，再由桩传到岩土层中；群桩基础由多根桩与桩顶承台共同组成，柱或墙的荷载首先传给承台，通过承台的分配和调整，再传到其下的各根单桩，最后传给地基。群桩基础中的单桩称为基桩。按照承台与地面相对位置的不同，可分为低承台桩基础和高承台桩基础（图4－1）。工业与民用建筑中，绝大多数采用低承台桩基础，高承台桩基础则多用于桥梁工程、港口工程或海洋结构。

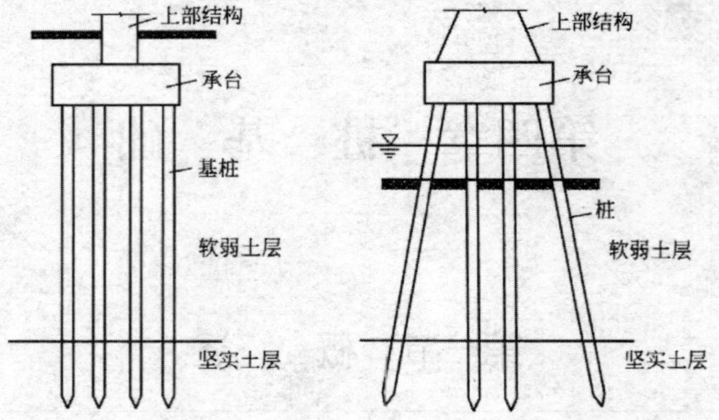

(a)低承台桩基础　　(b)高承台桩基础

图4－1　群桩基础示意图

桩的主要优点如下。

(1)竖向承载力高。适用于竖向荷载大而集中的高层建筑和重型厂房以及特殊的构筑物基础。

(2)沉降量小。可用于对沉降要求高的建筑物或精密设备的基础;有的建筑物专门利用一定数量的桩来抵抗沉降,称为“减沉桩”。

(3)能承受一定的水平荷载和上拔荷载。在桥梁、高耸结构物或支挡结构中用于承受侧向风力、波浪力、土压力或竖向抗拔荷载,如“抗滑桩”和“抗拔桩”。

(4)可提高地基基础的刚度,改变自振频率。

(5)可提高建筑物的抗震能力。

虽然桩的优点很多,如果不考虑具体情况而盲目采用,也不能取得好的工程效果。比如,在饱和黏土层中不当的使用沉管挤土灌注桩会引起地面隆起和桩上浮,引起桩的质量问题和上部结构开裂;在深厚的杂填土中采用桩基础会引起较大的负摩阻力,施工困难。

根据工程经验,下列情况中可考虑采用桩基础方案:

(1)采用天然地基浅基础承载力不能满足要求的建筑物;

(2)不允许地基有过大沉降和不均匀变形的高重建筑物或其他建筑物;

(3)重型工业厂房和荷载过大的建筑物,如设有大吨位重级工作制吊车的车间及仓库等;

(4)需要承受水平荷载或上拔荷载的建筑物基础工程,如烟囱、输电塔等;

(5)需减小基础振幅、减弱基础振动对结构的影响或需要控制基础沉降和沉降速率的大型、精密设备基础;

(6)软弱地基或特殊性地基上的永久性建筑物,或以桩基作为地震区结构抗震措施;

(7)水下建筑物基础,如桥梁基础,石油钻井平台基础等。

二、桩基础的设计原则

对已有桩基事故进行分析,可看出绝大多数都是由于沉降过大或不均匀引起的。桩基础的承载力受沉降变形影响,往往随沉降增加而增大,这种特点使桩的“极限承载力”难以确定。另一方面,为了满足建筑物的使用功能要求,在承载力还有潜力时,变形通常已经达到限值并成为控制条件。所以，与其他基础工程设计原则一样，桩基础也是按照变形设计控制。

桩基础的承载力用特征值 R_a 表示，其含义为在发挥正常使用功能时所允许采用的桩抗力设计值，是一种允许承载力。当采用群桩基础时，宜考虑桩、土和承台的共同作用。所有桩基础的设计应满足下列基本条件：

（1）单桩承受的荷载不应超过单桩承载力特征值；

（2）建筑桩基础的沉降变形计算值不应大于桩基沉降变形允许值；

（3）位于坡地、岸边的桩基础应进行整体稳定性验算；

（4）桩身和承台本身的承载力、变形和裂缝均应满足结构设计要求。

另外，对于特殊条件下的桩基础，应进行特别的验算，如考虑特殊土对桩基础的影响、负摩阻力对桩基础的影响、软弱下卧层验算、桩基础抗震验算或桩基的抗拔承载力验算等。

三、桩基础设计等级

不同建筑桩基础发生问题时，对建筑物的破坏或影响正常使用的程度是不一样的。为了区别各种建筑桩基础的重要性，综合考虑建筑物规模、体型与功能特征、场地地质与环境的复杂程度，应将桩基础设计分为表 4－1 所列的三个设计等级（按《建筑桩基技术规范》JGJ 94—2008分级）。

表 4－1　桩基础设计等级

设计等级	建筑类型
甲级	重要的建筑； 30 层以上或高度超过 100 m 的高层建筑； 体型复杂且层数相差超过 10 层的高低层（含纯地下室）连体建筑； 20 层以上框架—核心筒结构及其他对差异沉降有特殊要求的建筑； 场地和地基条件复杂的 7 层以上的一般建筑及坡地、岸边建筑； 对相邻既有工程影响较大的建筑
乙级	除甲级、丙级以外的建筑
丙级	场地和地基条件简单、荷载分布均匀的 7 层及 7 层以下的一般建筑

桩基础的设计等级不同，对桩基础的勘察要求、试验要求、设计计算要求等也各有不同。总的来说，甲级桩基础的要求最严格，在建设费用增高的同时获得更高的可靠性。比如，勘察时甲级桩基础要求布置 3 个控制性钻孔，而乙级桩基础可仅布置两个控制性钻孔。在确定单桩极限承载力时，甲级桩基础必须做单桩静载试验，而丙级桩基则可根据原位测试和经验参数等相对简单的方法确定。

第二节　桩基础及桩的分类与选型

工程中，桩基础及桩的类型众多，对其进行分类的目的是为了明确各自的特点，以便更合理地选型和设计。桩基础和桩可按不同的方法进行分类，下面主要介绍几种常见的分类方法。

一、桩基础的分类

按桩的数量，桩基可分为单桩基础（一柱一桩）和群桩基础；按承台底地基土是否承担荷载分为复合桩基（承担）和非复合桩基（不承担）；按承台高低可分为底承台桩基（承台底面位于地面或冲刷线以下）和高承台桩基（主要用于桥梁、港口等工程），如图 4－2 所示。

二、桩的分类

（一）按使用功能分类

按桩的使用功能可分为竖向抗压桩、竖向抗拔桩、水平受荷桩、复合受荷桩四类。

1. 竖向抗压桩

竖向抗压桩简称抗压桩，主要承担上部结构传下来的竖向荷载。由于各类建（构）筑物的桩基绝大多数是以承受竖向压力为主，所以这是目前使用最广泛的一类桩：它的主要功能是提高地基承载力、减少地基沉降量。

2. 竖向抗拔桩

竖向抗拔桩简称抗拔桩，主要承受竖向上拔荷载。输电塔、发射塔、海洋石油平台、高耸的烟囱等结构物的桩基，水下建筑抗浮桩基（如水上栈桥桩基）等均属此类。

3. 水平受荷桩

水平受荷桩主要承担水平荷载。常见的有抗滑桩、基坑支护桩等。这类桩桩身主要承受横向弯矩、剪力等作用。

4. 复合受荷桩

承受竖向和水平向荷载均较大的桩。如高桩码头、地震区建（构）筑物基础的基桩等都同时承受较大的竖向和水平向荷载，属于复合受荷桩。

（二）按桩身材料分类

1. 木桩

木桩常用松木、杉木等做成，是较古老的一种桩型。由于资源限制、处理不好易腐蚀等缺陷，除个别临时工程或应急工程，目前已很少使用。

2. 混凝土桩

混凝土桩一般由素混凝土、钢筋混凝土或预应力钢筋混凝土制成，是目前应用最广泛的一类桩。按照施工工艺又分为预制桩和灌注桩两类。

3. 钢桩

目前常用的钢桩有钢管桩、H 型桩及其他异型钢材桩等。钢桩的分段长度宜为 12 m～15 m。钢桩具有强度高、自重轻、抗冲击疲劳和贯入能力强，施工质量易于保证，便于割接、运输和接桩等优点。但是钢桩耗钢量大、造价高、耐蚀性较差，一般只用于少数重要或特殊工程中。

4. 组合材料桩

由两种或两种以上材料组成，一般是根据工程条件，为发挥不同材料的特性而组合成的桩。如用于基坑支护结构的劲性水泥土搅拌桩（SMW 工法），即在深层搅拌法制作的水泥土（未结硬前）中插入 H 型钢或钢管。这类组合材料桩把水泥土的止水性能和芯材（一般为 H

型钢,也可为混凝土等其他劲性材料)的高强度特性有效地组合在一起而形成一种抗渗性好、强度高、经济环保的围护结构,具有很大的经济潜力。

(三)按施工方法分类

根据施工方法不同,可分为预制桩和灌注桩。

1. 预制桩

预制桩是指在施工前预先制作成型,再利用各种机械设备把它沉入地基至设计标高的桩。预制桩按桩身材料不同分为混凝土预制桩、钢桩、木桩。混凝土预制桩按制作地点不同又分为工厂预制和现场预制两种;按是否施加预应力还可分为非预应力预制桩和预应力预制桩。钢筋混凝土预制桩的横截面可为方形、圆形等形状,桩身可制成实心或空心,最常用的为实心方桩。普通实心方桩的截面边长一般为 300 mm ~ 500 mm,不应小于 200 mm。现场预制桩的长度一般为 25 m ~ 30 m;受运输条件的限制,工厂预制桩的分节长度一般不超过 12 m,沉桩时,可根据需要在现场连接。接桩方法有焊接(焊接两节桩接头部位已预埋的钢板及角钢,焊好后宜涂沥青以防锈)、法兰连接(用螺栓连接两节桩接头部位的法兰盘)和硫黄胶泥锚连接(将 140 ℃ ~ 145 ℃的硫黄胶泥灌满两节桩节点平面及下节桩的锚筋孔内,再将上节桩底的锚筋插入锚孔内,并停歇一定时间即可)。

预应力钢筋混凝土预制桩是预先对桩身的部分或全部主筋施加预拉应力,以提高桩身起吊、运输、吊立和沉桩等各阶段的承载能力,减小钢筋用量,改善抗裂性。预应力钢筋混凝土空心桩可分为管桩(离心成型法制作)和空心方桩(普通立模浇制)两类;按混凝土强度等级可分为预应力高强混凝土管桩(PHC,混凝土强度等级大于或等于 C80)和空心方桩(PHS)、预应力混凝土管桩(PC,混凝土强度等级 C60 ~ C80)和空心方桩(PS)。

2. 灌注桩

灌注桩是指在施工现场通过机械或人工手段在设计桩位处直接成孔,并在孔内放置钢筋笼(也有省去钢筋笼的),再灌注混凝土而成的桩。灌注桩的横截面形状为圆形,可做成大直径或扩底桩。与钢筋混凝土预制桩相比,无须考虑桩身起吊、运输、吊立和沉桩等过程可能出现的内力,因此耗钢量较少,造价较低。

(四)按成桩方式分类

1. 预制桩的沉桩方式

按预制桩的沉桩方式主要分为锤击式、静压式和振动式三种类型。

锤击式沉桩是用桩锤把桩击入地基中的一种沉桩方式。主要设备包括桩架、桩锤、动力设备和起吊设备等。常用的桩锤有落锤、柴油锤、液压锤等。这种沉桩方式会产生较大的噪声、振动,容易对周围环境造成影响、桩头易损坏。适用于松软地基土和较空旷的地区,在居民居住区不宜使用,当持力层有坚硬夹层时也不宜使用。

静压式沉桩是采用静力压桩机将预制桩压入地基中。这种沉桩方式具有无噪声、无振动、无冲击力、桩顶不易损坏等优点。适宜于软弱土地基,当存在厚度大于 2 m 的中密以上砂夹层时不宜使用。

振动式沉桩是在桩顶装振动器,使预制桩随着振动下沉至设计标高的沉桩方式。主要设备为振动器,其内装有成对的同步反向旋转的偏心块,当偏心块旋转时产生竖向振动力,使桩沉入土中。该方法施工时也存在振动、噪声及对周围环境的影响等问题。适用于砂土地基和可塑状的黏土地基，特别是自重不大的钢桩和地下水位以下的砂土地基沉桩效果更好。

2. 灌注桩的成孔方法

按照灌注桩成孔方法的不同可分为沉管灌注桩、钻(冲)孔灌注桩和挖孔灌注桩等。

沉管灌注桩是采用锤击或振动方法将带有预制桩尖或活瓣管尖的钢管沉入土中成孔，然后灌注混凝土、边锤击或振动边拔管并放置钢筋笼，最后灌注混凝土形成灌注桩。施工过程包括沉管、灌注、放笼、灌注、拔管等几部分(见图4－2)。沉管灌注桩在软土地区仅限于多层住宅单排桩条基使用。沉管灌注桩按照沉管方式可分为锤击沉管灌注桩和振动、振动冲击管灌注桩。沉管灌注桩造价较低、施工方便、成桩速度快，但易产生缩颈、断桩、强度不足等质量问题。

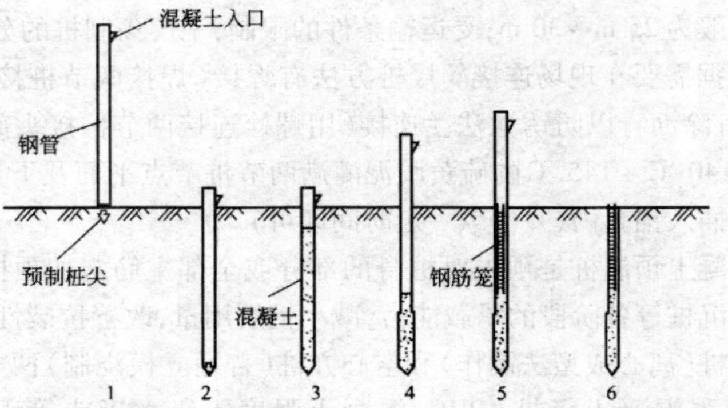

1－打桩机就位;2－沉管;3－浇筑混凝土;4－边拔管边振边;
5－安放钢筋笼并继续浇筑混凝土;6－成桩

图4－2　沉管灌注桩的施工过程

内夯沉管灌注桩是在锤击沉管灌注桩的机械设备与施工方法的基础上，增加一根内夯管，按照一定的施工工艺，将桩端现浇混凝土夯扩成扩大头的一种桩(见图4－3)。通过扩大桩端截面积和挤密地基土，使桩端土的承载力有较大幅度的提高，同时桩身混凝土在夯锤和内夯管的压力作用下成型，避免了缩颈现象，使桩身质量得以保证。

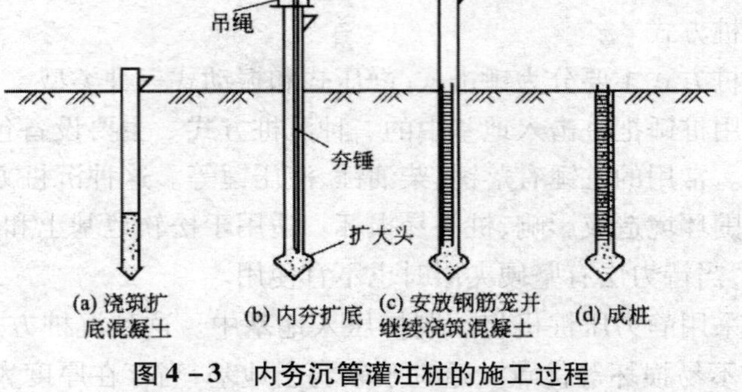

图4－3　内夯沉管灌注桩的施工过程

钻(冲)孔灌注桩是通过机械方法在桩位处成孔，清除孔中土体，安放钢筋笼，然后浇筑混凝土成桩。施工过程如图4－4所示。根据不同的地质条件可分别采用泥浆护壁钻孔灌注桩(潜水钻成孔灌注桩、冲击成孔灌注桩、反循环钻成孔灌注桩、正循环钻成孔灌注桩、钻孔扩底灌注桩、长螺旋钻孔压灌桩等)和干作业钻孔灌注桩(长螺旋钻孔压灌桩、短螺旋钻孔压灌桩、钻孔扩底灌注桩等）。不同桩型适用于不同土质条件（见表 4－2）。钻（冲）孔灌注桩钻进速度快、噪声小、穿透力强、能进入岩层、承载力高、桩身变形小、对周围环境影响较小。缺点是泥浆沉淀不易清除，会影响端部承载力的充分发挥，并造成较大沉降。

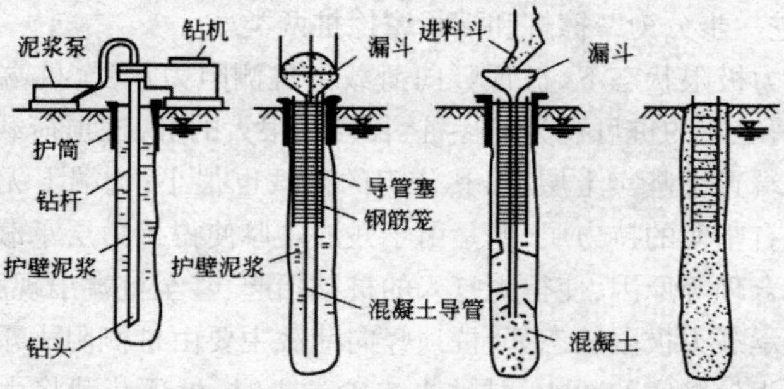

(a) 成孔　(b) 下导管、钢筋笼　(c) 浇筑水下混凝土　(d) 成桩

图 4－4　钻孔灌注桩的施工过程

表 4－2　各类灌注桩的适用范围

成孔方法		桩径/mm	最大桩长/m	适用范围
泥浆护壁钻孔灌注法	旋挖成孔	600～1200	50	黏性土、粉土、砂土、填土、碎石土及风化岩层
	循环钻成孔（回转钻）		80	
	冲击成孔	600～1200	50	黏性土、粉土、砂土、填土、碎石土及风化岩层，能穿透旧基础、建筑垃圾或大孤石等障碍物，但在岩溶发育地区应慎重使用
	长螺旋钻孔	300～800	25	黏性土、粉土、砂土、填土、非密实的碎石类土、强风化岩
	潜水钻成孔	500～800	50	黏性土、淤泥、淤泥质土、粉土
干作业钻孔灌注桩	长螺旋钻孔	300～800	28	地下水位以上黏性土、粉土、砂土、填土
	短螺旋钻孔		20	
	人工挖孔	800～2000	30	地下水位以上的黏性土、粉土、填土、中等密实以上的砂土、风化岩层
	机动洛阳铲成孔	300～500	20	地下水位以上的黏性土、粉土、黄土、填土
	钻孔扩底	300～600	30	地下水位以上黏性土、粉土、填土
沉管灌注桩	锤击沉管	300～800	30	硬塑的黏性土、粉土和砂土
	振动沉管	400～500	20	可塑黏性土、中细砂
内夯沉管灌注桩		325377	25	桩端持力层埋深不超过 20 m 的中、低压缩性黏性土、粉土、砂土和碎石类土

挖孔灌注桩是用人工或机械挖掘成桩孔，在向下推进的同时，进行混凝土护壁，在清理完孔底后，安放钢筋笼并浇灌混凝土成桩。挖孔桩可直接观察地层情况、孔底易清除干净、设备简单、噪声小、场地各桩可同时施工、桩径大、适应性强、比较经济。缺点是可能出现塌孔、流沙、缺氧、有害气体等问题，因此，在成孔过程中必须能确保人身安全，否则不宜采用。

(五)按承载性状分类

1. 摩擦型桩

在竖向极限荷载作用下,桩所发挥的承载力全部或主要以桩侧阻力为主时称为摩擦型桩。摩擦型桩又可进一步分为摩擦桩和端承摩擦桩两类。

摩擦桩:在承载力极限状态下,桩顶竖向荷载由桩侧阻力承受,桩端阻力小到可忽略不计。一般处于下列情况下的桩可视为摩擦桩:长径比很大的桩,桩顶荷载只通过桩侧阻力传递给桩周土,即使桩端置于坚实土层上,其分担的荷载也很小;桩端下无坚实持力层且为不扩底的桩;尽管桩端有坚实的持力层,但是由于残渣较厚使得持力层承载力难以发挥的灌注桩;由于施工顺序不合理等原因,使得先打入的桩被抬起,甚至桩端出现脱空的打入桩等。

端承摩擦桩:在承载力极限状态下,桩顶竖向荷载主要由桩侧阻力承受。对于长径比不是很大,桩端持力层为较坚实的粉土、黏性土或砂类土时,桩顶荷载将由桩侧阻力和桩端阻力共同承担,且以桩侧阻力承担为主。

2. 端承型桩

在竖向极限荷载作用下,桩所发挥的承载力全部或主要以桩端阻力为主时称为端承型桩。端承型桩又可进一步分为端承桩和摩擦端承桩两类。

端承桩:在承载力极限状态下,桩顶竖向荷载由桩端阻力承受,桩侧阻力小到可忽略不计。对于长径比较小,且桩端置于坚硬黏土层、碎石类土、密实砂类土或基岩顶面时,由于这类桩的端阻力承担绝大部分荷载,侧阻力可忽略不计,属于端承桩。

摩擦端承桩:在承载力极限状态下,桩顶竖向荷载主要由桩端阻力承受。当桩端置于碎石类土、中密以上砂类土或基岩顶面时,桩顶荷载将由桩侧阻力和桩端阻力共同承担,且桩端阻力承担部分荷载,桩侧阻力不可忽略,属于摩擦端承桩。

(六)按成桩对土层的影响分类

桩在成型过程中会对桩周土产生扰动和挤土作用,不同的成桩方式对桩周土的挤土作用也不同。挤土作用将会直接引起桩周土的天然结构、应力状态和性质发生变化,进而影响桩的承载力、成桩质量及周围环境。根据成桩方法对桩周土的影响,把桩分为挤土桩、非挤土桩和部分挤土桩三类。

1. 挤土桩

挤土桩是指成桩过程中将桩孔中的土全部挤压到桩的四周,使桩周围土体受到严重扰动的桩。常见的有木桩、实心混凝土预制桩、下端封闭的钢管桩或预应力钢筋混凝土管桩、沉管灌注桩、沉管夯扩灌注桩等。由于这类桩在成桩过程中大量排土,对桩周土的工程性质影响很大。对于饱和黏性土可能会引起灌注桩断桩、缩颈等质量问题;当沉入的挤土预制桩较多较密时可能会导致已入土的桩上浮、承载力降低、沉降量增大、周边房屋及市政工程受损等;对于松散的砂土和非饱和的填土则由于振动挤密而使承载力提高。

2. 非挤土桩

成桩过程中对桩周土无挤土作用的桩称为非挤土桩。主要有干作业钻(挖)孔灌注桩、泥浆护壁钻(挖)孔灌注桩、套管护壁法钻(挖)孔灌注桩等。由于成桩过程对周围土没有挤土作用,又具有穿越各种硬夹层、嵌岩和进入各类硬持力层的能力,桩的几何尺寸和单桩承载力可调空间大,因此钻(挖)孔灌注桩的适用范围大,尤其以高层建筑更为合适。但是,非挤土桩可能因为桩周土向孔内移动而产生应力松弛现象，因此，这类桩的桩侧摩阻力常有减小。

3. 部分挤土桩

成桩过程中对周围土稍有排挤作用的桩称为部分挤土桩。主要包括冲孔灌注桩、钻孔挤扩灌注桩、搅拌劲芯桩、预钻孔打入（静压）预制桩、开口预应力钢筋混凝土空心桩、H 型钢桩、钢板桩、打入（静压）开口钢管桩等。由于成桩过程对桩周土稍有挤土作用，桩周土的工程性质变化不大。一般可用原状土测得的物理力学性质指标估算部分挤土桩的承载力和沉降量。

（七）按桩径大小分类

按桩体设计直径 d 的大小可分为：小直径桩（$d \leqslant 250$ mm）、中等直径桩（250 mm < d < 800 mm）、大直径桩（$d \geqslant 800$ mm）。

三、桩型选用

预制桩、灌注桩及钢桩三大类桩各有其优缺点和适用条件。应根据建筑结构类型、荷载性质、桩的使用功能、穿越土层、桩端持力层土类、地下水位、施工设备、施工环境、施工经验、制桩材料供应条件等，按照经济合理、安全适用的原则选择桩型与成桩工艺。

表 4－3 对目前常用桩类进行了比较。灌注桩的选型可参考表 4－2。

表 4－3　常用桩类比较

桩类	优点	缺点	施工条件
预制桩	制作方便，可根据需要制成不同尺寸和截面形状；承载力高（单方混凝土）；不受地下水位的限制；施工速度快、效率高；桩身质量易于检查；耐蚀性能强	用钢量大、造价高；施工噪声大；挤土效应对周围环境影响较大；不宜穿透较厚的坚硬地层；施工中宜出现桩顶偏位过大、桩身倾斜、桩顶碎裂、桩身断裂、沉桩达不到设计标高等质量问题	场地空旷，周围环境对噪声、振动和侧向挤压没有限制的场地
灌注桩	用钢量少、造价低；桩长、桩径可根据需要灵活调整	对成桩质量不易控制，泥浆护壁灌注桩宜出现塌孔、桩孔倾斜、缩孔、断桩等问题；沉管灌注桩宜出现缩颈、断桩、桩身混凝土坍塌、桩身夹泥、套管内进入泥浆及水等问题；干作业成孔灌注桩易出现孔底虚土过厚、塌孔、桩身混凝土质量差等问题	有一定的场地，施工时能解决出土堆放问题，地下无障碍物
钢桩	材料强度高，抗冲击能力强；穿透能力强；可根据需要灵活调整桩长；施工、运输方便；与上部结构连接简单	耗钢量大，造价高；耐蚀性能差；钢管桩宜出现挤土、振动、桩被打坏、沉桩困难等问题；H 型钢桩易出现桩在土中失稳贯入度突然增大、桩断面发生扭转等问题	少数重要工程中使用

第三节　桩基础质量检验

为确保桩基工程质量,应对桩基进行必要的检测,验证能否满足设计要求,保证桩基的正常使用。桩基工程为地下隐蔽工程,建成后在某些方面难以检测。为控制和检验桩基质量,施工一开始就应按工序严格监测,推行全面的质量管理(TQC),每道工序均应检验,及时发现和解决问题,并认真做好施工和检测记录,以备最后综合对桩基质量做出评价。

桩的类型和施工方法不同,所需检验的内容和侧重点也有不同,但纵观桩基质量检验,通常均涉及下述三方面内容。

一、桩的几何受力条件检验

桩的几何受力条件主要是指有关桩位的平面布置、桩身倾斜度、桩顶和桩底高程等,要求这些指标在容许误差的范围之内。例如桩的中心位置误差不宜超过 50 mm,桩身的倾斜度应不大于 1/100 等,以确保桩在符合设计要求的受力条件下工作。

二、桩身质量检验

桩身质量检验是指对桩的尺寸、构造及其完整性进行检测,验证桩的制作或成桩的质量。

(一)预制桩

预制桩制作时应对桩的钢筋骨架、尺寸量度、混凝土强度等级和浇筑方面进行检测,验证是否符合选用的桩标准图或设计图的要求。检测的项目有主筋间距、箍筋间距、吊环位置与露出桩表面的高度、桩顶钢筋网片位置、桩尖中心线、桩的横截面尺寸和桩长、桩顶平整度及其与桩轴线的垂直度、钢筋保护层厚度等。关于钢筋骨架和桩外形尺度在制作时的允许偏差可参阅《建筑桩基技术规范》(JGJ 94—2008)中所做的具体规定。

对混凝土质量应检查其原材料质量与计量、配合比和坍落度、桩身混凝土试块强度及成桩后表面有否产生蜂窝麻面及收缩裂缝的情况。一般桩顶与桩尖不容许有蜂窝和损伤,表面蜂窝面积不应超过桩表面积的 0.5%,收缩裂缝宽度不应大于 0.2 mm。长桩分节施工时需检验接桩质量,接头平面尺寸不允许超出桩的平面尺寸,注意检查电焊质量。

(二)钻孔灌注桩

钻孔灌注桩的尺寸取决于钻孔的大小、桩身质量与施工工艺,因此桩身质量检验应对钻孔、成孔与清孔、钢筋笼制作与安放、水下混凝土配制与灌注三个主要过程进行质量监测与检查。

检验孔径应不小于设计桩径;成孔是否有扩孔、颈缩现象。

孔深应比设计深度稍深:摩擦桩不小于设计规定,柱桩比设计深度深至少 5 cm。

钻孔过程中泥浆各项指标应满足:相对密度 1.06 ~ 1.20;黏度 19 ~ 25s;失水率≤18 mL/30 min;泥皮厚≤2.0 mm;含砂率≤4%。

清孔后的泥浆各项指标应满足:相对密度 1.06 ~ 1.1;黏度 18 ~ 22s;失水率≤10 mL/30 min;泥皮厚≤1.0 mm;含砂率≤0.5%。

孔内沉淀土厚度 t 应不大于设计规定。对于摩擦桩,当设计无要求时,对直径≤1.5 的桩,$t \leqslant 30$ cm;对桩径 >1.5 m 或桩长 >40 m 或土质较差的桩,$t \leqslant 50$ cm,且 $0.1 < t/d < 0.3$。

钢筋笼顶面与底面高程与设计规定值误差应在 ±50 mm 范围内。

成孔后的钻孔灌注桩桩身结构完整性检验方法很多,常用的有以下几种方法(其具体测试方法和原理详见有关参考书)。

1. 低应变动测法

(1)反射波法

它是用力锤敲击桩顶,给桩一定的能量,使桩中产生应力波,检测和分析应力波在桩体中的传播历程,分析出基桩的完整性。

(2)水电效应法

在桩顶安装一高约 1 m 的水泥圆筒,筒内充水,在水中安放电极和水听器,电极高压放电,瞬时释放大电流产生声学效应,给桩顶一冲击能量,由水听器接收桩—土体系的响应信号,对信号进行频谱分析,根据频谱曲线所含有的桩基质量信息,判断桩的质量和承载力。

(3)机械阻抗法

它是把桩—土体系看成一线性不变振动系统,在桩头施加一激励力,就可在桩头同时观测到系统的振动响应信号,如位移、速度、加速度等,并可获得速度导纳曲线(导纳即响应与激励之比)。分析导纳曲线,即可判定桩身混凝土的完整性,确定缺陷类型。

(4)动力参数法

该方法是通过简便地敲击桩头,激起桩—土体系的竖向自由振动,按实测的频率及桩头振动初速度或单独按实测频率,根据质量弹簧振动理论推算出单桩动刚度,再进行适当的动静对比修正,换算成单桩的竖向承载力。

(5)声波透射法

它是将置于被测桩的声测管中的发射换能器发出的电信号,经转换、接收、放大处理后存储,并把它显示在显示器上加以观察、判读,即可做出被测桩混凝土的质量判定。

对灌注桩的桩身质量判定,可分为以下四类。

优质桩:动测波形规则衰减,无异常杂波,桩身完好,达到设计桩长,波速正常,混凝土强度等级高于设计要求。

合格桩:动测波形有小畸变,桩底反射清晰,桩身有小畸变,如轻微缩径、混凝土局部轻度离析等,对单桩承载力没有影响。桩身混凝土波速正常,达到混凝土设计强度等级。

严重缺陷桩:动测波形出现较明显的不规则反射,对应桩身缺陷如裂纹、混凝土离析、缩径 1/3 桩截面以上,桩身混凝土波速偏低,达不到设计强度等级,对单桩承载力有一定的影响。该类桩要求设计单位复核单桩承载力后提出是否处理的意见。

不合格桩:动测波形严重畸变,对应桩身缺陷如裂缝、混凝土严重离析、夹泥、严重缩径、断裂等。这类桩一般不能使用,需进行工程处理。

工程上还习惯于将上述四种判定类别按Ⅰ类桩、Ⅱ类桩、Ⅲ类桩、Ⅳ类桩划分。但不管怎样划分,其划分标准基本上是一致的。

2. 钻芯检验法

钻芯验桩就是利用专用钻机,从混凝土结构中钻取芯样以检测混凝土强度的方法。它是大直径基桩工程质量检测的一种手段，是一种既简便又直观的必不可少的验桩方法，它具有以下特点：

(1)可检查基桩混凝土胶结、密实程度及其实际强度，发现断桩、夹泥及混凝土稀释层等不良状况，检查桩身混凝土灌注质量；

(2)可测出桩底沉渣厚度并检验桩长，同时直观认定桩端持力层岩性；

(3)用钻芯桩孔对出现断桩、夹泥或稀释层等缺陷桩进行压浆补强处理。

由于具有以上特点，钻芯验桩法广泛应用于大直径基桩质量检测工作中，它特别适用于大直径大载荷端承桩的质量检测。对于长径比比较大的摩擦桩，则易因孔斜使钻具中途穿出桩外而受限制。

三、桩身强度与单桩承载力检验

桩的承载力取决于桩身强度和地基强度。桩身强度检验除了保证上述桩的完整性外，还要检测桩身混凝土的抗压强度，预留试块的抗压强度应不低于设计采用混凝土相应的抗压强度，对于水下混凝土应高出20%。钻孔桩在凿平桩头后应抽查桩头混凝土质量检验抗压强度。对于大桥的钻孔桩有必要时应抽查，钻取桩身混凝土芯样检验其抗压强度。

单桩承载力的检测，在施工过程中，对于打入桩惯用最终贯入度和桩底高程进行控制，而钻孔灌注桩还缺少在施工过程中监测承载力的直接手段。成桩可做单桩承载力的检验，常采用单桩静载试验或高应变动力试验确定单桩承载力。单桩静载试验包括垂直静载试验和水平静载试验两项。

垂直静载试验法之一：在桩顶逐级施加轴向荷载，直至桩达到破坏状态为止，并在试验过程中查明桩的沉降情况，测定各土层的桩侧摩阻力和桩底反力，测量并记录每级荷载下不同时间的桩顶沉降，根据沉降与荷载及时间的关系，分析确定单桩的轴向承载力。

垂直静载试验法之二：即桩承载力自平衡测试法，在桩身指定位置安放荷载箱，荷载箱内布置大吨位千斤顶，通过测试直观地反映荷载箱上下两段各自的承载力。将荷载箱上段的侧摩阻力经处理后与下段桩端阻力相加，即为桩的极限承载力。

水平静载试验：在桩顶施加水平荷载(单向多循环加卸载法或慢速连续法)，直至桩达到破坏标准为止。测量并记录每级荷载下不同时间的桩顶水平位移，根据水平位移与水平荷载及时间的关系，分析确定单桩的横向水平承载力。

通过桩的静载试验，可验证基桩的设计参数并检查选用的钻孔施工工艺是否合理和完善，以便对设计文件规定的桩长、桩径和承载能力进行复合，对钻孔施工工艺和机具进行改善和调整。一些新工艺一般都是通过荷载试验的检验鉴定才能获得推广应用。对特大桥和地质复杂的钻孔灌注桩必须进行桩的承载力试验。

国内外工程实践证明，用静力检验法测试单桩竖向承载力，尽管检验仪器、设备笨重、造价高、劳动强度大、试验时间长，但迄今为止还是其他任何动力检验法无法替代的基桩承载力检测方法，其试验结果的可靠性也是毋庸置疑的。而对于动力检验法确定单桩竖向承载力，无论是高应变法还是低应变法，均是近几十年来国内外发展起来的新的测试手段，目前仍处于发展和继续完善阶段。大桥与重要工程、地质条件复杂或成桩质量可靠性较低的桩基工程，均需做单桩承载力的检验。

第四节　桩的平面布置原则

一、一般原则

桩的平面布置可采用对称式、梅花式、行列式和环状排列。为使桩基在其承受较大弯矩的方向上有较大的抵抗矩，也可采用不等距排列，此时，对柱下单独桩基础和整片式的桩基础，宜采用外密内疏的布置方式。

为了使桩基础中各桩受力比较均匀，群桩横截面的重心应与竖向永久荷载合力的作用点重合或接近。

布置桩位时，桩的间距（中心距）一般采用 3 ~ 4 倍桩径。间距太大会增加承台的体积和用料，太小则将使桩基础（摩擦型桩）的沉降量增加，且给施工造成困难。桩的最小中心距应符合表 4 – 4 的规定。在确定桩的间距时尚应考虑施工工艺中挤土等效应对邻近桩的影响，因此，对于大面积桩群，尤其是挤土桩，桩的最小中心距宜按表列值适当加大。

表 4 – 4　桩的最小中心距

土类与成桩工艺		排数不少于 3 排且桩数不少于 9 根的摩擦型桩桩基	其他情况
非挤土灌注桩		$3.0d$	$3.0d$
部分挤土桩	非饱和土、饱和非黏性土	$3.5d$	$3.0d$
	饱和黏性土	$4.0d$	$3.5d$
挤土桩	非饱和土、饱和非黏性土	$4.0d$	$3.5d$
	饱和黏性土	$4.5d$	$4.0d$
钻、挖孔扩底桩		$2D$ 或 $D+2.0$m（当 $D>2$m）	$1.5D$ 或 $D+1.5$m（当 $D>2$m）
沉管夯扩、钻孔挤扩桩	非饱和土、饱和非黏性土	$2.2D$ 且 $4.0d$	$2.0D$ 且 $3.5d$
	饱和黏性土	$2.5D$ 且 $4.5d$	$2.2D$ 且 $4.0d$

注：1. d —圆桩设计直径或方桩设计边长，D —扩大端设计直径。

2. 当纵横向桩距不相等时，其最小中心距应满足“其他情况”一栏的规定。

3. 当为端承桩时，非挤土灌注桩的“其他情况”一栏可减小至 $2.5d$。

二、布桩方法举例

工程实践中，桩群的常用平面布置形式为：柱下桩基础多采用对称多边形，墙下桩基础采用梅花式或行列式，筏形或箱形基础下宜尽量沿柱网、肋梁或隔墙的轴线设置，如图 4 – 5 所示。

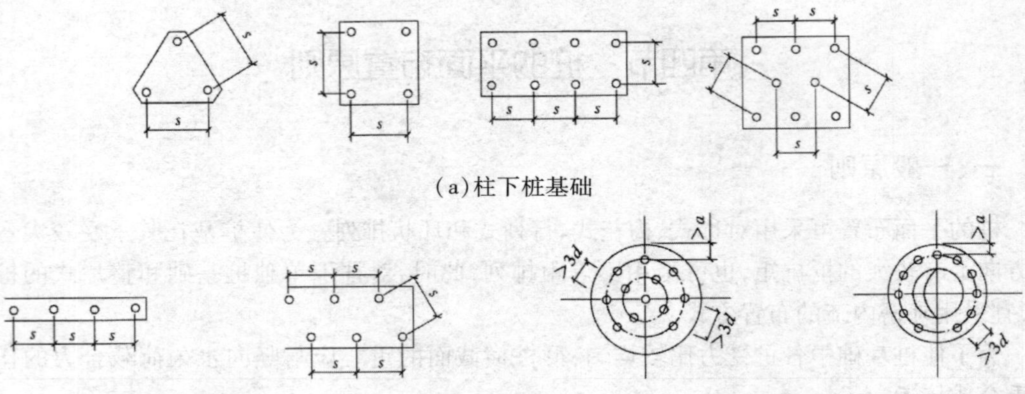

(a)柱下桩基础

(b)墙下桩基础

(c)圆(环)形桩基础

图 4 -5　桩的常用布置形式

第五节　桩与桩基础的构造

不同材料、不同类型的桩基础具有不同的构造特点，为了保证桩的质量和桩基础的正常工作能力，在设计桩基础时应满足其构造的基本要求。现仅以目前国内公路桥涵工程中最常用的桩与桩基础的构造特点及要求简述如下。

一、各种基桩的构造

(一)钢筋混凝土钻(挖)孔灌注桩

采用就地灌注的钻(挖)孔钢筋混凝土桩，桩身常为实心断面。钻孔桩设计直径不宜小于0.8 m；挖孔桩直径或最小边宽不宜小于1.2 m。桩身混凝土强度等级不应低于C25，对仅承受竖直力的基桩可用C20(但水下混凝土仍不应低于C25)。

桩内钢筋应按照桩身内力和抗裂性的要求布设，长摩擦桩应根据桩身弯矩分布情况分段配筋，短摩擦桩和柱桩也可按桩身最大弯矩通长均匀配筋。当按内力计算桩身不需要配筋时，应在桩顶3.0 m ~5.0 m内设置构造钢筋。

为了保证钢筋骨架有一定的刚性，便于吊装及保证主筋受力后的纵向稳定，桩内主筋不宜过细过少。主筋直径不宜小于16 mm，每根桩主筋数量不宜少于8根，其净距不宜小于80 mm且不应大于350 mm。如配筋较多，可采用束筋。组成束筋的单根钢筋直径不应大于36 mm，组成束筋的单根钢筋根数，当其直径不大于28 mm时不应多于3根，当其直径大于28 mm时应为2根。束筋成束后等代直径为 $d_e = \sqrt{n}d$，式中 n 为单束钢筋根数，d 为单根钢筋直径。钢筋笼底部的主筋宜稍向内弯曲，作为导向。

箍筋应适当加强，闭合式箍筋或螺旋筋直径不应小于主筋直径的1/4，且不应小于8 mm，其中距不应大于主筋直径的15倍且不应大于为300 mm。对于直径较大的桩或较长的钢筋骨架，可在钢筋骨架上每隔2.0 m ~2.5 m设置一道加劲箍筋(直径为16 mm ~32 mm)，如图4 -6所示。钢筋笼四周应设置突出的定位钢筋、定位混凝土块，或采用其他定位措施。主筋保护层厚度一般不应小于60 mm。

钻(挖)孔桩的柱桩根据桩底受力情况如需嵌入岩层时，嵌入深度应根据计算确定，并不得小于0.5 m。

钻孔灌注桩常用的含筋率为0.2% ~0.6%,较一般预制钢筋混凝土实心桩、管桩与管柱均低。

也有工程采用大直径的空心钢筋混凝土就地灌注桩,是进一步发挥材料潜力、节约水泥的措施。

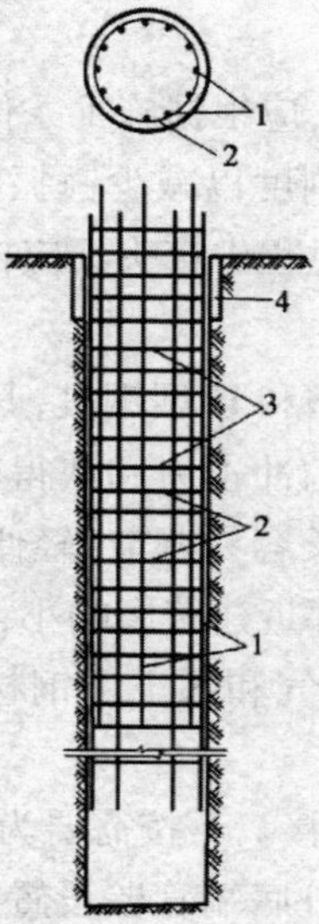

1－主筋;2－箍筋;3－加强箍;4－护筒

图4－6　钢筋混凝土灌注桩

(二)钢筋混凝土预制桩

沉桩(打入桩和振动下沉桩)采用预制的钢筋混凝土桩,有实心的圆桩和方桩(少数为矩形桩),有空心的管桩,另外还有管柱(用于管柱基础)。

普通钢筋混凝土方桩可以就地灌注预制。通常当桩长在10 m以内时横断面为0.30 m×0.30 m,桩身混凝土强度不低于C25,桩身配筋应按制造、运输、施工和使用各阶段的内力要求通长配筋。主筋直径一般为19 mm ~25 mm;箍筋直径为6 mm ~8 mm,间距为10 mm ~20 mm;桩的两端和接桩区箍筋或螺旋筋的间距须加密,其值可取40 mm ~50 mm。由于桩尖穿过土层时直接受到正面阻力,应在桩尖处把所有的主筋弯在一起并焊在一根芯棒上。桩头直接受到锤击,故在桩顶需设方格网片三层以增加桩头强度。钢筋保护层厚度不小于35 mm。桩内需预埋直径为20 mm ~25 mm的钢筋吊环,吊点位置通过计算确定,如图4－7所示。

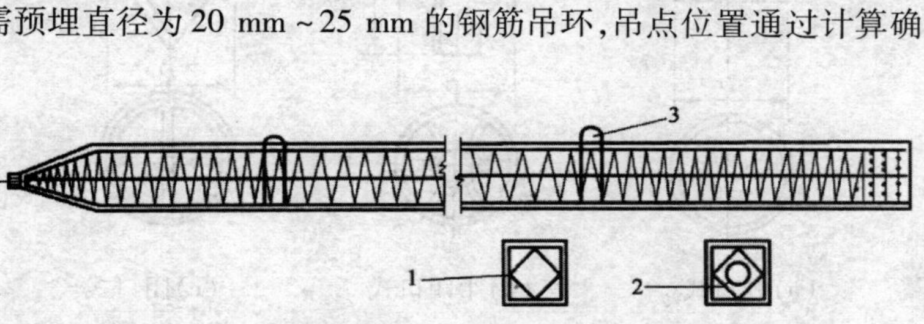

1－实心方桩;2－空心方桩;3－吊环

图4－7　预制钢筋混凝土方桩

钢筋混凝土管桩由工厂以离心旋转机生产,有普通钢筋混凝土或预应力钢筋混凝土两种，直径可采用0.4 m～0.8 m，管壁最小厚度不宜小于80 mm，桩身混凝土强度为C25～C40，填芯混凝土不应低于C15。每节管桩两端装有连接钢盘（法兰盘）以供接长。

管柱实质上是一种大直径薄壁钢筋混凝土圆管节，在工厂分节制成，施工时逐节用螺栓接成，它的组成部分是法兰盘、主钢筋、螺旋筋、管壁（不低于C25，厚100 mm～140 mm），最下端的管柱具有钢刃脚，用薄钢板制成。我国常用的管柱直径为1.50 m～5.80 m，一般采用预应力钢筋混凝土管柱。

钢筋混凝土预制桩柱的分节长度，应根据施工条件决定，并应尽量减少接头数量。接头强度不应低于桩身强度，并有一定的刚度以减少锤振能量的损失。接头法兰盘的平面尺寸不得突出管壁之外，在沉桩时和使用过程中接头不应松动和开裂。

（三）钢桩

钢桩的形式很多，主要的有钢管型和H型钢桩，其材质应符合国家现行有关规范、标准规定。钢桩具有强度高，能承受强大的冲击力和获得较高的承载力；其设计的灵活性大，壁厚、桩径的选择范围大，便于割接，桩长容易调节；轻便，易于搬运，沉桩时贯入能力强、速度较快，可缩短工期，且排挤土量小，对邻近建筑影响小，也便于小面积内密集的打桩施工。其主要缺点是用钢量大，成本昂贵，在大气和水土中钢材具有腐蚀性。目前，我国只在一些重要工程中使用钢桩。

分节钢桩应采用上下节桩对焊连接。若按需要为了提高钢管桩承受桩锤冲击力和穿透或进入坚硬地层的能力，可在桩顶和桩底端管壁设置加强箍。钢桩焊接接头应采用等强度连接，使用的焊条、焊丝和焊剂应符合国家现行有关规范、标准规定。

钢桩的端部形式，应根据桩所穿越的土层、桩端持力层性质、桩的尺寸、挤土效应等因素综合考虑确定。

H型钢桩桩端形式有带端板的和不带端板（平底、锥底）的。

钢管桩按桩端构造可分为开口桩（带加强箍、不带加强箍）和闭口桩（平底、锥底）两类，如图4－8所示。

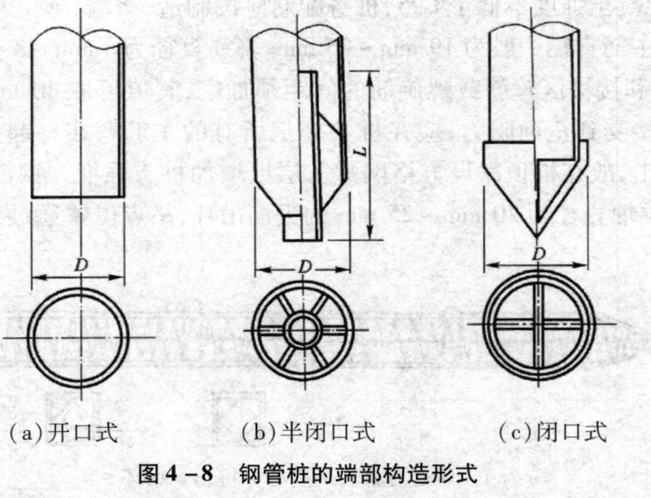

（a）开口式　　（b）半闭口式　　（c）闭口式

图4－8　钢管桩的端部构造形式

开口钢管桩穿透土层的能力较强，但沉桩过程中桩底端的土将涌入钢管内腔形成土蕊。当土蕊的自重和惯性力及其与管内壁间的摩阻力之和超过底面土反力时，将阻止进一步涌入而形成“土塞”,此时开口桩就像闭口桩一样贯入土中,土蕊长度也不再增长。“土塞”形成和土蕊长度与地基土性质和桩径密切有关,它对桩端承载能力和桩侧挤土程度均会有影响,在确定钢管桩承载力时应考虑这种影响。开口桩进入砂层时的闭塞效应较明显,宜选择砂层作为开口桩的持力层,并使桩底端进入砂层一定深度。

钢管桩的分段长度按施工条件确定,一般不宜超过 12 m ~ 15 m,常用直径为 400 mm ~ 1000 mm。钢管桩的设计厚度由有效厚度和腐蚀厚度两部分组成。有效厚度为管壁在外力作用下所需要的厚度,可按使用阶段的应力计算确定。腐蚀厚度为建筑物在使用年限内管壁腐蚀所需要的厚度,可通过钢桩的腐蚀情况实测或调查确定,无实测资料时,海水环境中钢桩的单面年平均腐蚀速率可参考表 4 – 5 确定。其他条件下,在平均低水位以上,年平均腐蚀速率可取 0.06 mm/年;平均低水位以下,年平均腐蚀速率可取 0.03 mm/年。

表 4 – 5　海水环境中钢桩单面年平均腐蚀速率

部位	平均腐蚀速率(mm/年)	部位	平均腐蚀速率(mm/年)
大气区	0.05 ~ 0.1	水位变动区,水下区	0.12 ~ 0.20
浪溅区	0.20 ~ 0.50	泥下区	0.05

注:1. 表中年平均腐蚀速率适用于 pH = 4 ~ 10 的环境条件,对有严重污染的环境,应适当加大。

2. 对水质含盐量层次分明的河口或年平均气温高、波浪大和流速大的环境,其对应部位的年平均腐蚀速率应适当加大。

钢桩防腐处理可采用外表涂防腐层、增加腐蚀余量及阴极保护等方法。当钢管桩内壁同外界隔绝时,可不考虑内壁防腐。

二、承台和横系梁的构造

对于多排桩基础,桩顶由承台连接成为一个整体。承台的平面尺寸和形状应根据上部结构(墩、台身)底截面尺寸和形状以及基桩的平面布置而定,一般采用矩形和圆端形。

承台厚度应保证承台有足够的强度和刚度,公路桥梁墩台多采用钢筋混凝土或混凝土刚性承台(承台本身材料的变形远小于其位移),其厚度宜为桩径的 1.0 倍及以上,且不宜小于 1.5 m。混凝土强度等级不宜低于 C25。对于空心墩台的承台,应验算承台强度并设置必要的钢筋,承台厚度也可不受上述限制。

承台的受力情况比较复杂,为了使承台受力较为均匀并防止承台因桩顶荷载作用发生破碎和断裂,当桩顶直接埋入承台连接时,应在每根桩的顶面上设 1 ~ 2 层钢筋网。当桩顶主筋伸入承台时,承台在桩身混凝土顶端平面内设置一层钢筋网,钢筋纵桥向和横桥向每 1 m宽度内可采用钢筋截面积 1200 mm^2 ~ 1500 mm^2(此项钢筋直径为 12 mm ~ 16 mm),钢筋网在越过桩顶钢筋处不应截断,并应与桩顶主筋连接,如图 4 – 9 所示。承台的顶面和侧面应设置表层钢筋网,每个面在两个方向的截面面积均不宜小于 400 mm^2/m,钢筋间距不宜大于 400 mm。

对于双柱式或多柱式墩(台)单排桩基础,在桩之间为加强横向联系而设有横系梁时,一般认为横系梁不直接承受外力,可不作内力计算,横系梁的高度可取为 0.8 ~ 1.0 倍的桩径,宽度可取为 0.6 ~ 1.0 倍的桩径。混凝土强度等级不宜低于 C25。纵向钢筋不应少于横系梁截面面积的 0.15%;箍筋直径不应小于 8 mm,其间距不应大于 400 mm。

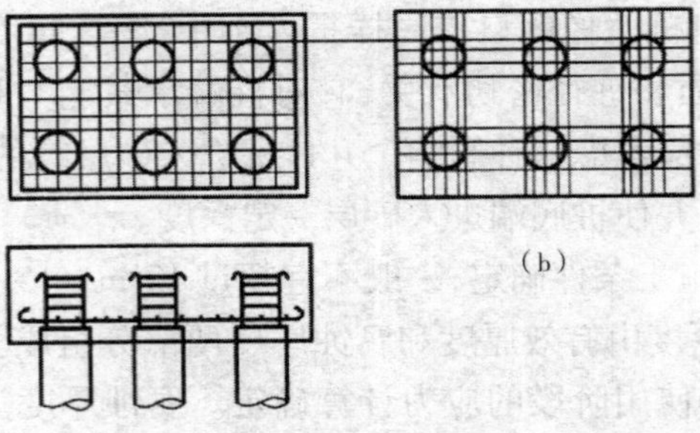

图 4-9　承台底钢筋网

三、桩与承台、横系梁的连接

桩与承台的连接，钻（挖）孔灌注桩桩顶主筋宜伸入承台，桩身嵌入承台内的深度可采用 100 mm（盖梁式承台，桩身可不嵌入）；伸入承台的桩顶主筋可做成喇叭形（约与竖直线倾斜 15°；若受构造限制，主筋也可不作成喇叭形），如图 4-10（a）、（b）所示。伸入承台的钢筋锚固长度应符合结构规范，光圆钢筋不应小于 30 倍钢筋直径（设弯钩），带肋钢筋不应小于 35 倍钢筋直径（不设弯钩），并设箍筋。

对于不受轴向拉力的打入桩可不破桩头，将桩直接埋入承台内，如图 4-10（c）所示。桩顶直接埋入承台的长度，对于普通钢筋混凝土桩及预应力混凝土桩，当桩径（或边长）小于 0.6 m时不应小于 2 倍桩径或边长，当桩径（或边长）为 0.6 m～1.2 m 时不应小于 1.2 m；当桩径（或边长）大于 1.2 m 时，埋入长度不应小于桩径（或边长）。

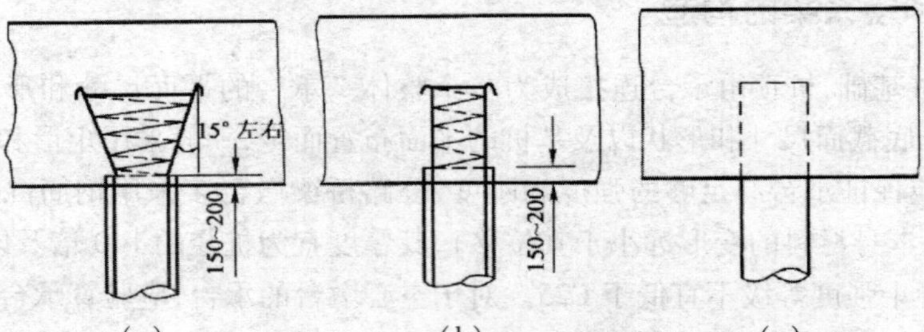

图 4-10　桩与承台的连接（尺寸单位：mm）

对于大直径灌注桩，当采用一柱一桩时，可设置横系梁或将桩与柱直接连接。横系梁的主钢筋应伸入桩内，其长度不小于 35 倍主筋直径。

管桩与承台连接时，伸入承台内的纵向钢筋如采用插筋，插筋数量不应少于四根，直径不应小于 16 mm，锚入承台长度不宜小于 35 倍钢筋直径，插入管桩顶填芯混凝土长度不宜小于 1.0 m。

第六节　桩基础设计

桩基础的设计应力求做到安全可靠、经济合理、保护环境。为确保桩基础的安全，桩和承台应有足够的强度、刚度和耐久性；地基应有足够的承载力，各种变形特征在允许值范围以内。桩基础设计一般按下列步骤进行：

(1)分析工程特点，掌握必要的设计资料；

(2)选择桩的类型，截面和桩长；

(3)单桩竖向和水平向承载力的确定；

(4)桩的数量估算，确定间距和平面布置；

(5)桩基础承载力和沉降验算；

(6)必要的其他验算；

(7)桩身结构设计和承台设计；

(8)绘制桩基础施工图。

一、必要的设计资料

进行桩基础设计之前，首先要分析具体工程项目的特点，通过调查研究，充分掌握一些基本的设计资料，主要包括下列几个方面。

(1)工程地质与水文地质勘查资料。掌握设计所需用岩土物理力学参数及原位测试参数，地下水情况，有无液化土层、特殊土层和地质灾害等。这些资料直接影响到桩型的选择、持力层的选择、施工方法、桩的承载力和变形等各个方面。

(2)建筑场地与环境条件的有关资料。建筑场地管线分布，相邻建筑物基础形式及埋深，防振、防噪声的要求，泥浆排放、弃土条件，抗震设防烈度和建筑场地类别。

(3)上部结构特点。应注意上部结构的平面布置、结构形式、荷载分布、使用要求，特别是不同结构体系对变形特征的不同要求。

(4)施工条件。考虑可获得的施工机械设备；制桩、运输和沉桩的条件，施工工艺对地质条件的适应性；水、电及建筑材料的供应条件，施工对环境的影响。

(5)地方经验。了解备选桩型在当地的应用情况，已使用的桩在类似条件下的承载力和变形情况。重视地方规范，一些计算系数，特别是沉降计算经验系数，优先考虑地方取值经验。

二、选择桩的类型、桩长及桩的截面尺寸

桩基础设计的首要问题，就是依据上述各项基本的设计资料，综合选定桩的类型、桩的截面和桩的长度。

由于桩的类型众多，各种桩型的优缺点不一，桩的合理选型是一个比较复杂的问题，需要较多的工程经验。一般来说，首先应根据地质条件、土层分布情况、上部结构的荷载大小和结构特点以及成桩设备和技术能力等因素，选用预制桩或灌注桩；再由地基土条件和桩荷载传递性质确定桩的承载类型。

在场地土层分布比较均匀，且无坚硬夹层的情况下，采用预制桩比较合理，预制桩不存在缩颈、夹泥等问题，其质量稳定性较高。但是，如果土层不利于挤土桩施工，也会出现接头处断桩、桩端上浮、沉降增大等问题，另一方面预制桩的桩径、桩长、单桩承载力可调范围小，难以实现复杂的优化设计。沉管挤土灌注桩无须排土排浆，造价低。但如果地基中存在难以排水的饱和软土层，很容易引起离析和断桩。灌注桩可以适用于不均匀的地层，穿越坚硬

的地层，但桩身质量容易出现问题。人工挖孔桩是桩身质量很稳定的灌注桩，但是在高地下水位地区应用困难。扩底桩用于持力层较好、桩较短的端承型灌注桩，可取得较好的技术经济效益。但如果将扩底端放置于有软弱下卧层的薄硬土层上，既无增强效应，还可能留下安全隐患。所以没有适用于一切地层的桩，具体问题需要具体分析。各种建筑桩基的适用条件可参见《建筑桩基技术规范》JGJ 94—2008 附录 A。

桩的长度主要取决于桩端持力层的选定。由于桩端持力层对桩的承载力和沉降有重要的影响，所以桩端持力层的选择必须考虑建筑物对承载力和沉降的要求，同时还应考虑桩的制作和运输条件以及沉桩或成孔设备的可能性。坚实土层和岩层最适宜作为桩端持力层。在施工条件容许的深度内没有坚实土层存在时，可考虑选择中等强度的土层作为持力层。

桩的长度有设计长度和施工长度之分，在土层均匀平坦的场地，设计长度与施工长度较为接近，而当地层复杂，持力层不平时，设计长度与施工长度常不一致。桩的沉桩深度（施工长度）一般是由桩端的设计标高和桩的最后贯入度两个指标控制。桩端的设计标高是根据地勘资料和结构要求确定桩尖进入持力层的深度。最后贯入度指桩最后二、三阵（以 10 击为一阵）的平均沉入量，一般采用 1 ~ 3 cm/阵为控制标准，最后贯入度通常先进行试打确定；振动沉桩以一分钟为阵，要求最后两阵平均贯入度为 1 ~ 5 cm/min。

摩擦型桩：一般应以桩端设计标高为主控制成孔深度，以最后贯入度控制为辅。

端承型桩：一般以最后贯入度为主控制施工桩长，以桩端设计标高对照为辅。

为了提高桩的承载力和减少桩的沉降，桩端进入持力层的深度应有一定的要求。一般来说，桩端全断面进入持力层的深度，对于黏性土、粉土不宜小于 $2d$，砂土不宜小于 $1.5d$，碎石类土不宜小于 $1d$。为充分发挥持力层良好的承载能力，当条件允许时，桩进入持力层的深度宜达到该土层桩端阻力的临界深度。当存在软弱下卧层时，桩端以下硬持力层厚度不宜小于 $3d$，并同时进行软弱下卧层的承载力验算。

穿越软弱土层而支承于倾斜岩面的端承桩，当强风化层厚度小于 2 倍桩径时，桩端应嵌入微风化或未风化岩层内，全断面进入深度不宜小于 $0.4d$ 且不小于 0.5 m。对倾斜度大于 30% 的中风化岩，宜根据倾斜度及岩石完整性适当加大嵌岩深度，这是因为如果持力层岩面不平，桩端恰好坐落于隆起的岩坡面上时，极易产生滑动引发工程事故。为保持桩基的稳定，在桩端应力扩散范围以内应无岩体的任何临空面。对于嵌入平整、完整的坚硬岩和较硬岩嵌岩桩的嵌岩深度不宜小于 $0.2d$，且不应小于 0.2 m。桩端进入岩层深度较大（大于 2 ~ 3 倍桩径）时，将出现明显的嵌岩效应，嵌岩桩承载力可以得到充分发挥。

对于承载能力很大的嵌岩桩或大直径端承桩，往往设计一柱一桩，应保证桩端以下 3 倍桩径范围内应无软弱夹层、洞穴、断裂带和空隙。一柱一桩的桩基础破坏后果比较严重，宜对其桩孔以下一定范围的岩土条件进行仔细的施工勘察。

桩的截面尺寸，通常是由成桩设备、地质条件及上部结构的荷载分布和大小等因素确定的。选定了桩的类型和几何尺寸之后，初步确定承台的埋深。承台埋深一般考虑建筑结构设计要求，如果设计复合桩基，在方便施工的前提下，还应适当选择承台的持力层，然后就可以确定单桩竖向和水平向承载力。为减少桩基础施工的成桩设备和避免施工中的布桩错误，桩的规格应力求统一，至少同一承台中的桩应为一个规格。

三、桩的数量和平面布置

(一)估算桩数

桩基础中的桩数可初步按单桩承载力特征值 R_a 确定。确定桩数和布桩时,应采用传至承台底面的荷载效应标准组合,相应的抗力应采用基桩或复合基桩承载力特征值。

轴心受压时,桩数 n 为

$$n \geqslant \frac{F_k + G_k}{R_a} \tag{4-1}$$

式中,F_k——相应于荷载效应标准组合时,作用于承台顶面的竖向力;

G_k——承台及承台上土自重标准值。

由于承台的平面尺寸尚未确定,即 G_k 是未知的,故可按下式估算桩数:

$$n \geqslant \zeta_G \frac{F_k}{R_a} \tag{4-2}$$

式中,ζ_G——考虑承台及上覆土重的增大系数,一般取 $\zeta_G = 1.05 \sim 1.10$。

偏心受压时,桩数 n 为

$$n \geqslant \zeta_e \zeta_G \frac{F_k}{R_a} \tag{4-3}$$

式中,ζ_e——考虑偏心荷载的增大系数,一般取 $\zeta_e = 1.1 \sim 1.2$。

(二)确定桩距

选择最优桩距是合理布桩的基础,这是使桩基础设计做到经济和有效的重要一环。所谓桩距是指相邻基桩的中心距,用 s_a 表示。一般常用的桩距为$(3 \sim 4)d$(d为桩的直径)。

桩距太大会增加承台的面积,从而增大承台的内力,使其体积和用料加大而不经济;桩距太小则会使摩擦桩基承载力降低,沉降增大,且给施工造成困难。合理的桩距可以增大群桩效应系数,充分发挥桩的承载力,减小挤土效应的不利影响。

《建筑桩基技术规范》JGJ 94—2008 规定的基桩最小中心距见表 4-6。桩的中心至承台边的距离,通常称为桩的边距。桩的边距一般不小于桩的直径,也不宜小于 300 mm。

表 4-6 桩的最小中心距

土类与成桩工艺		排数不少于3排且桩数不少于9根的摩擦型桩桩基	其他情况
非挤土灌注桩		$3.0d$	$3.0d$
部分挤土桩(非饱和土)		$3.5d$	$3.0d$
挤土桩	非饱和土	$4.0d$	$3.5d$
	饱和黏性土	$4.5d$	$4.0d$
钻、挖孔扩底桩		$2D$ 或 $D+2.0$m(当 $D>2$m)	$1.5D$ 或 $D+1.5$m(当 $D>2$m)
沉管夯扩、钻孔挤扩桩	非饱和土	$2.2D$ 且 $4.0d$	$2.0D$ 且 $3.5d$
	饱和黏性土	$2.5D$ 且 $4.5d$	$2.2D$ 且 $4.0d$

注:1. d——圆桩直径或方桩边长,D——扩大端设计直径。

2. 当纵横向桩距不相等时,其最小中心距应满足“其他情况”一栏的规定。

(三)桩的平面布置

桩在平面内通常有以下几种排列方式;成方形或矩形网格的行列式或成三角形网格的梅花式[见图4－11(a)]、[见图4－11(b)];也可采用不等距的排列式[见图4－11(c)]。

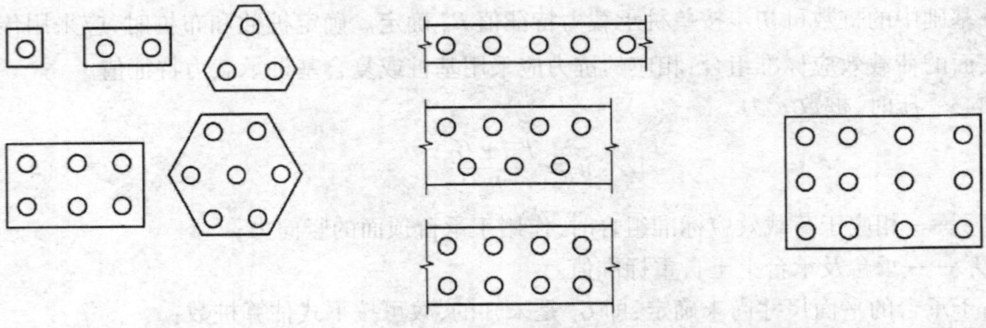

(a)柱下桩基础,按相等桩距排列　(b)墙下桩基础,按相等桩距排列　(c)柱下桩基础,按不等桩距排列

图4－11　桩的平面布置示例

确定桩距和桩的平面布置对群桩工作性能的影响较大,基桩布置是桩基础概念设计的主要内容,也是对群桩性能进行优化的主要步骤。上部结构荷载传递给桩基础,桩基础将荷载传给地基土,这是荷载传递的基本过程。桩的平面布置首先应遵循荷载最优传递原则。上部结构荷载传递给基桩,应保证传递距离最短。桩传递到地基土中应尽量使地基土所受的附加应力均匀。具体来说,应把握下面几个原则。

1. 基桩受力尽量均匀

力求使桩基础中各基桩受力比较均匀,减少偏心,以便充分发挥各基桩的承载力,减少不均匀沉降。具体措施如下。

(1)桩群承载力合力作用点最好与群桩横截面的重心相重合或接近。

(2)当上部结构的荷载有几种不同的可能组合时,荷载合力作用点将发生变化,可使群桩承载力合力作用点位于荷载合力作用点变化范围之内,并尽量接近最不利的合力作用点位置。

(3)梁式承台(即承台梁)下布桩,应按各段的荷载情况调整桩距,使各桩的承载力能充分发挥。比如:梁式承台纵横相交处同时承受两个方向传来的荷载,有可能负荷过重。因此,交接处的桩距应按最小间距考虑。可在梁式承台交接处下布桩[见图4－12(a)],与其相邻桩的距离取最小桩距。必要时,交接处下的桩应进行处理,如沉管灌注桩可以复打,扩底灌注桩可增大扩底等。或者在梁式承台交接处下四方布桩[见图4－12(b)],将桩对称地分布在两轴线交点的四周。

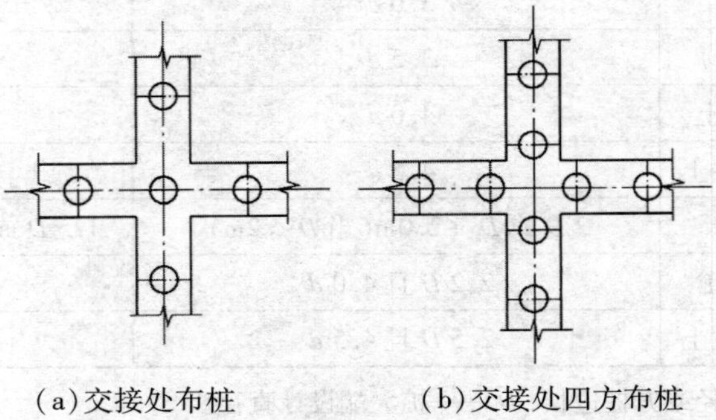

(a)交接处布桩　(b)交接处四方布桩

图4－12　纵横墙交接处的布桩方式

2. 桩基础有较大的抗弯抵抗矩

对弯矩较大且无法消除的桩基础，应使桩基础在弯矩方向有较大的抗弯截面模量，可产生较大的抵抗矩，以增强桩基础的抗弯能力。具体措施如下。

（1）对于柱下单独桩基础可采用外密内疏的布置方式，即桩承台外围布桩间距较小，而内部布桩间距较大。但这种布桩方式不适于大型群桩基础，如桩箱、桩筏等基础。

（2）对于梁式承台桩基，则可考虑在外纵墙之外布置 1 ~ 2 根探头桩，横墙下的承台梁也同时挑出（见图 4 - 13）。

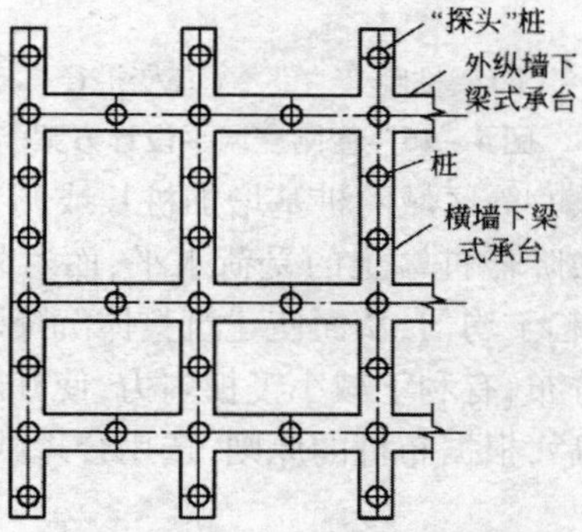

图 4 - 13　横墙下的“探头”桩布置方式

3. 荷载传递直接

为保证荷载传递的直接，应尽量遵循最短距离传递原则。具体措施如下。（1）在梁式或板式承台下布桩时，应使梁、板中的弯矩尽量减小。可采取多在墙、柱下布桩，以减少梁或板跨中的桩数。（2）用于桩箱基础、剪力墙结构桩筏（含平板和梁板式承台）基础，宜直接将桩布置于墙下。（3）柱下尽可能采用高承载力桩，减小桩的数量，这可减小承台面积，降低其内力。

4. 变刚度调平概念设计

对整体的桩筏、桩箱基础，当上部结构为框剪、框筒或主群楼结构时，由于上部结构刚度对基础不均匀变形的约束力较差，并且由于桩土的共同作用，常规的均匀布桩方案下，易出现筏板或箱形基础的碟形沉降，即中间沉降大，周围沉降小的碗碟形状，而基底反力呈马鞍形分布，这时不但沉降差异大，而且承台内力大，如图 4 - 14 所示。为了避免出现这种情况，可采用变刚度调平方案。

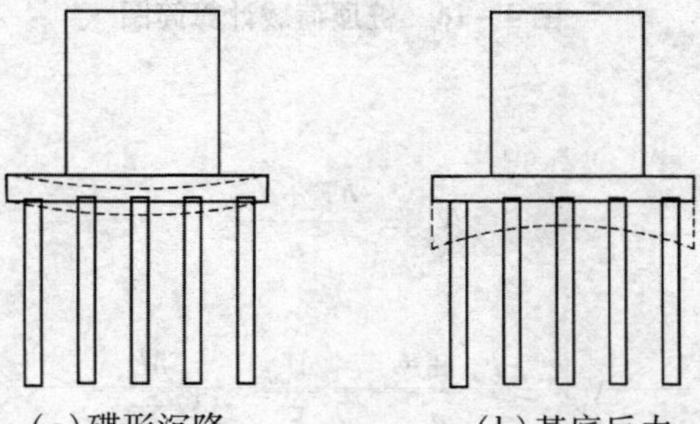

（a）碟形沉降　　（b）基底反力

图 4 - 14　均匀布桩的桩筏基础碟形沉降和基底反力示意图

变刚度调平设计是考虑上部结构、基础和地基的三者相互作用关系，通过调整基桩的长度、直径和间距，形成不均匀的布桩方案，调整基桩支承刚度分布，从而达到减小建筑整体差异沉降、降低承台内力的目的,如图 4－15 所示。

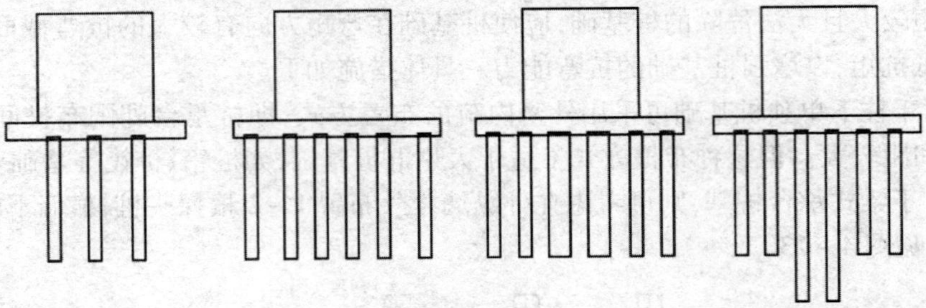

图 4－15　变刚度调平设计方案

比如,对框筒结构,可对核心筒区域的桩基增加桩长或调整桩径、桩距,强化该区域桩基刚度,可使荷载扩散范围增大,降低桩端土的受荷水平,而对外围框架区,实施少布桩、布短桩,使桩端土的附加应力水平趋于均匀,从而使建筑整体沉降均匀,并与其他部分协调一致,此方案可同时改变筏板反力分布,有利于减小筏板内力,使其厚度减薄成为柔性薄板。

在确定桩数、桩距和边距后,根据布桩的原则,选用合理的排列方式,即可定出桩基础的平面尺寸。

四、桩基的验算

(一)桩顶作用效应计算

对一般的建筑物和受水平荷载较小的高层建筑群桩基础,可按下面的方法确定基桩或复合基桩的桩顶作用效应,如图 4－16 所示。

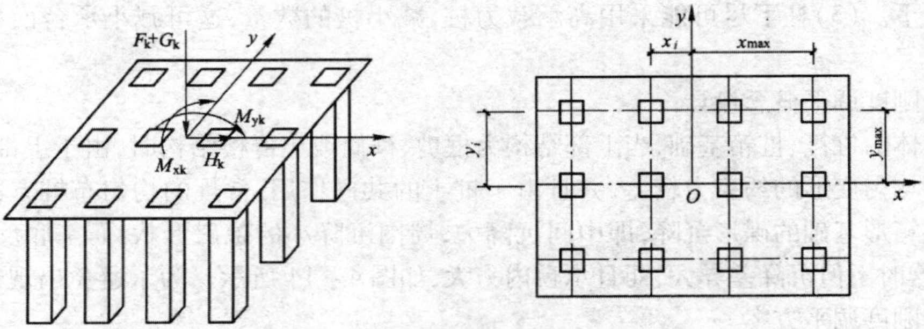

图 4－16　桩顶荷载计算简图

1. 竖向力

轴心受压的桩基

$$N_k = \frac{F_k + G_k}{n} \tag{4-4}$$

偏心受压的桩基

$$N_{ik} = \frac{F_k + G_k}{n} \pm \frac{M_{xk} y_i}{\sum y_j^2} + \frac{M_{yk} x_i}{\sum x_j^2} \tag{4-5}$$

2. 水平力

$$H_{ik} = \frac{H_k}{n} \tag{4-6}$$

式中，F_k ——相应于荷载效应标准组合下，作用于承台顶面的竖向荷载；

G_k ——桩基承台及承台上土自重标准值，对稳定的地下水位以下部分应扣除水的浮力；

N_k ——荷载效应标准组合轴心竖向力作用下，基桩或复合基桩的平均竖向力；

N_{ik} ——荷载效应标准组合偏心竖向力作用下，第 i 基桩或复合基桩的竖向力；

M_{yk}、M_{xk} ——荷载效应标准组合下，作用于承台底面，绕通过桩群形心的 x、y 主轴的力矩；

x_i、x_j、y_i、y_j ——第 i、j 基桩或复合基桩至 y、x 轴的距离；

H_k ——相应于荷载效应标准组合下，作用于桩基承台底面的水平力；

H_{ik} ——相应于荷载效应标准组合下，作用于第 i 基桩或复合基桩的水平力；

n ——群桩基础中的桩数。

（二）单桩承载力验算

桩基础竖向承载力计算应符合下列要求。

1. 荷载效应标准组合时

在轴心竖向力作用下基桩或复合基桩的平均竖向力 N_k 应满足下式的要求

$$N_k \leqslant R \tag{4-7}$$

偏心竖向力作用下除满足上式外，同时基桩或复合基桩的最大竖向力 $N_{k\max}$ 应满足下式的要求

$$N_{k\max} \leqslant 1.2R \tag{4-8}$$

2. 地震作用效应和荷载效应标准组合时

对地震作用下桩基的调查和研究表明，有地震作用参与荷载组合时，基桩的竖向承载力可提高约25%。因此，对桩基进行抗震验算时，应将 R 乘以1.25的系数。

轴心竖向力作用下，基桩或复合基桩的平均竖向力 N_{Ek} 应满足下式的要求

$$N_{Ek} \leqslant 1.25R \tag{4-9}$$

偏心竖向力作用下除满足上式外，基桩或复合基桩的最大竖向力 $N_{Ek\max}$ 还应满足下式的要求

$$N_{Ek\max} \leqslant 1.5R \tag{4-10}$$

式中，R ——基桩或复合基桩竖向承载力特征值。

（三）桩基软弱下卧层验算

桩基持力层以下存在软弱土层是实际工程中的常见现象，如果荷载和土层引起的压力超出软弱土层承载力过多时，将引起软弱下卧层侧向挤出，桩基偏斜，甚至整体失稳。一般来说，只有软弱土层强度低于持力层的1/3时才有必要验算，如图4-17所示。对单桩基础或桩距大于6倍桩径的群桩基础，一般不会出现，设计也会尽量避免。对于桩距小于6倍桩径的群桩基础，可将其视为一个整体深基础，考虑侧阻力的有利作用，按下列方法验算软弱下卧层承载力

$$\sigma_z + \gamma_m z \leqslant f_{az} \tag{4-11}$$

$$\sigma_z = \frac{(F_k + G_k) - 3/2(A_0 + B_0) \times \sum q_{sik} l_i}{(A_0 + 2t\tan\theta)(B_0 + 2t\tan\theta)} \tag{4-12}$$

式中，σ_z ——作用于软弱下卧层顶面的附加应力；

γ_m ——软弱层顶面以上各土层加权平均重度，地下水位以下取浮重度；

t ——桩端以下持力层厚度；

f_{az} ——软弱下卧层经深度修正的地基承载力特征值；修正深度从承台底面到软弱下卧层顶面，深度修正系数取1.0；

A_0 、B_0 ——桩群外缘矩形底面的长、短边边长；

q_{sik} ——桩周第 i 层土的极限侧阻力标准值；

θ ——桩端硬持力层压力扩散角。

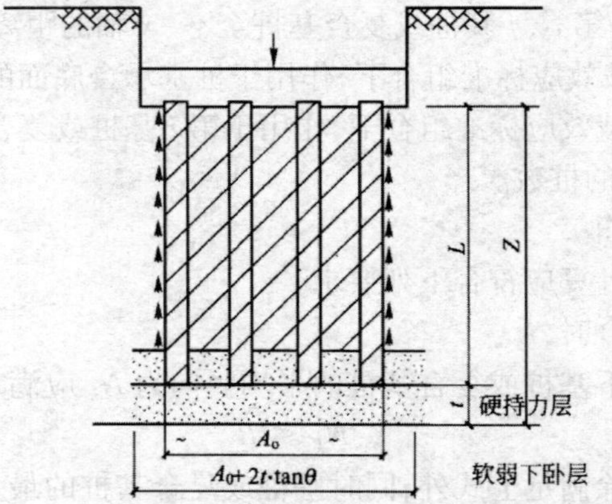

图 4－17　桩基软弱下卧层承载力验算简图

（四）桩基础负摩阻力验算

桩周土沉降可能引起桩侧负摩阻力时，应根据工程具体情况考虑负摩阻力对桩基沉降和承载力的影响。当土层不均匀或建筑物对不均匀沉降较敏感时，将负摩阻力引起的下拉荷载计入附加荷载验算桩基沉降。由于中性点以上的桩身无法发挥承载力，故进行承载力验算时，基桩竖向承载力特征值 R_a 只计中性点以下部分侧阻值及端阻值。

对于摩擦型基桩取桩身计算中性点以上侧阻力为零，再按下式验算基桩承载力

$$N_k \leqslant R_a \tag{4-13}$$

对于端承型基桩还应考虑负摩阻力引起基桩的下拉荷载 Q_g^n，并按下式验算基桩承载力

$$N_k + Q_g^n \leqslant R_a \tag{4-14}$$

五、控制桩基变形的概念设计方法

对大多数桩基础而言，变形的主要部分是桩端平面以下一定范围内土层的变形，差异沉降是由于这些土层的受荷水平差异或土层性质差异造成的。在一定条件下还需考虑桩身压缩。因此，控制桩基变形的最有效的方法，是降低桩基影响范围内土的附加应力水平，具体可采用以下方法。

1. 增加桩长

增加桩长可以将荷载传递范围增大，在相同荷载作用下，桩越长，桩端土层受荷水平越低，这是降低附加应力的最好办法，也是减小桩基础沉降量的最直接有效的方法。

2. 加大承台面积

对复合桩基，当承台与土接触良好，且承台下的土性质较好时，增加承台的面积可以减小最终沉降量。但应注意，增加承台面积可能引起承台内力增加，同时，如果承台与其下的

土有可能脱空时，此方法无效。

3. 增加上部结构和承台的刚度

上部结构和承台的刚度大时，由于共同作用，可限制不均沉降，比如剪力墙结构，基础出现差异沉降较小。仅仅增加承台刚度，达到的效果有限而材料耗费较多，应慎用。

4. 采用变刚度调平设计

变刚度调平设计能有效地减小桩基础的差异沉降，其基本思路是以调整桩土支承刚度分布为主线，根据荷载、地质特征和上部结构布局，考虑相互作用效应，采取增强与弱化结合，减沉与增沉结合，刚柔并济，局部平衡，整体协调，实现差异沉降、承台（基础）内力和资源消耗的最小化，具体如下：

（1）根据建筑物体型、结构、荷载和地质条件，选择桩基、复合桩基、刚性桩复合地基，合理布局，调整桩土支承刚度分布，使之与荷载匹配。

（2）为减小各区位应力场的相互重叠对核心区有效刚度的削弱，桩土支承体布局宜做到竖向错位或水平向拉开距离。采取长短桩结合、桩基与复合桩基结合、复合地基与天然地基结合以减小相互影响。

（3）对于主裙连体建筑，应按增强主体、弱化裙房的原则设计，裙房宜优先采用疏、短桩基。

六、桩身结构设计

（一）灌注桩构造

大多数灌注桩由于桩身直径大，配筋多按构造选用，配筋率的高低对经济性影响较大。当桩身直径为 300 mm～2000 mm 时，灌注桩正截面配筋率可取 0.65%～0.2%（小直径桩取高值），同时应满足计算要求。

承受竖向荷载为主的摩擦型桩由于桩下部的受力较小，配筋长度可适当减短，但不应小于 2/3 桩长，其他情况的配筋长度如下：

（1）端承型桩和位于坡地岸边的基桩应沿桩身等截面或变截面通长配筋；

（2）对于受地震作用的基桩，桩身配筋长度应穿过可液化土层和软弱土层，并进入稳定土层一定深度；

（3）受负摩阻力的桩以及因先成桩后开挖基坑而随地基土回弹的桩，其配筋长度应穿过软弱土层并进入稳定土层，进入的深度不应小于 2～3 倍桩身直径。

如果考虑纵向主筋帮助提高桩身受压承载力或桩基承受较大水平作用时，桩顶以下 5 d 范围内的箍筋应加密，间距不应大于 100 mm；箍筋应采用螺旋式，直径不应小于 6 mm，间距宜为 200 mm～300 mm；当钢筋笼长度超过 4 m 时，应每隔 2 m 设一道直径不小于12 mm的焊接加劲箍筋。当桩身位于液化土层范围内时箍筋应加密；当考虑箍筋受力作用时，箍筋配置应符合现行国家标准《混凝土结构设计规范》GB 50010—2010 的有关规定。

灌注桩桩身混凝土强度等级不得小于 C25；主筋的混凝土保护层厚度不应小于35 mm，水下灌注桩的主筋混凝土保护层厚度不得小于 50 mm。

（二）预制桩构造

混凝土预制桩的截面边长不应小于 200 mm；预应力混凝土预制实心桩的截面边长不宜小于 350 mm。预制桩的混凝土强度等级不宜低于 C30；预应力混凝土实心桩的混凝土强度等级不应低于 C40；预制桩纵向钢筋的混凝土保护层厚度不宜小于 30 mm。

预制桩的桩身配筋应按吊运、打桩及桩在使用中的受力等条件计算确定。采用锤击法沉桩时，预制桩的最小配筋率不宜小于 0.8%。静压法沉桩时，最小配筋率不宜小于 0.6%，主筋直径不宜小于 14 mm，打入桩桩顶以下 4～5 倍桩身直径长度范围内箍筋应加密，并设置钢筋网片。预制桩的分节长度应根据施工条件及运输条件确定；每根桩的接头数量不宜超过 3 个。预制桩的桩尖可将主筋合拢焊在桩尖辅助钢筋上，持力层为密实砂和碎石类土时，宜在桩尖处包以钢桩靴，加强桩尖。

(三)钢筋混凝土轴心受压桩正截面受压承载力计算

如果桩顶以下 5 d 范围内的箍筋加密，可考虑主筋作用，否则只考虑混凝土作用。

考虑纵向主筋作用

$$N \leqslant \psi_c f_c A_{ps} + 0.9 f'_y A'_s \tag{4-15}$$

不考虑纵向主筋作用

$$N \leqslant \psi_c f_c A_{ps} \tag{4-16}$$

式中，N ——荷载效应基本组合下的桩顶轴向压力设计值；

ψ_c ——基桩成桩工艺系数；

f_c ——混凝土轴心抗压强度设计值；

A_{ps} ——桩身截面面积；

f'_y ——纵向主筋抗压强度设计值；

A'_s ——纵向主筋截面面积。

不同的桩型，基桩成桩工艺系数不同。混凝土预制桩、预应力混凝土空心桩：$\psi_c = 0.85$；干作业非挤土灌注桩：$\psi_c = 0.9$；泥浆护壁和套管护壁非挤土灌注桩、部分挤土灌注桩、挤土灌注桩：$\psi_c = 0.7 \sim 0.8$；软土地区挤土灌注桩：$\psi_c = 0.6$。

第七节　桩承台的设计计算

承台是桩基础的一个重要组成部分。承台应有足够的强度和刚度，以便把上部结构的荷载传递给各桩，并将各单桩联结成整体。

承台设计包括承台材料、形状、高度、底面高程和平面尺寸的确定以及强度验算，并要符合构造要求。除强度验算外，上述各项均可根据本章前述有关内容初步拟定，经验算后若不能满足有关要求，仍须修改设计，直至满足为止。

承台按极限状态设计，一般应进行局部受压、抗冲切、抗弯和抗剪验算。

一、桩顶处的局部受压验算

桩顶作用于承台混凝土的压力，如不考虑桩身与承台混凝土间的黏结力，局部承压时按下式计算

$$\gamma_0 N_d \leqslant 0.9 \beta A_1 f_{cd} \tag{4-17}$$

$$\beta = \sqrt{\frac{A_b}{A_1}} \tag{4-18}$$

式中，γ_0 为结构重要性系数；

N_d 为承台内一根基桩承受的最大轴向力计算值(kN)；

β 为局部承压强度提高系数；

A_1 为承台内基桩桩顶横截面面积(m^2)；

A_b 为承台内计算底面积(m^2)，具体计算方法参见《公路圬工桥涵设计规范》(JTG D61—2005)；

f_{cd} 为混凝土轴心抗压强度设计值(kN/m^2)。

如验算结果不符合上式要求，应在承台内桩的顶面以上设置 1～2 层钢筋网，钢筋网的边长应大于桩径的 2.5 倍，钢筋直径不宜小于 12 mm，网孔为 100×100 mm，如图 4－18 所示。

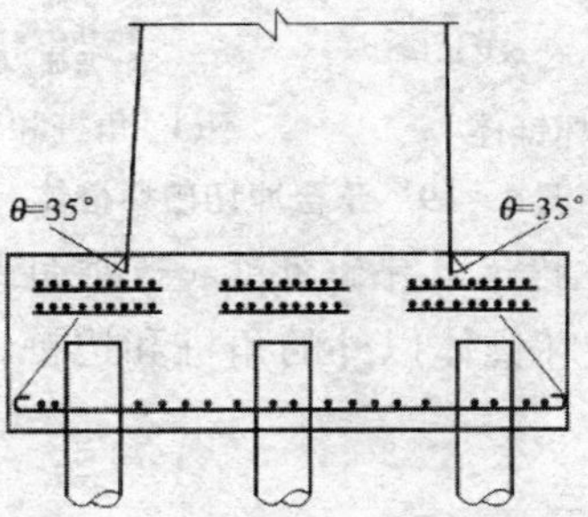

图 4－18　承台桩顶处钢筋网

二、承台的冲切承载力验算

(一)柱或墩台向下冲切承台

柱或墩台向下冲切的破坏锥体应采用自柱或墩台边缘至相应桩顶边缘连线构成的锥体；桩顶位于承台顶面以下一倍有效高度 h_0 处。锥体斜面与水平面的夹角，不应小于 45°，当小于 45°时，取用 45°。

柱或墩台向下冲切承台的冲切承载力按下列规定计算

$$\gamma_0 F_{1d} \leqslant 0.6 f_{td} h_0 [2\alpha_{px}(b_y + a_y) + 2\alpha_{py}(b_x + a_x)] \tag{4-19}$$

$$\alpha_{px} = \frac{1.2}{\lambda_x + 0.2}；\alpha_{py} = \frac{1.2}{\lambda_y + 0.2}$$

式中，F_{1d} ——作用于冲切破坏棱体上的冲切力设计值，可取柱或墩台的竖向力设计值减去锥体范围内桩的反力设计值；

γ_0 ——桥梁结构的重要性系数；

b_x、b_y ——柱或墩台作用面积的边长[见图 4－19(a)]；

a_x、a_y ——冲跨，冲切破坏锥体侧面顶边与底边间的水平距离，即柱或墩台边缘到桩边缘的水平距离，其值不应大于 h_0 [见图 4－19(a)]；

λ_x、λ_y ——冲跨比，$\lambda_x = a_x / h_0$，$\lambda_y = a_y / h_0$，当 $a_x < 0.2h_0$ 或 $a_y < 0.2h_0$ 时，取 $a_x = 0.2h_0$ 或 $a_y = 0.2h_0$；

α_{px}、α_{py} ——分别与冲跨比 λ_x、λ_y 对应的冲切承载力系数；

f_{td} ——混凝土轴心抗拉强度设计值。

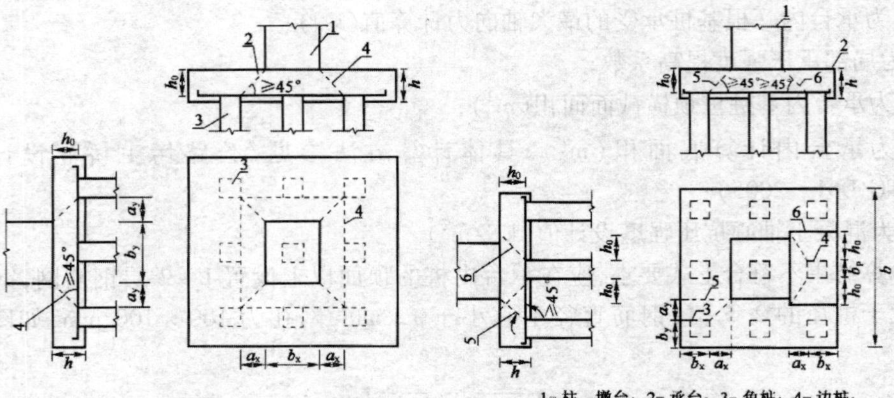

1-柱、墩台；2-承台；3-桩；4-破坏锥体

(a)柱、墩台下冲切破坏锥体

1-柱、墩台；2-承台；3-角桩；4-边桩；
5-角桩上破坏棱体；6-边桩上破坏棱体

(b)角桩和边桩上冲切破坏锥体

图4－19　承台冲切破坏棱体

(二)柱或墩台向下冲切破坏锥体以外的角桩和边桩向上冲切承台

对于柱或墩台向下的冲切破坏锥体以外的角桩和边桩，其向上冲切承台的冲切承载力按下列规定计算。

1. 角桩

$$\gamma_0 F_{1d} \leqslant 0.6 f_{td} h_0 \left[2\alpha'_{py}\left(b_y + \frac{a_y}{2}\right) + 2\alpha'_{py}\left(b_x + \frac{a_x}{2}\right) \right] \quad (4-20)$$

$$\alpha'_{px} = \frac{0.8}{\lambda_x + 0.2}；\alpha'_{py} = \frac{0.8}{\lambda_y + 0.2}$$

式中，F_{1d} ——角桩竖向力设计值；

b_x、b_y ——承台边缘至桩内边缘的水平距离[见图4－19(b)]；

a_x、a_y ——冲跨，为桩边缘至相应柱或墩台边缘的水平距离，其值不应大于 h_0 [见图4－19(b)]；

λ_x、λ_y ——冲跨比，$\lambda_x = a_x / h_0$，$\lambda_y = a_y / h_0$，当 $a_x < 0.2\,h_0$ 或 $a_y < 0.2\,h_0$ 时，取 $a_x = 0.2\,h_0$ 或 $a_y = 0.2\,h_0$；

α'_{px}、α'_{py} ——分别与冲跨比 λ_x、λ_y 对应的冲切承载力系数。

2. 边桩

当 $b_p + 2h_0 \leqslant b$ 时[b 见图4－19(b)]：

$$\gamma_0 F_{1d} \leqslant 0.6 f_{td} h_0 \left[2\alpha'_{py}(b_p + h_0) + 0.667 \times (2b_x + a_x) \right] \quad (4-21)$$

式中，F_{1d} ——边桩竖向力设计值；

b_x ——承台边缘至桩内边缘的水平距离；

b_p ——方桩的边长；

a_x ——冲跨，为桩边缘至相应柱或墩台边缘的水平距离，其值不应大于 h_0 [见图4－19(b)]。

按上述式(4－19)、式(4－20)、式(4－21)计算时，圆形截面桩可换算为边长等于4/5圆桩直径的方形截面桩。

三、承台抗弯及抗剪强度验算

(一)承台抗弯承载力验算

1. 外排桩中心距墩台身边缘大于承台高度

当承台下面外排桩中心距墩台身边缘大于承台高度时,其正截面(垂直于 x 轴和 y 轴的竖向截面)抗弯承载力可作为悬臂梁按《公路钢筋混凝土及预应力混凝土桥涵设计规范》(JTG D62—2004)中的"梁式体系"进行计算。

(1)承台截面计算宽度

①当桩中距不大于 3 倍桩边长或桩直径时,取承台全宽;

②当桩中距大于 3 倍桩边长或桩直径时:

$$b_s = 2a + 3D(n-1) \tag{4-22}$$

式中,b_s 为承台截面计算宽度;

a 为平行于计算宽度的边桩中心距承台边缘距离;

D 为桩边长或桩直径;

n 为平行于计算截面的桩的根数。

(2)承台计算截面弯矩设计值计算(见图 4-20)

$$M_{xcd} = \sum N_{id} y_{ci} \tag{4-23a}$$

$$M_{ycd} = \sum N_{id} x_{ci} \tag{4-23b}$$

式中,M_{xcd}、M_{ycd} ——计算截面外侧各排桩竖向力产生的绕 x 轴和 y 轴在计算截面处的弯矩组合设计值;

N_{id} ——计算截面外侧第 i 排桩的竖向力设计值:取该排桩根数乘以该排桩中最大单桩竖向力设计值;

x_{ci}、y_{ci} ——垂直于 y 轴和 x 轴方向,自第 i 排桩中心线至计算截面的距离。

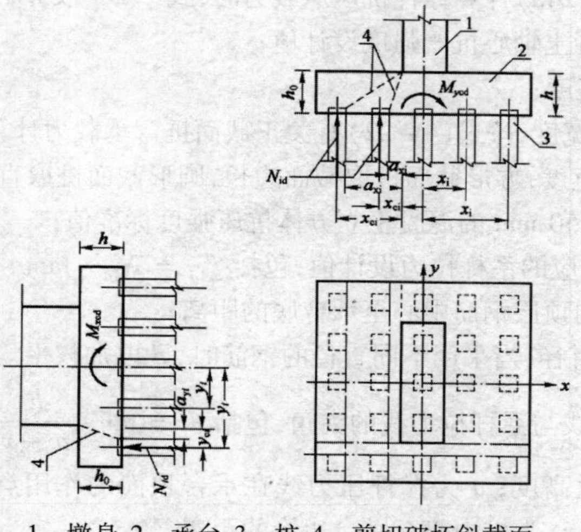

1-墩身;2-承台;3-桩;4-剪切破坏斜截面

图 4-20　桩基承台计算

在确定承台的计算截面弯矩后,可根据钢筋混凝土矩形截面受弯构件按极限状态设计法进行承台纵桥向及横桥向配筋计算或验算截面抗弯强度。

2. 外排桩中心距墩台身边缘等于或小于承台高度

当外排桩中心距墩台身边缘等于或小于承台高度时，承台短悬臂可按“撑杆—系杆体系”计算撑杆的抗压承载力和系杆的抗拉承载力（见图 4－21）。

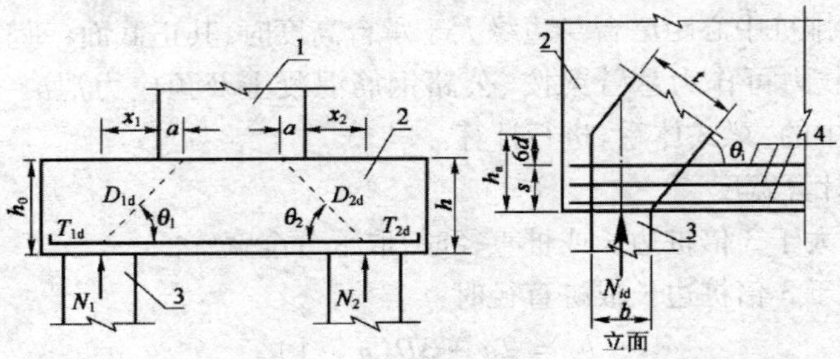

（a）“撑杆—系杆”力系　　（b）撑杆计算高度

1－墩台身；2－承台；3－桩；4－系杆钢筋

图 4－21　承台按“撑杆—系杆体系”计算

（1）撑杆抗压承载力可按下式计算

$$\gamma_0 D_{id} \leqslant t b_s f_{cd,s} \tag{4-24a}$$

$$f_{cd,s} = \frac{f_{cu,k}}{1.43 + 304\varepsilon_1} \leqslant 0.48 f_{cu,k} \tag{4-24b}$$

$$\varepsilon_1 = \left(\frac{T_{id}}{A_s E_s} + 0.002\right)\cot^2\theta_i \tag{4-24c}$$

$$t = b\sin\theta_i + h_a\cos\theta_i \tag{4-24d}$$

$$h_a = s + 6d \tag{4-24e}$$

式中，D_{id} ——撑杆压力设计值，包括 $D_{1d} = N_{1d}/\sin\theta_1$，$D_{2d} = N_{2d}/\sin\theta_2$，其中 N_{1d} 和 N_{2d} 分别为承台悬臂下面“1”排桩和“2”排桩内该排桩的根数乘以该排桩中最大单桩竖向力设计值，按式（4－24a）计算撑杆抗压承载力时，式中 D_{id} 取 D_{1d} 和 D_{2d} 两者较大值；

$f_{cd,s}$ ——撑杆混凝土轴心抗压强度设计值；

t ——撑杆计算高度；

b_s ——撑杆计算宽度，按式（4－22）有关正截面抗弯承载力计算时对计算宽度的规定；

b ——桩的支撑宽度，方形截面桩取截面边长，圆形截面桩取直径的 4/5；

$f_{cu,k}$ ——边长为 150 mm 的混凝土立方体抗压强度标准值；

T_{id} ——与撑杆相应的系杆拉力设计值，包括 $T_{1d} = N_{1d}/\tan\theta_1$，$T_{2d} = N_{2d}/\tan\theta_2$；

s ——系杆钢筋的顶层钢筋中心至承台底的距离；

d ——系杆钢筋直径，当采用不同直径的钢筋时，d 取加权平均值；

θ_i ——撑杆压力线与系杆拉力线的夹角，包括 $\theta_1 = \tan^{-1}\dfrac{h_0}{a + x_1}$，$\theta_2 = \tan^{-1}\dfrac{h_0}{a + x_2}$，其中 h_0 为承台有效高度；a 为撑杆压力线在承台顶面的作用点至墩台边缘的距离，取 $a = 0.15h_0$；x_1 和 x_2 为桩中心至墩台边缘的距离。

（2）系杆抗拉承载力可按下式计算

$$\gamma_0 T_{id} \leqslant f_{sd} A_s \tag{4-25}$$

式中，T_{id} ——系杆拉力设计值，取 T_{1d} 与 T_{2d} 两者较大者；

f_{sd} ——系杆钢筋抗拉强度设计值。

（二）承台斜截面抗剪承载力验算

承台应有足够的厚度，防止沿墩身底面边缘的剪切破坏斜截面处产生剪切破坏（见图 4－19）。承台的斜截面抗剪承载力计算应符合下式规定

$$\gamma_d V_d \leqslant \frac{0.9 \times 10^{-4}(2+0.6P)\sqrt{f_{cu,k}}}{m} b_s h_0 \tag{4-26}$$

式中，V_d ——由承台悬臂下面桩的竖向力设计值产生的计算斜截面以外各排桩最大剪力设计值(kN)的总和；每排桩的竖向力设计值，取其中一根最大值乘以该排桩的根数；

$f_{cu,k}$ ——边长为 150 mm 的混凝土立方体抗压强度标准值(MPa)；

P ——斜截面内纵向受拉钢筋的配筋百分率，$P=100\rho$，$\rho=A_s/(bh_0)$，当 $P>2.5$ 时，取 $P=2.5$，其中 A_s 为承台截面计算宽度内纵向受拉钢筋截面面积；

m ——剪跨比，$m=a_{xi}/h_0$ 或 $m=a_{yi}/h_0$，当 $m<0.5$ 时，取 $m=0.5$，其中 a_{xi} 和 a_{yi} 分别为沿 x 轴和 y 轴墩台边缘至计算斜截面外侧第 i 排桩边缘的距离；当为圆形截面桩时，可换算为边长等于 4/5 圆桩直径的方形截面桩；

b_s ——承台计算宽度(mm)；

h_0 ——承台有效高度(mm)。

当承台的同方向可做出多个斜截面破坏面时，应分别对每个斜截面进行抗剪承载力计算。

第五章　地 基 处 理

第一节　概　　述

天然地基是指不需要处理建(构)筑物就可直接修建在上面的地基。在满足地基承载力和建筑物容许变形的前提下,应尽量采用天然地基。但是,若天然地基很软弱,不能满足基础对强度和变形等方面的要求时,需要对地基进行处理。处理后的地基称为人工地基。地基处理技术方法是建造人工地基的技术方法,简称为地基处理,即为了提高地基承载力,改善其变形性质或渗透性质而采取的人工处理地基的方法。

一、地基处理的目的

地基处理的主要目的是针对工程建设中地基所面临的主要问题,通过相应的加固措施,改善土体的工程特性以满足工程要求。主要表现在以下几个方面。

(1)提高地基土的抗剪强度

当地基土的抗剪强度较低,不足以支撑上部结构传来的荷载时,地基可能会发生局部或整体剪切破坏,从而导致上部结构失稳、开裂甚至倒塌。因此,为了防止地基剪切破坏,需要采取相应的处理措施,提高地基土的抗剪强度,增加地基的稳定性。

(2)降低地基土的压缩性

在附加应力作用下,地基土将产生压缩变形,从而引起基础沉降。当基础沉降量或不均匀沉降过大时,可能会引起上部结构的倾斜、开裂,影响其安全和正常使用。因此,需要采取相应的措施,降低地基土的压缩性,减少基础的沉降量或不均匀沉降。

(3)改善地基土的透水特性

改善地基土的透水特性主要表现在两个方面:一方面是增加软土等渗透性差的地基土的透水性,以加快其固结,满足工程对承载力和变形的要求;另一方面是降低地基土的透水性或减少其上的水压力,以防出现管涌、流砂、渗漏、溶蚀等工程问题。

(4)改善地基土的动力特性

地基土在地震、波浪、交通荷载、打桩等动荷载作用下,可能会出现液化、震陷、振动下沉等问题。因此,需要采取一定的措施,改善地基土的动力特性,提高地基的抗震性能。

(5)改善特殊土的不良工程特性

当需要在特殊土地基上修建建(构)筑物时,为了保证其安全和正常使用,需要采取相应的地基处理措施,以消除黄土的湿陷性、膨胀土的胀缩性、冻土的冻胀性等。

二、地基处理方法分类

地基处理方法的分类很多。按照地基处理的加固原理，主要分为如下几类。

（一）置换

置换是指用物理力学性质较好的岩土材料换掉天然地基中部分或全部软弱土或不良土，形成双层地基或复合地基，以提高地基承载力、减小地基沉降量。常见的有：换填垫层法、强夯置换法、石灰桩法、砂石桩（置换）法、挤淤置换法、水泥粉煤灰碎石桩法、EPS（泡沫苯乙烯）超轻质料填土法等。

（二）预压

预压也称排水固结，是指在建（构）筑物修建之前，预先使地基土在一定荷载作用下排水固结，使得土体中的孔隙减小，抗剪强度提高，以达到提高地基承载力、加速土体固结、减小沉降的目的。如堆载预压法、真空预压法、降低地下水位法、电渗法等。

（三）化学加固

化学加固也称胶结、灌入固化物，是指向土体中灌入或拌入水泥、石灰等化学固化材料，在地基中形成复合土体，以达到地基处理的目的。如深层搅拌法、渗入注浆法、劈裂注浆法、压密注浆法、电动化学注浆法、高压喷射注浆法等。

（四）振密、挤密

采用振密、挤密的方法使土体进一步密实，相对密度增大、孔隙比减小，以达到提高承载力、减小沉降量的目的。如表层压实法、强夯法、振冲挤密法、土桩与灰土桩法、挤密砂石桩法、夯实水泥土桩法、水泥粉煤灰碎石桩法、柱锤冲扩桩法等。

（五）加筋

加筋是在地基中铺设强度较高、模量比较大的筋材，以达到提高地基承载力、减小沉降量、提高土体抗拉性能的目的。常见的有加筋土垫层法、土钉法、树根桩法、土层锚杆法等。

（六）冷热处理

冷热处理是指通过冻结或焙烧加热地基土，以改变土体的物理力学性质，达到地基处理的目的。如冻结法、烧结法等。

（七）托换

这类方法是对既有建（构）筑物地基基础进行加固处理，以满足地基承载力要求或有效减小沉降。如桩式托换法、加大基础面积法、加深基础法等。

（八）纠倾与迁移

纠倾是指对由于沉降不均匀造成倾斜的建（构）筑物进行矫正；迁移是指将建（构）筑物整体移动位置。如加载纠倾法、迫降纠倾法、顶升纠倾法等。

值得注意的是，很多地基处理方法同时具有多种不同作用，如砂石桩具有置换、挤密、排水和加筋的多重作用，振冲法不仅具有挤密作用还具有置换作用。因此，对地基处理方法严格精确地分类是十分困难的。另外，尽管地基处理的方法很多，但没有一种方法是万能的，每种地基处理方法都有一定的适用范围，在选择时要特别注意。

三、地基处理方法的选择与步骤

由于不同的地基处理方法有不同的适用范围，每个具体工程对地基的要求也不同，并且机具、材料等条件也会因工作部门不同、地区不同而有较大的差别。因此,对每个具体工程都要进行细致分析,从地基条件、处理要求(包括经处理后地基应达到的各项指标、处理的目的和范围、工程进度等)、工程费用以及材料、机具来源等各方面进行综合考虑,以选择合适的地基处理方案。

一般情况下,地基处理方案的确定,宜按下列步骤进行。

(一)准备工作

在选择地基处理方案前,应仔细分析场地的工程勘察资料、上部结构及基础设计资料;结合工程情况,了解当地地基处理经验和施工条件;调查邻近建筑、地下工程和有关管线等情况;了解建筑场地的环境情况。

(二)初选方案

根据结构类型、荷载大小及使用要求,结合地形地貌、地层结构、土质条件、地下水特征、环境情况和对邻近建筑的影响等因素进行综合分析,初步选出几种可供考虑的地基处理方案,包括选择两种或多种地基处理措施组成的综合处理方案。

(三)方案比较

对初步选出的各种地基处理方案,分别从加固原理、适用范围、预期处理效果、耗用材料、施工机械、工期要求和对环境的影响等方面进行技术经济分析和对比,选择最佳的地基处理方法。

(四)现场试验或试验性施工

对已选定的地基处理方法,宜按建筑物地基基础设计等级和场地复杂程度,在有代表性的场地上进行相应的现场试验或试验性施工,并进行必要的测试,以检验设计参数和处理效果,如达不到设计要求时,应查明原因,修改设计参数或调整地基处理方法。

四、我国地基处理技术的发展过程

地基处理是一门综合性的技术学科,它涉及的专业极为广泛,是一个实践性、综合性、社会性极强的系统工程。因此,地基处理具有社会性、综合性、实践性、地区性、技术与经济统一性五个基本属性,即

①随社会不同历史时期的科学技术、经济和管理水平而发展的社会性。

②必须运用多学科理论、多工种技术的综合性。

③直接应用于实际工程又依赖于实践而发展的实践性。

④由于地基土的沉积环境不同,具有明显的区域性,因而不同地基处理技术及其适用性也相应地具有地区性。

⑤对地基问题的处理过程及其恰当与否,关系到整个工程的质量、投资、进度、管理和环境保护等各个方面,即地基处理具有很强的技术与经济的统一性。

地基处理技术的发展在世界各地很不均衡,它不仅取决于各地地基土的不同工程特性,而且与各地经济发展及基础工程的建设规模和速度息息相关。随着我国国民经济的发展,岩土工程界博采众长,一方面广泛引进世界各国的先进技术与经验,另一方面因地制宜创造性地研究与开发,形成了具有中国特色的地基处理技术体系。我国地基处理技术的发展过程大致可分为如下三个阶段。

继承和学习苏联阶段(1978 年前):其中 20 世纪 50～60 年代为起步应用时期。这一阶段的特点是借助苏联的地基处理技术和我国传统的技术方法。由于受到机具、技术以及建设规模的限制,这一时期最为广泛使用的是垫层等浅层处理法,如砂石垫层、灰土桩法、砂桩挤密、化学灌浆、重锤夯实、浸水法及井点降水等。由于处在起步和继承阶段,既有成功之经验,又有盲目照搬之教训。

开放和引进阶段(1978—1988 年):由于改革开放和大规模建设的需要,此阶段从国外引进了大量的地基处理新技术(如生石灰桩法、深层搅拌桩法、土工合成材料法等),地基处理向大面积、深土层发展,施工机具和条件也得到较大的改善。

创新与发展阶段(1989 年至今):在学习国外先进技术的基础上,结合我国自身的特点和工程实践经验,发展了许多新的地基处理技术和方法,如复合地基处理技术、置换技术、改进后的真空预压法、振冲置换的干振法、工业废料在地基处理工程中的应用、双灰桩、渣土桩处理地基新技术、既有建筑物加固的地基处理技术、深基坑工程及其病害处理技术、深基坑施工的地基处理工程等,以 1989 年我国第一本《建筑地基处理技术规范》送审稿审查通过为标志,初步形成了具有中国特色的地基处理技术及其支护体系。

另外,土木工程学会成立了地基处理专业委员会,从 1987 年开始基本上每隔两年召开一次全国性的地基处理学术讨论会;中国建筑标准化协会于 1992 年成立了地基处理技术标准化委员会,专门从事各类地基处理技术标准的规划、审议、研讨工作,以提高地基处理技术标准的水平等。这些工作都极大地推动了地基处理技术的发展。

第二节　预　压　法

预压法是对地基进行堆载或真空预压,使地基土固结的地基处理方法,有时也称排水固结法。真空预压法是指通过覆盖于竖井地基表面的不透气薄膜内抽真空,而使地基固结的地基处理方法。

一、基本原理及适用范围

预压法的基本原理为饱和软黏土地基在上部堆重或真空负压荷载作用下,孔隙中的水被慢慢排出,孔隙体积逐渐减小,地基发生固结变形,同时,随着超静孔隙水压力逐渐消散,有效应力逐渐提高,地基土的强度逐渐增长。

如果建筑物地基事先预压(加荷又卸荷)后,再建造建筑物时所引起的沉降,将会大为减小。如果预压荷载大于建筑物荷载而又小于地基的破坏荷载(即超载预压)时,原来的正常固结黏土层将处于超固结状态,在使用荷载作用下的变形就更为减少,故超载预压的效果更好。预压法按其工作原理,主要解决两个方面的问题:一是沉降问题,使地基的沉降在加载预压期间大部分或基本完成,以便建筑物在使用期间不致产生不利的沉降和沉降差;二是稳定问题,促使地基土的抗剪强度增长,从而提高地基的承载力和稳定性。

预压法适用于处理淤泥质土、淤泥和冲填土等饱和黏性土地基。

二、设计要点

(一)堆载预压法

对深厚软黏土地基,应设置塑料排水带或砂井等排水竖井。当软土层厚度不大或软土层含较多薄粉砂夹层,且固结速率能满足工期要求时,可不设置排水竖井。

堆载预压法(见图5-1)处理地基的设计应包括下列内容:

(1)选择塑料排水带或砂井,确定其断面尺寸、间距、排列方式和深度;

(2)确定预压区范围、预压荷载大小、荷载分级、加载速率和预压时间;

(3)计算地基土的固结度、强度增长、抗滑稳定性和变形。

图5-1 堆载预压法施工(土方堆载)

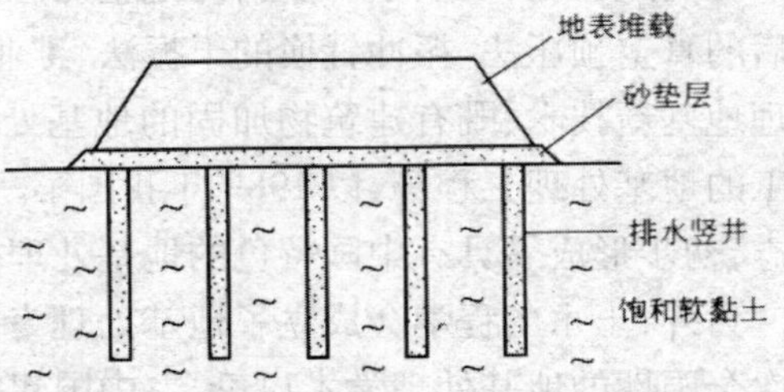

图5-2 堆载预压法剖面布置示意图

(二)真空预压法

真空预压法处理地基必须设置排水竖井。真空预压法(见图5-3)处理地基的设计包括下列内容:

(1)预压区面积和分块大小;

(2)真空预压工艺;

(3)要求达到的真空度和土层的固结度;

(4)真空预压和建筑物荷载下地基的变形计算;

(5)真空预压后地基土的强度增长计算等。

图5-3 真空预压法施工现场

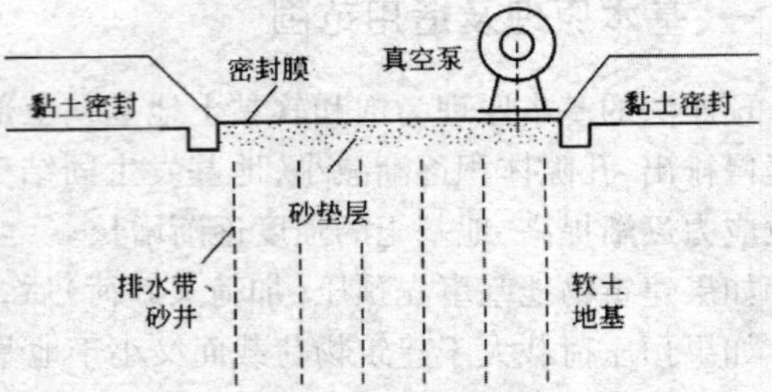

图5-4 真空预压法原理示意图

三、施工要点及质量检验

(一)施工要点

1.堆载预压法

塑料排水带的性能指标必须符合设计要求。塑料排水带在现场应妥加保护,防止阳光照射、破损或污染,破损或污染的塑料排水带不得在工程中使用。砂井的灌砂量,应按井孔的体积和砂在中密状态时的干密度计算，其实际灌砂量不得小于计算值的95%。塑料排水带和袋装砂井施工时，宜配置能检测其深度的设备。塑料排水带需接长时，应采用滤膜内芯带平搭接的连接方法，搭接长度宜大于200 mm。袋装砂井施工所用套管内径宜略大于砂井直径。塑料排水带和袋装砂井砂袋埋入砂垫层中的长度不应小于500 mm。对堆载预压工程，在加载过程中应进行竖向变形、边桩水平位移及孔隙水压力等项目的监测，且根据监测资料控制加载速率。

2. 真空预压法

真空预压的抽气设备宜采用射流真空泵，空抽时必须达到95 kPa以上的真空吸力，真空泵的设置应根据预压面积大小和形状、真空泵效率和工程经验确定，每块预压区至少应设置两台真空泵。真空管路的连接应严格密封，在真空管路中应设置止回阀和截门。滤水管应设在砂垫层中，其上覆盖厚度100 mm ~ 200 mm的砂层。滤水管可采用钢管或塑料管，外包尼龙纱或土工织物等滤水材料。密封膜应采用抗老化性能好、韧性好、抗穿刺性能强的不透气材料。采用真空－堆载联合预压时，先进行抽真空，当真空压力达到设计要求并稳定后，再进行堆载，并继续抽气，堆载时需在膜上铺设土工编织布等保护材料。

（二）质量检验要点

施工过程质量检验和监测包括：塑料排水带必须在现场随机抽样送往实验室进行各项性能指标的测试。对预压工程，应进行地基竖向变形，侧向位移和孔隙水压力等项目的监测。真空预压工程除应进行地基变形、孔隙水压力的监测外，尚应进行膜下真空度和地下水位的量测。竣工验收时应对预压的地基土进行原位十字板剪切试验和室内土工试验。必要时，尚应进行现场载荷试验，试验数量不应少于3点。

四、工程实例

（一）堆载预压法

深圳湾填海软基处理工程场区原为浅海滩，场地平面尺寸为450 m × 500 m，围堰抽水后在场区底铺设一层有纺土工布，主要作用是隔离淤泥与砂垫层，而后在土工布上铺设一层厚1 m的中粗砂垫层作为工作垫层及横向排水通道。接着在工作垫层上，按等边三角形（间距为1 m）打设塑料排水板。打设深度穿过淤泥层至下履地层（黏土层），平均长度为7 m左右。排水板施工完后，在砂垫层中按50 m × 50 m的方格设置排水盲沟，在盲沟的交汇处设置集水井，然后在砂垫层上分层填筑约6.0 m厚的风化土和1.5 m厚的风化石。现场从开始填土至填土完毕，历时11个月，填土完毕后进行变形、孔隙水压力监测近8个月。

该工程采用堆载预压法施工，加载前后的平均十字板原位强度试验对比显示，采用了堆载预压法处理后地基土总体强度比之前的强度增加了1.46倍（处理前平均十字板抗剪强度原位试验强度为10.18 kN/m^2，处理后为25.08 kN/m^2），可见地基土抗剪强度显著提高。沉降法和孔压计算的固结度表明，在完工7个月后的固结度大于93%，剩余沉降小于70 mm。上述情况表明堆载预压排水固结法在深圳湾填海软基处理工程中得到了成功的应用，且加固效果显著。

（二）真空预压法

东南沿海某软基处理工程场地位于东南沿海，区内河网密布，地表水系发育，以农田、鱼虾塘为主，处理面积达3万平方米，软土深度达30 m左右，由于软土工程性能差，无法承受大型机械荷载，给场地的清理和平整带来很大的难度。总体而言，该软基处理工程的特点是处理面积大（3万平方米），需加固深度大（30 m）。

从处理效果、经济性及可行性方面综合比较，这类软土的最好处理方法是预压固结法。本工程使用真空排水预压法与堆载排水预压法相比有以下特点。

（1）真空排水预压法用真空气压加固地基，无须外运大量预压材料，现场文明整洁。

（2）真空排水预压荷载无须分级加载，且卸荷只需停止抽气即可，大大缩短了工期。

（3）真空吸力作用易使土中的封闭气泡排水，从而使土的渗透性提高、加固过程快。

（4）真空排水预压法加固软土地基时，与堆载排水预压法相反，地基周围的土体是向着加固区移动的，使得加固的土体更密实，且加固均匀，平均沉降量大。

场地在加固后，土体强度明显增长，根据加固前后该地区的十字剪切板强度检测结果，0～5 m范围内十字剪切板强度增长较大，较天然强度增大了1～4倍，5 m～15 m范围内强度有不同的增长，增长幅度大多在10 kPa以上，最大增长了18 kPa，效果明显，15 m～25 m范围内强度增长则一般在10 kPa。

该工程采用真空排水预压法处理软土地基是成功的，质量满足设计和有关规范及标准的要求。真空预压联合塑料板排水处理沿海软土地基效果明显，且施工工艺简便，工程材料简单易得。

第三节 垫 层 法

一、垫层的作用

当建筑物基础下持力土层比较软弱，不能满足设计荷载或变形的要求时，常在地基表面铺设一定厚度的垫层，或者把表面部分软弱土层挖去，置换成强度较大的砂石素土等，处理地基表层，这类方法称为垫层法。垫层的材料一般用强度较高、透水性强的砂、碎石、石渣、矿渣以及灰土和素土等。为了增强垫层水平抗拉断裂性能和整体结构性能，通常在垫层内增设水平抗拉材料，如：竹片、柳条、筋笆、金属板条和近年来广泛应用的土工格栅（Geogrid）、土工网垫（Geomat）、土工格室（Geocell）及高强度土工编织布、经编复合布等组成加筋土垫层。按其组成材料分为砂垫层、碎石垫层、灰土垫层和加筋土垫层等。按垫层在地基中的主要作用又分为换土垫层、排水垫层和加筋土垫层等。

（一）换土垫层

这是指挖去地基表层软土，换填强度较大的砂、碎石、灰土和素土等构成的垫层。一般应用于处理基础尺寸不是很大的建筑物软土地基。其作用为：（1）通过换填后的垫层，有效提高基底持力层的抗剪强度，降低其压缩性，防止局部剪切破坏和挤出变形；（2）通过垫层，扩散基底压力，降低下卧软土层的附加应力；（3）垫层（砂、石）可作为基底下水平排水层，增设排水面，加速浅层地基的固结，提高下卧软土层的强度等。总而言之，换土垫层可有效提高地基承载力，均化应力分布，调整不均匀沉降，减少部分沉降值。

（二）排水垫层

这是指软土地基上堤坝或大面积堆载基底等所铺设的水平排水层，一般采用透水性良好的中粗砂或碎石填筑,必要时在垫层底和上表面增铺具有反滤性能的无纺土工布、编织布或经编复合土工布,以防止砂石垫层被淤堵和被拉断裂。主要应用于处理铁路公路路堤、机场跑道、海堤和土石坝软土地基以及砂井地基的顶部排水层。由于这类工程的基底面积较大,垫层的厚度相对而言较薄,对于扩散应力的效果甚微,所以它的作用主要是作为水平排水层和下卧软土层的排水通道,加速地基的排水固结,提高浅层地基的抗剪强度,配合砂井,加固深部软土层。其次,垫层的强度和变形模量都比下卧软土层的大,两者相互作用约束软土层的侧向变形,改变其应力场和应变场,提高地基的稳定性,并改善其变形性质。此外,在施工中可作抛石填土的缓冲层,防止局部陷入和侧向挤出破坏。实践证明:这类垫层的排水固结作用和约束地基的侧向变形,可有效提高筑坝(堤)的高度,增强地基的稳定性,防止过大的侧向变形和施工时的局部挤出。

(三)加筋土垫层

这是指由砂、石和素土垫层中增设各种类型加筋材料组成的复合垫层,如加筋土垫层、土工格室垫层和柴排或筋笆加筋垫层等。主要应用于处理建筑物软土地基和路堤、堤坝、油罐等类工程软土地基。由于这类垫层所用加筋材料的抗拉强度较大,延伸率较小,由砂石组成的加筋垫层,一般不易被拉断裂,整体性较好,具有较大的变形模量和抗弯刚度,类似柔性筏形基础。因此,其作用除了作为持力土层承载较大的基础荷载和扩散基底应力外,还可有效约束基底应力,改善地基软土中的应力场和应变场,均化应变,调整不均匀沉降,提高地基的承载力。这些作用,排水垫层和换土垫层也存在,不过加筋垫层更加有效和明显。

应该指出,垫层仅对软土地基作表层处理,无论是地基强度的提高、变形性质的改善还是应力场应变场的改变等都是在浅层,所以所能承受的建筑物荷载不宜太大。例如:3 ~5 层的房屋、高 4 m ~8 m 的路堤及一般水闸等。若设计建筑物的荷载较大,则需和其他方法联合处理。

二、换土垫层的设计

换土垫层一般应用于处理房屋和水闸基础下的软土地基。设计的基本原则为:既要满足建筑物对地基变形和承载力与稳定性的要求,又要符合技术经济的合理性。因此,设计的内容主要是确定垫层的合理厚度和宽度,并验算地基的承载力与稳定性和沉降,既要求垫层具有足够的宽度和厚度以置换可能被剪切破坏的部分软弱土层,并避免垫层两侧挤出,又要求设计荷载通过垫层扩散至下卧软土层的附加应力,满足软土层承载力与稳定性和沉降的要求。下面以砂垫层为例阐述设计的方法和步骤。

(一)砂垫层厚度的确定

如图 5 -5 所示,设所置换厚度内垫层的砂石料具有足够的抗剪强度,能承受设计荷载不产生剪切破坏。所以在设计时,着重验算荷载通过一定厚度的垫层后,应力扩散至软土层表面的附加应力与垫层自重之和是否满足下卧土层地基承载力的要求。

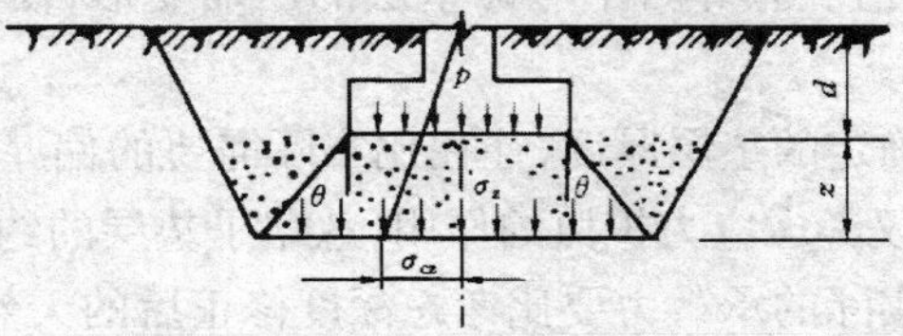

图 5 -5　砂垫层剖面图

即

$$p_z + p_{cz} \leqslant f_{az} \tag{5-1}$$

式中，f_{az}——垫层底面处土的软土层经深度修正后的地基承载力特征值(kPa)；

p_{cz}——垫层底面处土的自重压力(kPa)；

p_z——垫层底面的附加压力(kPa)。

对于条形基础

$$p_z = \frac{b(p_k - p_c)}{b + 2z\tan\theta} \tag{5-2}$$

对于矩形基础

$$p_z = \frac{bl(p_k - p_c)}{(b + 2z\tan\theta)(l + 2z\tan\theta)} \tag{5-3}$$

式中，l、b——基础的长度和宽度(m)；

z——砂垫层的厚度(m)；

p_k——基底压力(kPa)；

p_c——基础底面标高处土的自重压力(kPa)；

θ——砂垫层的压力扩散角，可按表5-1选用。

计算时，先假设一个垫层的厚度，然后用式(5-1)验算。如不符合要求，则需加大或减小厚度，重新验算，直至满足为止。一般砂垫层的厚度约为1 m～2 m，过薄的垫层(<0.5 m)，其作用不显著；垫层太厚(>3 m)，施工较困难，经济上不合理。

表5-1　压力扩散角 θ (度)

z/b	换填材料		
	中粗砂、砾、碎石、石屑	粉质黏土、粉煤灰	灰土
0.25	20	6	28
≥0.50	30	23	

注：1. 当 $z/b<0.25$ 时，除灰土仍取 $\theta=28°$ 外，其余材料均取 $\theta=0°$。

2. 当 $0.25<z/b<0.5$ 时，θ 值可内插求得。

(二)砂垫层宽度的确定

宽度一方面要满足应力扩散的要求，另一方面要防止垫层向两侧挤出。常用经验的扩散角法来确定。设垫层的厚度为 z，基础的底宽为 b，则扩散层的底宽可按基础的底宽 b(或 l)向外扩出 $2z\tan\theta$，即 $b+2z\tan\theta$(或 $l+2z\tan\theta$)。底宽确定后，再根据开挖基础所要求的坡度延伸至地面，即得砂垫层的设计剖面。

砂垫层剖面确定后，对于比较重要的建筑物还要求验算基础的沉降，要求最终沉降量小于设计建筑物的允许沉降值。验算时不考虑垫层的压缩变形，仅按常规的沉降公式计算下卧软土层引起的基础沉降。

应该指出：应用此法确定的垫层厚度，往往比实际需要的偏厚，较保守。不难看出：由式(5-1)确定的垫层厚度，仅考虑应力扩散的作用，忽略了垫层的约束作用和排水固结对地基承载力提高的影响，所以实际的承载力要比考虑深度修正后的天然地基承载力大。因此，对于重要工程，建议通过现场试验来确定。

换土垫层的材料可用砂、砾石、碎石、石屑、粉质土、粉土和灰土等，必要时可加铺土工合成材料或采用加筋土垫层换填。换土垫层必须注意施工质量，应按换填材料的特点，采用相应碾压夯实机械，按施工质量标准碾压夯实。这是不可轻视的问题。此外，在施工垫层时，应采取必要的措施，按规定的顺序施工，挖除软土，回填垫层，切实防止施工对原地基土的扰动与破坏，以免影响垫层的效果。

排水垫层和加筋垫层两者，因其作用机理与换土垫层不同，其设计方法和施工技术也相应有所区别。排水垫层的作用主要是排水固结，常和砂井联合使用。

第四节　化学固化法

化学固化法是指在软土地基土中掺入水泥、石灰等，采用喷射、搅拌等方法使其与原土体充分混合，产生固化作用；或把一些具有固化作用的化学浆液（如水泥浆、水玻璃、氯化钙溶液等）灌入地基土体中，以改善地基土的物理力学性质，达到加固目的。

按加固材料的状态可分为粉体类（水泥、石灰粉末等）和浆液类（水泥浆及其他化学浆液）。按施工工艺可分为低压搅拌法（如粉体喷射搅拌桩、水泥浆搅拌桩等）、高压喷射注浆法（如高压旋喷桩等）和胶结法（如灌浆法、硅化法）三类。

一、粉体喷射搅拌（桩）法和水泥浆搅拌（桩）法

深层搅拌法是利用水泥、石灰或其他材料作为固化剂，通过特别的深层搅拌机械将其与地基深层土体强制搅拌，经物理—化学作用、硬化或形成整体的浆液搅拌法和粉喷搅拌法。在高速公路软基处理中主要采用水泥作为固化材料。当采用水泥浆液为固化剂时，常称为深层搅拌法（简称湿法）；当采用粉状水泥为固化剂时，常称粉体喷射搅拌法（简称干法）。这两者的加固原理、设计计算方法和质量检验方法基本一致，但施工工艺有所不同。

（一）加固机理

当采用水泥作为固化剂材料时，其加固软黏土的原理是：在加固过程中发生水泥的水解和水化反应（水泥水化成氢氧化钙、含水硅酸钙、含水铝酸钙及含水铁铝酸钙等化合物，在水中和空气中逐渐硬化）、黏土颗粒与水泥水化物的相互作用（水泥水化生成钙离子与土粒的钠、钾离子交换使土粒形成较大团粒的硬凝反应）和碳酸化作用（水泥水化物中游离的氢氧化钙吸收二氧化碳生成不溶于水的碳酸钙）三个过程。这些反应使土颗粒形成凝胶体和较大颗粒，颗粒间形成蜂窝状结构，生成稳定的不溶于水的结晶化合物，从而提高软土强度。用水泥粉体作固化剂其水化反应放热直接在地基土中，因此，其水分蒸发和吸收水分的能力较强。已有的试验及研究表明，水泥与软土拌和后，将发生如下的物理化学反应。

1. 水泥的水化反应

当水泥与软土搅拌后，水泥中的硅酸三钙（Ca_3Si）、硅酸二钙（Ca_2Si）、铝酸三钙（Ca_3Al）等遇到土中的自由水，发生水化反应，形成各种硅、铁、铝质的水溶液，同时水泥中的石膏大量吸水，水解后形成针状晶体。如果土中水分充分，易溶于水的水化物游离出来，水泥颗粒继续发生水化反应生成凝胶体，消耗掉软土中的水分，从而增加土的黏聚力。如果土中水泥掺量较多，而土中自由水又较少，就会有部分水泥颗粒不能水化，不但不能起固化剂的作用，

而且由于水泥颗粒结构松散而影响桩的强度。所以,设计掺灰数量应根据处理地层的含水率大小并结合室内试验确定,并非掺灰数量越多效果越好。

2. 阳离子交换与团粒化作用

水泥水解后,溶液中 Ca^{2+} 的含量增加,与土粒发生阳离子交换,等当量置换土层中 K^+ 和 Na^+,生成不溶于水的沉淀物并附在黏土颗粒表面,从而形成较大的土团粒。同时水泥水化形成的凝胶粒子的表面积远大于原水泥的表面积,从而产生强烈的吸附作用,使土团粒形成具有蜂窝结构的水泥土。

3. 硬凝反应

阳离子交换后,在碱性环境中钙离子与黏土矿物中的 SiO_2 和 Al_2O_3 进行化学反应,生成不溶于水的稳定结晶水化矿物,生成物在水中和空气中逐渐硬化,增大了水泥土的强度和稳定性。

4. 碳酸化反应

水泥水化物中游离的氢氧化钙吸收水中和空气中的二氧化碳,发生碳酸反应,生成不溶于水的碳酸钙,固化软土,反应式如下

$$Ca(OH)_2 + CO_2 = CaCO_3 + H_2O$$

目前,水泥搅拌桩的加固材料是以水泥为主,根据情况,适量加入减水剂、增强剂、粉煤灰等,但反应机理基本原理相同。

(二)水泥土搅拌法设计

水泥土搅拌法的设计,主要是确定搅拌桩的置换率和长度。

1. 对工程地质勘查的要求和适用范围

确定处理方案前应搜集拟处理区域内详尽的岩土工程资料,尤其是填土层的厚度和组成;软土层的分布范围、分层情况;地下水位及 pH 值;土的含水率、塑性指数和有机质含量等。

水泥土搅拌法适用于处理正常固结的淤泥与淤泥质土、粉土、饱和黄土、素填土、黏性土以及无流动地下水的饱和松散砂土等地基。当地基土的天然含水率小于 30%(黄土含水率小于 25%)、大于 70%,或地下水的 pH 值小于 4 时不宜采用干法。冬季施工时,应注意负温对处理效果的影响。当用于处理泥炭土、有机质土、塑性指数 I_p 大于 25 的黏土、地下水具有腐蚀性以及无工程经验的地区,必须通过现场试验确定其适应性。采用水泥土桩加固软土地基的十字板抗剪强度不宜小于 10 kPa。

2. 布桩形式

水泥土搅拌法形成的水泥土加固体,可作为竖向承载的复合地基、基坑工程围护挡墙、被动区加固、防渗帷幕和大体积水泥稳定土等。加固体形状可分为柱状、壁状、格栅状或块状等。

3. 桩长、桩径和间距的确定

加固桩的直径及设置深度、间距应经稳定验算确定并满足工后沉降的要求。相邻的净距不应大于 4 倍桩径。竖向承载搅拌桩的长度应根据上部结构对承载力和变形的要求确定,并宜穿透软弱土层到达承载力相对较高的土层;为提高抗滑稳定性而设置的搅拌桩,其桩长应超过危险滑弧以下 2 m。湿法的加固深度不宜大于 20 m,干法不宜大于 15 m。水泥

土搅拌桩的桩径不应小于 500 mm。

4. 固化剂及外掺剂类型和用量

固化剂宜选用强度等级为 32.5 级及以上的普通硅酸盐水泥。水泥掺量除块状加固时可用被加固湿土质量的 7% ~12% 外，其余宜为 12% ~20%。湿法的水泥浆水灰比可选用 0.45 ~0.55。外掺剂可根据工程需要和土质条件选用具有早强、缓凝、减水以及节省水泥等作用的材料，但应避免污染环境。

竖向承载搅拌桩复合地基中的桩长超过 10 m 时，可采用变掺量设计，在全桩水泥总掺量不变的前提下，桩身上部三分之一桩长范围内可适当增加水泥掺量及搅拌次数，桩身下部三分之一桩长范围内可适当减少水泥掺量。

设计前应进行拟处理土的室内配合比试验。针对现场拟处理的最弱层软土的性质，选择合适的固化剂、外掺剂及其掺量，为设计提供各种龄期、各种配比的强度参数。对竖向承载的水泥土强度宜取 90 d 龄期试块的立方体抗压强度平均值；对承受水平荷载的水泥土强度宜取 28 d 龄期试块的立方体抗压强度平均值。

5. 水泥土桩复合地基稳定计算

计算水泥土桩复合地基的路堤整体抗剪稳定安全系数时，复合地基内滑动面上的抗剪强度采用复合地基抗剪强度 τ_{ps}，该强度按式(5 -4)计算

$$\tau_{ps} = \eta\tau_p + (1 - \eta)\tau_s \tag{5-4}$$

$$\eta = 0.907\left(\frac{d}{l_s}\right)^2 \tag{5-5}$$

$$\eta = 0.785\left(\frac{d}{l_s}\right)^2 \tag{5-6}$$

式中，η ——桩对土的置换率，桩在平面上按等边三角形布置时，按式(5 -5)计算确定，桩在平面上按正方形布置时，按式(5 -6)计算确定；

τ_p ——桩的抗剪强度(kPa)；

τ_s ——地基土抗剪强度(kPa)；

d 、l ——分别为桩的直径和桩间距。

水泥土桩的抗剪强度以 90 d 龄期的强度为标准，可按钻取试验路段的原状试件的无侧限抗压强度 q_u 的一半计算，也可按设计配合比由室内制备的加固土试件测得的无侧限抗压强度乘以 0.3 的折减系数求得，即 $\tau_p = 0.3\,q_u$。

6. 水泥土桩复合地基沉降计算

加固土桩复合地基的沉降量按复合地基加固区的沉降量 s_1 和加固区下卧层的沉降量 s_2 两部分来计算。加固区的沉降量 s_1 采用复合压缩模量法计算，下卧层的沉降量 s_2 采用压缩模量法计算。

复合压缩模量法(E_{ps})按式(5 -7)计算

$$E_{ps} = \eta E_p + (1 - \eta)E_s \tag{5-7}$$

式中，E_p ——桩体压缩模量(MPa)；

E_s ——土体压缩模量(MPa)；

其余符号意义同前。

（三）水泥土搅拌施工

水泥搅拌桩分为干喷法与湿喷法两种方法，干喷法是把水泥粉喷入地下，与软土搅拌成桩，俗称粉喷桩。湿法是把水泥浆喷入地下，与软土搅拌成桩，又称浆喷桩或深搅桩。

水泥土搅拌法施工步骤由于湿法和干法的施工设备不同而略有差异。其主要步骤应为：搅拌机械就位、调平；预搅下沉至设计加固深度；边喷浆（粉）、边搅拌提升直至预定的停浆（灰）面；重复搅拌下沉至设计加固深度；根据设计要求，喷浆（粉）或仅搅拌提升直至预定的停浆（灰）面；关闭搅拌机械；在预（复）搅下沉时，也可采用喷浆（粉）的施工工艺，但必须确保全桩长上下至少再重复搅拌一次。

二、高压喷射注浆法

高压喷射注浆法是采用注浆管和喷嘴，借高压将水泥浆等从喷嘴射出，直接破坏地基土体，并与之混合，硬凝后形成固结体，以加固土体和降低其渗透性的方法。

高压喷射注浆法适用于处理淤泥、淤泥质土、流塑、软塑可塑黏性土、砂土、黄土、素填土和碎石土等地基。对于土中含有较多的大粒径块石、大量植物根茎或有较高的有机质，以及地下水流速过大和已涌水的工程，应根据现场试验结果确定其适用性。高压喷射注浆法可用于既有建筑和新建建筑地基加固，深基坑、地铁工程的土层加固或防水。

高压喷射注浆法按喷射方向和形成固体的形状可分为旋转喷射、定向喷射和摆动喷射三种类别。旋转喷射时喷嘴边喷边旋转和提升，固结体呈圆柱状，称为旋喷法，主要用于加固地基；定向喷射喷嘴边喷边提升，喷射定向的固结体呈壁状；摆动喷射固结体呈扇状墙，此两方式常用于基坑防渗和边坡稳定等工程。按注浆的基本工艺可分为单管法（浆液管）、二重管法（浆液管和气管）、三重管法（浆液管、气管和水管）和多重管法（水管、气管、浆液管和抽泥浆管）等。加固形状可分为柱状、壁状、条状和块状。

（一）加固机理

高压喷射注浆法加固机理包括对天然地基土的加固硬化机理和形成复合地基以加固地基土、提高地基土强度、减少沉降量。土体在高压喷射流的压力作用下，发生强度破坏，土颗粒从土层中剥落下来，与水泥浆搅拌形成混合浆液。一部分细颗粒随混合浆液冒出地面，其余土粒在喷射流的冲击力、离心力和重力等力的作用下，按一定的浆土比例和质量大小，有规律地重新排列。这样从下向上不断地旋转或定向喷射注浆，混合浆液凝固后，便在土层中形成具有一定形状及强度的固结体，从而使地基得到加固。由于在土中形成一定直径的桩体，它与桩间土形成复合地基承担上部荷载，提高了地基承载力和改善了地基变形特性。该法形成的桩体强度一般高于水泥土搅拌桩，但仍属于低黏结强度的半刚性桩。

（二）高压喷射注浆法的施工

高压喷射注浆方案确定后，应结合工程情况进行现场试验、试验性施工或根据工程经验确定施工参数及工艺。施工工艺包括以下几步：①首先进行施工前的准备；②桩机按布好的桩点就位；③开机钻孔至设计深度；④高压喷射注浆；⑤边注浆边提升；⑥成桩结束提管冲洗。

高压喷射注浆的施工参数应根据土质条件、加固要求通过试验或根据工程经验确定，并在施工中严格加以控制。单管法及双管法的高压水泥浆和三管法高压水的压力应大于

20 MPa。高压喷射注浆的主要材料为水泥，对于无特殊要求的工程，宜采用强度等级为32.5级及以上的普通硅酸盐水泥。根据需要可加入适量的外加剂及掺和料。外加剂和掺和料的用量，应通过试验确定。水泥浆液的水灰比应按工程要求确定，可取0.8～1.5，常用1.0。

三、胶结法

（一）灌浆法

灌浆法，亦称注浆法，是将配制好的浆液，利用压力或电化学原理通过专用的注浆设备和注浆管路，注入岩土的孔隙、裂隙和空洞中去，浆液经扩散、凝固、硬化，将松散的土体或缝隙岩体胶结成整体，降低岩土的渗透性，改变其力学性能，提高其强度和稳定性，从而实现加固岩土或防渗堵漏等目的。

1. 灌浆方法

按照施工工艺和灌浆工作原理的不同，灌浆方法可分为下列几种。

（1）渗透灌浆

将注浆管理设于需要灌浆的地层内，在灌浆泵输送压力的作用下，将调制好的浆液输送和渗透进入土的孔隙或岩石的裂缝中。即浆液在很小的压力下，置换孔隙中的气体和孔隙水，使松散的土体或缝隙岩体胶结成整体，降低其渗透性，使其整体性、强支和刚度等明显提高。

（2）劈裂灌浆

由于黏性土地层渗透性小，渗透灌浆效果不理想，常采用劈裂灌浆。劈裂灌浆就是以合适的压力向钻孔内泵送浆液，注浆压力要超过土层的初始应力（通常为自重应力）和土的抗拉强度，土体被劈裂。劈裂缝一般与小主应力方向垂直，即为竖向的裂缝，它很容易与土体内隐蔽的裂隙和孔洞贯通，浆液通过裂缝将隐蔽的裂隙和孔洞填充，从而起加固土体的作用。

（3）压密灌浆

压密灌浆以压力将很浓的浆液经钻孔挤压入土体中，稠浆不能渗入土的孔隙，而在注浆管端部附近形成扩大的球状、柱状等浆液固结体，以提高地基的承载力，减小建筑地基的变形。为了保持压密灌浆较高的压力，在钻孔套管或处理过的钻孔孔壁与注浆管之间应设置止浆塞（与大气隔开），从注浆管端部压出的“浆泡”，甚至可使局部土体向四方挤密和上抬。

（4）电化学灌浆（或电渗法）

在饱和软黏土中，以注浆管为阳极，滤水管为阴极，在注浆过程中通以直流电，使土中产生离子交换、电泳以及电渗作用，在其影响区内形成网状渗透通道，使孔隙水从阳极流向阴极排出，并使化学浆液渗入土的孔隙中形成硅胶等物质并产生胶结作用，使土体结硬。

2. 浆液材料

灌浆胶结法所用浆液材料分类方法很多，按浆液所处状态可分为真溶液、悬浮液和乳化液；按工艺性质可分为单浆液和双浆液；按浆液主剂分为无机系列和有机系列；按浆液颗粒可分粒状浆液（纯水泥浆、水泥黏土浆和水泥砂浆等或统称为水泥基浆液）和化学浆液（环氧树脂类、甲基丙烯酸酯类和聚氨酯等）两大类。

在地基处理中采用最多的化学浆液是硅化灌浆材料，是以硅酸钠（水玻璃$Na_2O \cdot nSiO_2$）

为主剂的浆液的化学浆液，它具有无毒、价廉、流动性好等优点。其他还有以丙烯酰胺为主剂和以纸浆废液木质素为主剂的化学浆液，它们性能较好，黏滞度低，能注入细砂等土中，但有的价格较高，有的虽价格低廉，来源广泛，但含有毒性，应用于加固地基受到一定限制。

（二）硅化法

利用硅酸钠（水玻璃）为主剂的化学浆液加固方法称为硅化法。

硅化法按浆液成分可分为单液法和双液法。单液法使用单一的水玻璃溶液，它较适用于渗透系数为0.1～0.2 m/d 的湿陷性黄土等地基的加固。此时，水玻璃较易渗透入土孔隙，与土中的钙质相互作用形成凝胶，而使土颗粒胶结成整体，其化学反应式为

$$Na_2O \cdot nSiO_2 + CaSO_4 + mH_2O \rightarrow nSiO_2(m-1)H_2O + Ca(OH)_2 + Na_2SO_4$$

双液法常用的有水玻璃—氯化钙溶液、水玻璃—水泥浆液或水玻璃—铝酸钠溶液等，可适用于渗透系数 $K > 2.0$ m/d 的砂类土。以水玻璃—氯化钙溶液为例

$$Na_2O \cdot nSiO_2 + CaCl_2 + mH_2O \rightarrow nSiO_2(m-1)H_2O + Ca(OH)_2 + 2NaCl$$

硅化法通过在土中凝成硅酸胶凝体，而使土粒胶结成一定强度的土体。无侧限抗压强度可达1500 kPa 以上。

对于受沥青、油脂、石油化合物等浸透的土以及地下水 pH 值大于 9 的土不宜采用硅化法加固。

第五节　水泥土搅拌法

一、概述

水泥土搅拌法是用于加固饱和黏性土地基的一种新方法。它是以水泥（或石灰）等材料作为固化剂的主剂，通过特制的深层搅拌机械，在地基深处就地将地基土和固化剂（浆液或粉体）强制搅拌，由固化剂和软土间所产生的一系列物理化学反应，使软土硬结成具有整体性、水稳定性和一定强度的水泥加固土，从而提高地基强度和增大变形模量的地基处理方法。

根据固化剂掺入状态的不同，水泥土搅拌法分为深层搅拌法（简称湿法）和粉体喷搅法（简称干法）。前者是用浆液（水泥浆）和地基土搅拌，后者是用粉体（水泥粉）和地基土搅拌。

水泥土搅拌法形成的水泥土加固体，可作为竖向承载的复合地基，基坑工程围护挡墙、被动区加固、防渗帷幕，大体积水泥稳定土等。加固体形状可分为柱状、壁状、格栅状或块状等。

二、加固机理

水泥土搅拌法主要是通过水泥与土（简称水泥土）之间的物理化学反应来达到提高地基土承载力、减少地基沉降量的目的。

（一）水泥的水解和水化反应

普通硅酸盐水泥主要由氧化钙、二氧化硅、三氧化二铝、三氧化二铁及三氧化硫等组成，

由这些不同的氧化物分别组成了不同的水泥矿物：硅酸三钙、硅酸二钙、铝酸三钙、铁铝酸四钙、硫酸钙等。用水泥加固软土时，水泥颗粒表面的矿物很快与软土中的水发生水解和水化反应，生成氢氧化钙、含水硅酸钙、含水铝酸钙及含水铁酸钙等化合物。

所生成的氢氧化钙、含水硅酸钙能迅速溶于水中，使水泥颗粒表面重新暴露出来，再与水发生反应，这样周围的水溶液就逐渐达到饱和。当溶液达到饱和后，水分子虽继续深入颗粒内部，但新生成物已不能再溶解，只能以细分散状态的胶体析出，悬浮于溶液中形成胶体。

（二）土颗粒与水泥水化物的作用

当水泥的各种水化物生成后，有的自身继续硬化，形成水泥石骨架，有的则与其周围具有一定活性的黏土颗粒发生反应。

1. 离子交换和团粒化作用

黏土和水结合时会表现出一种胶体特征，如黏土中含量最多的二氧化硅遇水后，形成硅酸胶体微粒，其表面带有钠离子 Na^+ 或钾离子 K^+，它们所形成的扩散层较厚，土颗粒间距离较大，并能和水泥水化生成的氢氧化钙中钙离子 Ca^{2+} 进行当量吸附交换，使扩散层变薄，土颗粒间距离减小，大量分散的较小土颗粒形成较大的土团颗粒，从而使土体强度提高。

水泥水化生成的凝胶粒子的比表面积约比原水泥颗粒大 1000 倍，因而产生很大的表面能，有强烈的吸附活性，能使较大的土团粒进一步结合起来，形成水泥土的团粒结构，并封闭各土团的空隙，形成坚固的联结，使得水泥土的强度大大提高。

2. 硬凝反应

随着水泥水化反应的深入，溶液中析出大量的钙离子，当其数量超过离子交换所需量后，在碱性环境中，能使组成黏土矿物的二氧化硅及三氧化二铝的一部分或大部分与钙离子进行化学反应，逐渐生成不溶于水的稳定结晶化合物，增大水泥土的强度。

3. 碳酸化作用

水泥水化物中游离的氢氧化钙能吸收水中和空气中的二氧化碳，发生碳酸化反应，生成不溶于水的碳酸钙，这种反应也能使水泥土强度增加，但增长的速度较慢，幅度也较小。

三、设计计算

水泥土搅拌法形成的水泥土加固体，可作为竖向承载的复合地基。确定处理方案前应收集拟处理区域内详尽的岩土工程资料。尤其是填土层的厚度和组成；软土层的分布范围、分层情况；地下水位及 pH 值；土的含水量、塑性指数和有机质含量等。

水泥土搅拌法的设计内容主要包括确定搅拌桩的桩径、桩长、加固形式、布置范围、固化剂、垫层设计、复合地基承载力特征值以及处理后复合地基的变形计算等。其中固化剂、桩径与桩长的确定在上一节中已有讲述，这里不再复述。

（一）加固形式

竖向承载搅拌桩的平面布置可根据上部结构特点及对地基承载力和变形的要求，采用柱状、壁状、格栅状、块状及长短桩相结合等不同加固形式。

1. 柱状

每隔一定距离打设一根水泥土桩，形成柱状加固形式，适用于单层工业厂房独立柱基础和多层房屋条形基础下的地基加固，它可充分发挥桩身强度与桩周侧阻力。

2. 壁状

将相邻桩体部分重叠搭接成为壁状加固形式，适用于深基坑开挖时的边坡加固以及建筑物长高比大、刚度小、对不均匀沉降比较敏感的多层房屋条形基础下的地基加固。

3. 块状

块状是纵横两个方向的相邻桩搭接而形成的。对上部结构单位面积荷载大、对不均匀沉降控制严格的构筑物地基进行加固时可采用这种形式。

4. 格栅状

是纵横两个方向的相邻桩体搭接而形成的格栅状加固形式。适用于对上部结构单位面积荷载大和对不均匀沉降要求控制严格的建(构)筑物的地基加固。

5. 长短桩相结合

当地质条件复杂，同一建筑物坐落在两类不同性质的地基土上时，可用 3 m 左右的短桩将相邻长桩连成壁状或格栅状，借以调整和减小不均匀沉降量。

(二)加固范围

水泥土桩的强度和刚度是介于柔性桩(砂桩、碎石桩等)和刚性桩(钢管桩、混凝土桩等)之间的一种半刚性桩，它所形成的桩体在无侧限情况下可保持直立，在轴向力作用下又有一定的压缩性，但其承载性能又与刚性桩相似，因此在设计时可只在基础平面范围内布桩，并且独立基础下的桩数不宜少于 3 根。宜采用正方形、等边三角形等布桩方式。

(三)复合地基及单桩竖向承载力特征值

1. 复合地基承载力特征值

竖向承载水泥土搅拌桩复合地基的承载力特征值应通过现场单桩或多桩复合地基载荷试验确定。初步设计时也可按下式估算

$$f_{spk} = m\frac{R_a}{A_p} + \beta(1-m)f_{sk} \tag{5-8}$$

式中，f_{spk} 为复合地基承载力特征值；m 为面积置换率；A_p 为桩的截面积；R_a 为单桩竖向承载力特征值；f_{sk} 为桩间天然地基土承载力特征值，可取天然地基承载力特征值；β 为桩间土承载力折减系数，当桩端土未经修正的承载力特征值大于桩周土的承载力特征值的平均值时，可取 0.1 ~ 0.4，差值大时取小值，当桩端土未经修正的承载力特征值小于或等于桩周土的承载力特征值的平均值时，可取 0.5 ~ 0.9，差值大或设置褥垫层时均取大值。

当搅拌桩处理范围以下存在软弱下卧层时，应按现行国家标准《建筑地基基础设计规范》(GB 50007)的有关规定进行下卧层承载力验算。

2. 单桩竖向承载力特征值

应通过现场载荷试验确定。初步设计时也可按式(5－9)估算，并应同时满足式(5－10)的要求，应使由桩身材料强度确定的单桩承载力大于(或等于)由桩周土和桩端土的抗力所提供的单桩承载力

$$R_a = u_p\sum_{i=1}^{n} q_{si}l_i + \alpha q_p A_p \tag{5-9}$$

$$R_a = \eta f_{cu} A_P \tag{5-10}$$

式中，f_{cu} 为与搅拌桩桩身水泥土配比相同的室内加固土试块(边长为 70.7 mm 的立方体，也

可采用边长为50 mm的立方体)在标准养护条件下90 d龄期的立方体抗压强度平均值；η为桩身强度折减系数，干法可取0.20～0.30，湿法可取0.25～0.33；u_p为桩的周长；n为桩长范围内所划分的土层数；q_{si}为桩周第i层土的侧阻力特征值，对淤泥可取4 kPa～7 kPa，对淤泥质土可取6 kPa～12 kPa，对软塑状态的黏性土可取10kPa～15kPa，对可塑状态的黏性土可以取12 kPa～18 kPa；l_i为桩长范围内第i层土的厚度；q_p为桩端地基土未经修正的承载力特征值，可按现行国家标准《建筑地基基础设计规范》(GB 50007)的有关规定确定；α为桩端天然地基土的承载力折减系数，可取0.4～0.6，承载力高时取小值。

(六)复合地基的沉降计算

竖向承载搅拌桩复合地基的变形包括搅拌桩复合土层的平均压缩变形s_1与桩端下未加固土层的压缩变形s_2两部分。

(1)搅拌桩复合土层的压缩变形s_1可按下式计算

$$s_1 = \frac{(p_z + p_{z1})l}{2E_{sp}} \tag{5-11}$$

$$E_{sp} = mE_p + (1 - m)E_s \tag{5-12}$$

式中，p_z为搅拌桩复合土层顶面的附加压力值；p_{z1}为搅拌桩复合土层底面的附加压力值；E_{sp}为搅拌桩复合土层的压缩模量；E_p为搅拌桩的压缩模量，可取(100～120)f_{cu}，对桩较短或桩身强度较低者可取小值，反之可取大值；E_s为桩间土的压缩模量。

(2)桩端以下未加固土层的压缩变形s_2可按现行国家标准《建筑地基基础设计规范》(GB 50007)的有关规定，按天然地基采用分层总和法进行计算。

(七)垫层设计

竖向承载搅拌桩复合地基应在基础和桩之间设置褥垫层。褥垫层厚度可取200 mm～300 mm。其材料可选用中砂、粗砂、级配砂石等，最大粒径不宜大于20 mm。

第六节　振　冲　法

利用振动和水力冲切原理加固地基的方法称为振冲法。这一方法首创于德国(S. Steueman,1936)。在混凝土振捣器的基础上制成加固地基的振冲器，如图5－6所示。最初利用振冲器冲切下沉并振动使砂土密实，后来发展应用于黏性土地基，利用振冲成孔把黏土冲出，置换砂砾石并振密形成碎石桩体，与原地基土共同作用，提高地基的承载力和改善变形性质。显然，两种振冲法加固地基的机理是不同的。前者为振冲密实(Vibro－Compaction)，后者为振冲置换(Vibro－Displacement)，分别适用于砂类土和黏性土。

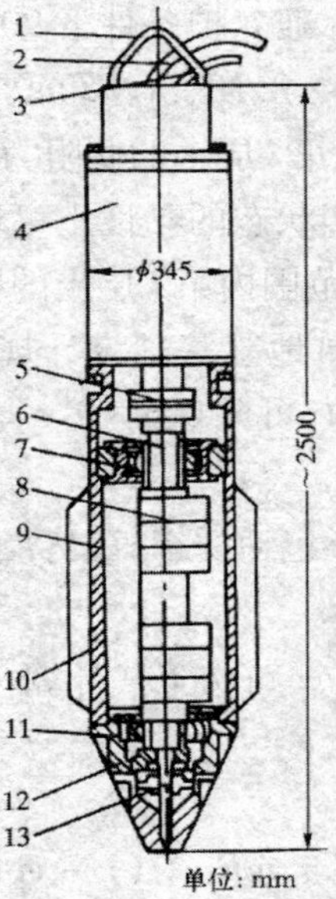

1－吊具；2－水管；3－电缆；4－电机；5－联轴器；6－轴；7－轴承；8－偏心块；9－壳体；10－翅片；11－轴承；12－头部；13－水管

图5－6　振冲器图

一、振冲密实

（一）作用原理

振冲器在砂土中振冲对地基土施加水平向的振动和挤压，使土体由松散变为密实或者使孔隙压力升高而液化，其主要作用就是振动密实和振动液化。砂土的振动液化与振冲器在砂土中的振动加速度有关，而振动加速度又随离振冲器的距离增大而衰减。按加速度的大小划分为剪胀区、流态区和挤密区，挤密区外为弹性区，如图5－7所示。在过渡区和挤密区内的振冲起加密作用，在流态区内砂土不易密实，甚至产生液化，反而由密变松，在弹性区无加密的效果。所以在砂土中振冲应设法减少流态区和增大过渡区的范围，使之获得好的振冲挤密效果。工程实测结果表明：振冲密实和液化与振冲器的性能（振动频率、振动的历时）和砂土的性质（密度、颗粒大小、级配、渗透性和上覆压力）有关。在一般振冲器振动条件下，砂土的平均有效粒径在 d_{10} ＝0.2 mm～2.0 mm时，振动的效果较好。细粒土振冲易产生较大的液化区，不易振密。所以，在细粒土中振冲密实需要添加碎石以减少液化区或流态区的范围。若采用振冲器的动力过大，会使流态区增大，振密的效果往往不理想。

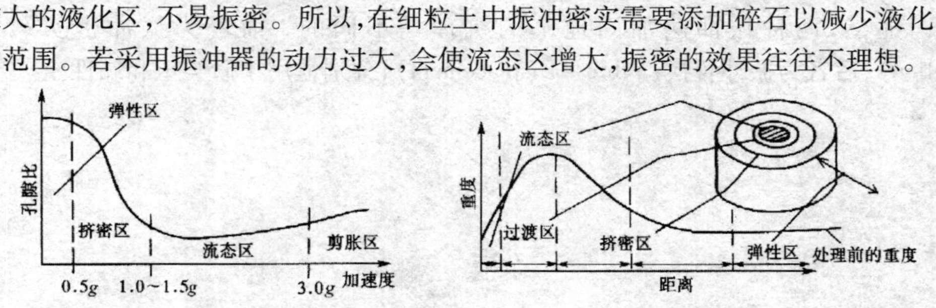

（a）按加速度分区　　　　（b）按距离分区

图5－7　砂土振动理想化反应（引自Greenwood and Kirsch，1983）

（二）设计原理

振冲密实设计的目的与内容主要是根据设计工程对砂土地基的承载力、沉降和抗液化的要求，确定振冲后要求达到的密实度或孔隙比。然后按此要求估算振冲布置的形式、间距、深度和范围。最后通过试验检验是否满足设计的要求。

设计要求振冲密实的密度或孔隙比可根据工程要求的地基承载力及其与砂土密实度对应关系（可参照有关规范和工程经验）来确定。设计的间距可按下式估算

$$d = \alpha \sqrt{V_v / V} \tag{5-13}$$

$$V = \frac{(1 + e_p)(e_0 - e_1)}{(1 + e_0)(1 + e_1)}$$

式中，d——振冲孔的间距（m）；

α——系数，正方形布置 $\alpha = 1$，三角形布置 $\alpha = 1.075$；

V_v——单位桩长的平均填料量，一般为 0.3 m^3 ~ 0.5 m^3；

V——砂土地基单位体积所需的填料量；

e_0——砂层的初始孔隙比；

e_1——振冲后要求达到的孔隙比；

e_p——碎石桩体的孔隙比。

根据工程经验，使用 30 kW 的振冲器，间距一般为 1.8 m ~ 2.5 m，使用 75 kW 的振冲器的间距可增大至 2.5 m ~ 3.5 m。平面布置的方式可用正三角形或正方形。打入深度，如砂土层不厚时，应尽量贯穿，但不宜太深，除特殊要求加密外，一般不超过 8 m，因为砂层本身的密实度是随深度增大的。振冲加固的范围约向基础边缘放宽不得少于 5 m。如用加料振冲时，所用的填料一般为粗砂、碎石和砾石等，使用 30 kW 的振冲器时，可用粒径不大于 50 mm 的砂砾石料，使用 75 kW 的振冲器则可用粒径不大于 100 mm 的砂砾石料。

振冲密实加固后地基承载力和沉降以及抗液化的性能，不易用理论公式准确计算，可通过现场载荷试验确定，或通过现场标准贯入试验的锤击数（修正后的 N 值）按《建筑地基基础设计规范》GB 50007—2011 求得。

（三）施工与检验

施工的主要机具是振冲器（见图 5-6），并配有吊车和水泵。振冲器系一电动机带动一组偏心铁块转动产生一定频率和振幅的器具，中轴为一高压水喷管。振动产生水平振动，配合中轴喷水管喷出高压水流形成振冲。

加料振冲密实施工一般可按如下工序进行：①清理场地，布置振冲点；②机具就位，振冲器对准护筒中心；③启动水泵振冲器，水量可用 200 L/min ~ 400 L/min，水压控制在 400 kPa ~ 600 kPa，下沉速度为 1 ~ 2 m/min；④振动水冲下沉至预定深度后，将水压降低至孔口高程，保持一定的水流；⑤投料振动，填料从护筒下沉至孔底，待振密实达到控制电流值（密实电流值）后，提升 0.3 m ~ 0.5 m；⑥重复上述步骤，直至完孔，并记录各深度的电流和填料量；⑦关闭振冲器和水泵。

不加料的振冲密实施工方法与加料的大体相同，仅在振冲器下沉至预定深度后，不加料留振至砂土密实达到规定电流后，按 0.3 m ~ 0.5 m 逐步提升至完孔为止。

由于振冲密实的效果和振冲的各项技术参数不易准确决定，因此，在施工之前应先进行

现场试验,确定振冲孔位的间距、填料以及振冲时的控制电流值。确定振冲加固的效果可通过多个试验方案,比较确定合理的施工方案,然后进行施工。

施工完毕后要求进行效果检验,可通过现场试验或室内试验,测定土的孔隙比和密实度;也可用标准贯入试验、旁压试验,或用动力触探推算砂层的密实度,必要时用载荷试验检验地基承载力和进行抗液化试验。

(四)工程应用

在工程上主要的应用有:①处理多层建筑物的松砂地基,提高地基的承载力,减少沉降;②处理堤坝可液化的细粉砂地基;③处理其他类建筑物的可液化地基。

二、振冲置换

(一)作用机理

在黏性土地基中振冲加固地基的作用机理主要是通过振冲成孔,以碎石置换并振动密实,形成碎石桩体,与地基土共同作用,提高地基的承载力,改善其变形性质。工程实践证明:振冲置换加固地基的作用是不容怀疑的,但是,这是有条件的。这就是在振冲过程中形成的密实碎石桩体必须要求地基土具有足够的侧向土压力,抵抗振冲的侧向动压力。如果地基土的抗剪强度不足,侧向土压力太小,就难以形成密实的碎石桩体,且振冲使地基中的孔隙水压力升高,进一步降低土的强度和侧压力,使地基土被振冲破坏。同时地基土的强度过低,侧压力过小,常在建筑物荷载作用下产生桩体侧向膨胀而破坏,难以实现桩土共同作用,承受建筑物荷载。有人认为:黏土地基中碎石桩是良好的排水体,它像排水砂井一样排水固结加固地基,提高地基的承载力。无疑碎石桩是一个良好的竖向排水体,但是在荷载的作用下压力主要集中于桩体,地基土中的固结压力甚小,固结效果甚微。由此可见,振冲置换加固软土地基与原地基土的抗剪强度有密切关系,必须具备一定的抗剪强度,才能使振冲置换形成碎石桩,与土共同作用加固地基,反之,地基强度较低就不能起加固地基的作用。工程实测的结果证明,当地基土的不排水抗剪强度 $c_u < 20$ kPa 时,复合地基的承载力基本上不提高,甚至有所降低;当地基土的不排水抗剪强度 $c_u > 20$ kPa,复合地基的承载力就有显著的增大。所以一些国家,包括我国《建筑地基处理技术规范》JGJ 79—2012 规定振冲置换法适用于处理 c_u 不小于 20 kPa 的黏性土。这是必须注意的一个应用条件。

(二)设计的基本原理

振冲置换设计的内容应包括:根据设计场地地质土层的性质和工程要求来确定碎石桩的合理布置范围、直径的大小、间距、加固的深度和填料的规格等;验算或试验加固后地基的承载力、沉降与地基的稳定性等。

地基处理的范围应根据设计建筑物的特点和场地条件来确定,一般在建筑物基础外围增加 1 ~ 2 排桩;布置形式可用方形、正三角形布置。碎石桩的间距,一般为 1.5 m ~ 2.0 m,并通过验算或试验满足设计工程荷载的要求或按复合地基所需的置换率,结合布置确定间距。加固的深度则按设计建筑物的承载力与稳定性和沉降的要求来确定,当软土层的厚度不大时,应贯穿软土层。碎石桩的材料应选用坚硬的碎石、卵石或角砾等,一般粒径为 20 mm ~ 50 mm,最大不超过 80 mm。

地基承载力与稳定性和沉降的分析与检验,常通过现场试验来确定,或者按半经验公式进行估算。下面仅介绍实用的分析方法。

1. 复合地基承载力的估算

（1）按现场复合地基载荷试验确定，试验方法按《建筑地基处理技术规范》JGJ 79—2012载荷试验要点进行。

（2）用单桩载荷试验和天然地基载荷试验结果配合下式计算确定

$$f_{spk} = mf_{pk} + (1 - m)f_{sk} \tag{5-14}$$

式中，f_{spk} ——复合地基承载力特征值；

f_{pk} ——碎石桩桩体承载力特征值；

f_{sk} ——桩间土地基承载力特征值；

m ——面积置换率，$m = \frac{d_w^2}{d_e^2}$，d_w 和 d_e 分别为桩和一根桩分担的处理地基面积的等效圆的直径；等边三角形的 $d_e = 1.05s$，正方形的 $d_e = 1.13s$，矩形的 $d_e = 1.13\sqrt{s_1 s_2}$；s 为桩的间距；s_1 和 s_2 分别为矩形布置桩的纵向及横向间距。

（3）半经验式估算。当中小型工程无载荷试验时按下式估算

$$f_{spk} = [1 + m(n - 1)]3S_v \tag{5-15}$$

式中，n ——桩土应力比，可取 $n = 2 \sim 4$，原地基强度较低的取大值，较高的取小值；

S_v ——桩间土的实测十字板强度；也可用天然地基承载力特征值 f_{sk} 代替（$3S_v$）值。

2. 复合地基沉降计算

振冲置换碎石桩复合地基沉降计算方法与水泥土桩复合地基的沉降计算方法相同。

3. 振冲置换碎石桩复合地基的稳定性计算

振冲置换碎石桩地基的稳定性可采用圆弧滑动稳定分析法计算（如图5-8）。碎石桩复合地基部分可采用复合强度计算。复合强度按平面面积加权计算

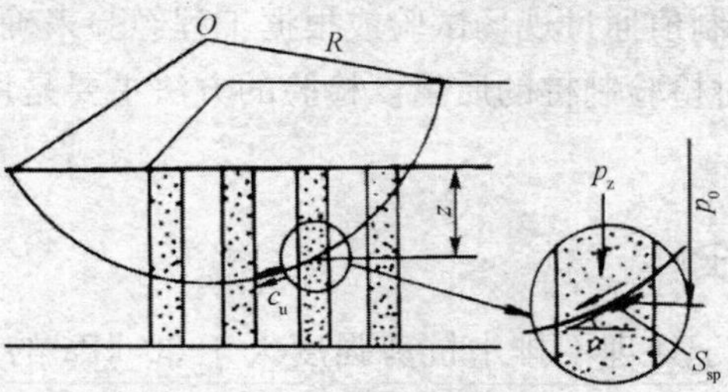

图5-8　复合地基的稳定分析

$$S_{sp} = (1 - m)c_u + mS_p\cos\alpha \tag{5-16}$$

式中，S_{sp} ——复合地基部分的复合强度；

c_u ——地基土的不排水抗剪强度；

S_p ——桩体的抗剪强度；

α ——滑弧条分点切线的倾斜角（见图5-8）。

$$S_{sp} = p_z \tan\varphi_p \cos\alpha \tag{5-17}$$

$$p_z = \gamma'_p z + \mu_p \sigma_z \tag{5-18}$$

$$\mu_p = \frac{n}{1 + (n - 1)m} \tag{5-19}$$

式中，γ'_p ——桩的重度，水下为浮重度；

φ_p ——桩体的内摩擦角，$\varphi_p \approx 38° \sim 40°$；

z ——桩顶至弧面上计算点的垂直距离；

σ_z ——桩顶平面上作用荷载引起的附加应力；

μ_p ——应力集中系数。

式(5－18)中，$\gamma'_p z$ 为桩体自重引起的有效应力；$\mu_p \sigma_z$ 为作用荷载引起的有效应力。S_{sp} 确定后可用常规的稳定分析方法进行地基的稳定性分析。

（三）施工要点

振冲的一般施工技术方法已在振冲挤密施工要点中阐述了，这里仅补充说明振冲置换碎石桩施工的要点。

1. 合理安排振冲桩的顺序

为了避免振冲过程中对软土的扰动与破坏，施打碎石桩时，应采取“由里向外”或“由一边向另边”的顺序施工，将软土朝一个方向向外挤出，保护桩体以免被挤破坏。必要时可采取朝一个方向间隔跳打的方式。

2. 宜用“先护壁后振密，分段投料，分段振密”的振冲工艺

即先振冲成孔，清孔护壁，然后投料一段，厚约 1 m，下降振冲器振动密实后，提升振冲器出孔口，再投料 1 m，再振密，直至终孔，以保证桩体密实。不宜采用边振冲边加料振密的方法。

3. 严格控制施工过程中水冲的流量、水压、电流值、投料量和留振的时间。

水压和流量以保证护壁的要求为原则，过小则不利于护壁，过大则投料被冲出；振冲密实时应控制电流稳定在密度电流值（约 10 A～15 A）内，以保证碎石桩密实；投料以“少吃多餐”为原则，每次投料不宜超过 1 m。其中关键是要认真控制每次的投料量、密实电流值和留振持续的时间。具体控制值通过现场试验或根据工程经验来确定。

施工完毕后，必须及时检验制桩的质量。检验的方法主要是用载荷试验和动力触探，可按有关规范规定进行。

三、工程应用的条件

振冲置换法主要适用于处理不排水抗剪强度大于 20 kPa 的黏土、粉质黏土地基，如水池、房屋、堤坝、油罐、路堤、码头等类工程地基处理。对不排水抗剪强度较低（＜20 kPa）的淤泥、淤泥质土，一般不宜采用，因为强度太低，不能承受桩体自身的侧限压力，不易振冲密实，形成良好的碎石桩体，反而因振冲而破坏桩间土，严重降低其承载力，除非振冲挤淤，全部置换软土层，否则难以成功。然而对于不排水抗剪强度大于 20 kPa 到 25 kPa 的粉质黏土，利用振冲置换处理，提高地基承载力和改善变形性质却是十分显著的。

第六章　挡　土　墙

第一节　概　述

挡土墙广泛应用于房屋建筑、水利、铁路、公路、港湾等工程。建造挡土墙的目的在于支挡墙后土体,防止土体产生坍塌和滑移。在山区平整建筑场地时,为了保证场地边坡稳定,需要在每级台地边缘处建造挡土墙[见图6-1(a)],地下室外墙和室外地下人防通道的侧墙也是挡土墙[见图6-1(b)]。此外,桥梁工程的岸边桥台[见图6-1(c)]、散体材料堆场的侧墙[见图6-1(d)]也是挡土墙。

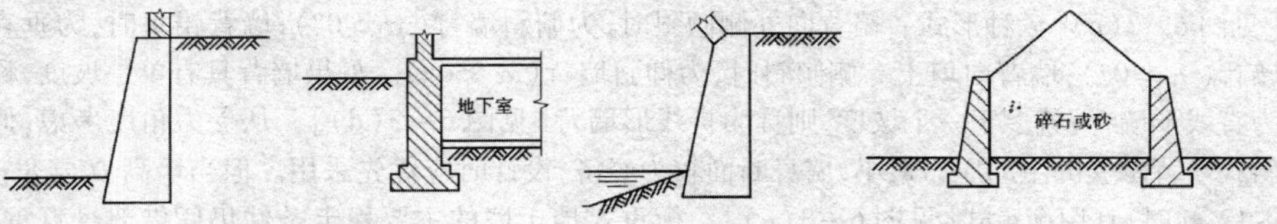

(a)地面高差挡土墙　(b)地下室外墙　(c)桥台　(d)堆放散粒材料的挡土墙

图6-1　挡土墙应用举例

第二节　挡土墙的类型

支挡结构类型的划分方法较多,可按结构形式、建筑材料、施工方法及所处的环境条件等进行分类。如按建筑材料可分为砖、石、钢、水泥土、混凝土、钢筋混凝土挡墙等;按所处环境条件可分为一般地区挡土墙、浸水地区挡土墙与地震地区挡土墙等;按断面的几何形状及其受力特点可分为重力式、半重力式、悬臂式、扶壁式、板桩式锚杆式、锚定板式、加筋土挡土墙和地下连续墙等;按墙体刚度和位移方式可分为刚性挡土墙(墙体在侧向土压力作用下仅发生整体平移或转动,墙身挠曲变形很小可忽略)、柔性挡土墙(墙身受土压力作用时发生挠曲变形,如板桩式挡墙)和临时支撑三类。重力式、悬臂式和扶壁式挡土墙(见图6-2)属于刚性挡墙。

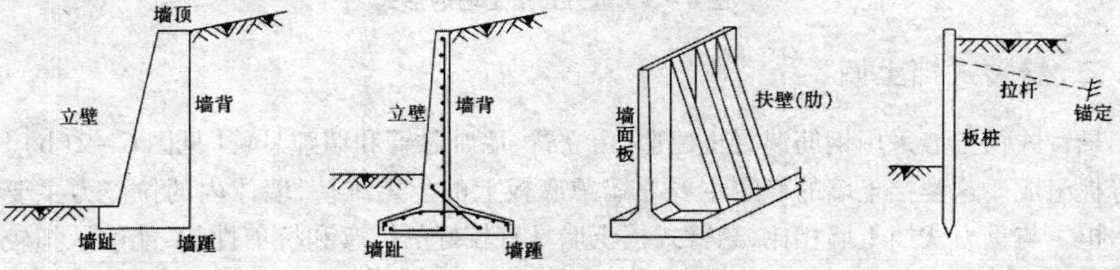

(a)重力式　(b)悬臂式　(c)扶壁式　(d)板桩式

图6-2　挡土墙类型

一、重力式挡土墙

重力式挡土墙靠自身重量维持其在土压力作用下的稳定,是我国目前常用的一种挡土墙类型。重力式挡土墙一般用砖或片(块)石砌筑,在石料缺乏的地区也可用混凝土修建,并且一般不配钢筋或只在局部范围内配以少量的钢筋。该类挡墙常做成简单的梯形断面。尽管重力式挡土墙的圬工量较大,但其形式简单,可就地取材,施工方便,经济效果好,适应性较强,故在我国土木工程各领域中得到广泛应用。

由于重力式挡土墙靠自重维持平衡稳定,且墙体本身的抗弯能力较差,因此,这类挡土墙的断面、体积和重量都偏大,在软弱地基上修建往往受到承载力的限制。另外,如果挡土墙太高,耗费材料多,也不经济。因此,重力式挡土墙一般适用于高度小于6 m、地层稳定、开挖土石方时不会危及相邻建筑物的地段;对变形要求严格的边坡和开挖土石方危及边坡稳定的边坡不宜采用。当地基较好,挡土墙高度不大,本地又有可用石料时,应首选重力式挡土墙。

重力式挡土墙按墙背的坡度可分为俯斜[见图6-3(a)]、垂直[见图6-3(b)]和仰斜[见图6-3(c)]三种形式。墙背向外侧倾斜时,为俯斜墙背($\alpha>0°$);墙背铅垂时,为垂直墙背($\alpha=0°$);墙背向填土一侧倾斜时,为仰斜墙背($\alpha<0°$)。如果墙背具有单一坡度,称为直线形墙背;若多于一个坡度,则称为折线形墙背[见图6-3(d)]。从受力角度考虑,仰斜式墙背承受的主动压力最小,墙身断面较为经济,设计时应优先采用。但当墙高 $H=8$ m ~12 m时,宜用衡重式[见图6-3(e)]。衡重式挡土墙的主要稳定条件仍凭借墙身自重,但是衡重台上的填土使得全墙重心后移,从而增加了墙身的稳定性,并且这种形式的挡墙墙面胸坡很陡,下墙的墙背仰斜,所以能在一定程度上减小墙体高度和开挖工作量,避免过分牵动山体的稳定,有时还可利用台后净空拦截落石,不过由于基底面积较小,对地基承载力要求较高,因此,衡重式挡土墙应设置在坚实的地基上。

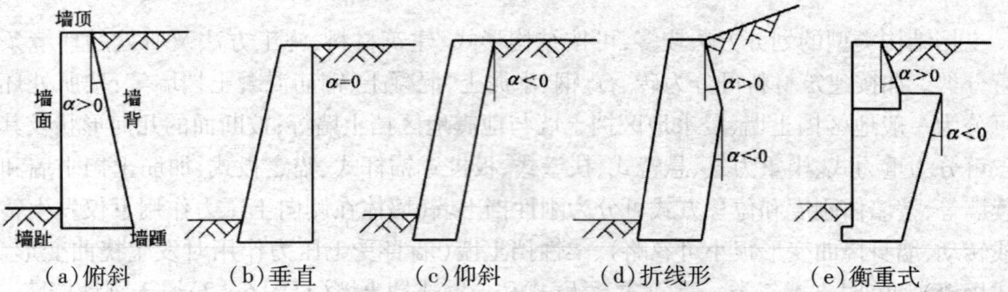

图6-3　重力式挡土墙的形式

二、悬臂式挡土墙

悬臂式挡土墙采用钢筋混凝土建造,由立臂、墙趾悬臂和墙踵悬臂[见图6-2(b)]三个悬臂板组成。这类挡土墙的稳定主要靠墙踵底板上的土重维持,墙体内的拉应力主要由钢筋承担。与重力式挡土墙相比,悬臂式挡土墙具有较好的抗弯和抗剪性能,能够承担较大的土压力,墙身断面可以做得较薄。因此,这类挡墙适用于墙高6 m左右(一般不宜大于6 m),地基承载力较低或缺乏当地材料的地区以及比较重要的工程。另外,在市政工程以及厂矿贮库中也广泛应用这类挡土墙。

三、扶壁式挡土墙

当墙身较高时，若采用悬臂式挡土墙，则立臂产生的挠度和下部承受的弯矩都较大，用钢量也增加，因此，为了增强悬臂式挡土墙中立臂的抗弯性能，常沿墙的纵向每隔一定距离 $(0.3\sim0.6)H$ 设一道扶壁［见图 6－2(c)］，故称为扶壁式挡土墙。这类挡土墙的稳定主要靠扶壁间填土的土重维持，适用于石料缺乏地区或土质填方边坡，高度不宜超过 10 m，当墙高大于 6 m 时，较悬臂式挡土墙经济。

总体来说，悬臂式和扶壁式挡土墙自重轻，圬工省，适用于墙高较大的情况，但需使用一定数量的钢材，经济效果相对较好。

四、板桩式挡土墙

板桩式挡土墙通过在桩间设置挡土板等结构来稳定土体，主要由桩、锚栓及墙面板（挡土板）等部分组成。它的稳定一是靠桩底端有一定入土深度后的被动土压力，二是靠板桩顶附近使板桩保持垂直的锚栓。根据工程所处条件的不同，锚栓可以是锚杆，也可以是带有锚定板的钢拉杆。设有锚栓的板桩，由锚栓承受其大部分水平土压力。板桩式挡土墙按板桩材料可分为钢板桩、钢筋混凝土板桩和木板桩，工程中一般采用钢板桩或钢筋混凝土板桩。板桩式挡土墙可用于永久性支挡也可作为临时性支撑，且适宜于承载力较低的软基。在具备施工机械的条件下，可以加快施工速度，降低工程造价。因此，此类挡墙在国内大型开挖工程如地下铁道明挖工程、高层建筑基础施工、岸壁码头、船坞防冲刷工程中得到广泛应用。根据其结构形式，板桩式挡土墙可分为悬臂式、锚定式和内支撑式三类（见图 6－4）。

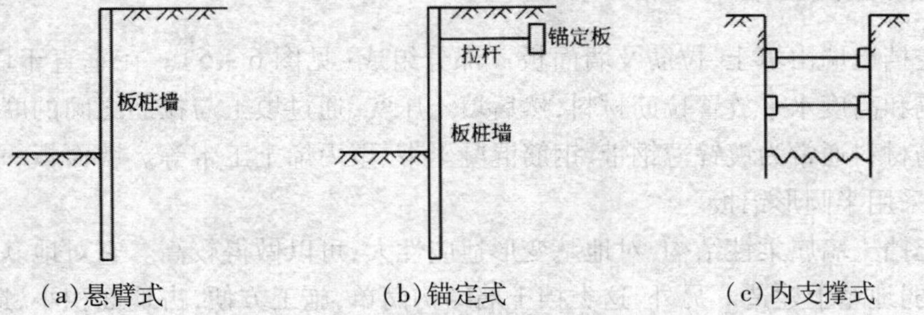

图 6－4　板桩式挡土墙示意图

一般悬臂式板桩挡土墙（板桩上部无支撑），适用于墙高较低的情况；而锚定式板桩挡土墙（板桩上部有支撑）应用比较广泛；内支撑板桩挡土墙多用于较小的开挖工程；木板桩多用于临时开挖的低墙；钢、钢筋混凝土板桩则应用于永久性工程。

五、锚定式挡土墙

锚定式挡土墙通常包括锚杆式和锚定板式两种。

锚杆式挡土墙主要由钢筋混凝土墙面（肋柱和面板）和水平或倾斜的锚杆组成，是一种适用于原状岩土层的轻型支挡结构，如图 6－5(a)所示。锚杆的一端与肋柱连接，另一端被锚固在稳定的岩土层中。墙后侧压力由面板传给肋柱，再由肋柱传给锚杆使之受拉，如果锚杆的强度及锚杆与岩土层之间的锚固力(即锚杆的抗拔力)足够大,便可维持岩土层稳定。它适用于墙高较大、石料缺乏或挖基困难地区,具有锚固条件的路基挡土墙,一般多用于岩质路堑地段。锚杆式挡土墙的结构形式有肋柱式、板肋式、无肋柱式或格构式等,可根据具体的地质条件和工程情况选用。

锚定板式挡土墙由墙面系(预制的钢筋混凝土肋柱和挡土板拼装或直接用钢筋混凝土板拼装)、钢拉杆、锚定板和填料共同组成,是一种适用于填土的轻型挡土结构,如图 6－5(b)所示。它主要依靠埋置在填料中的锚定板所提供的抗拔力维持墙体的稳定。锚定式挡土墙可采用肋柱式和无肋柱式结构,它主要适用于石料缺乏地区,一般地区路肩地段或路堤地段,不适用于路堑挡土墙。

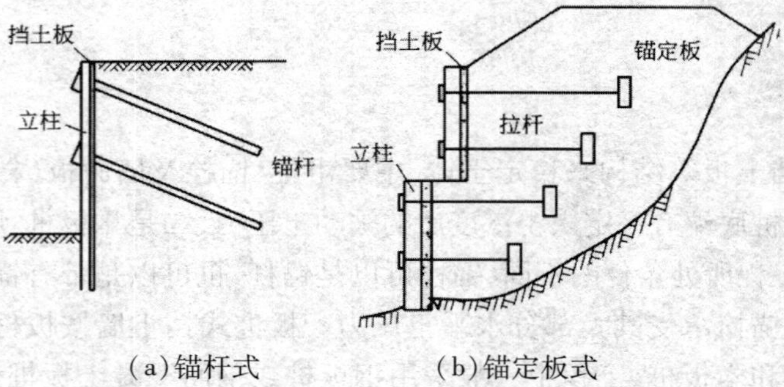

图 6－5　锚定式挡土墙

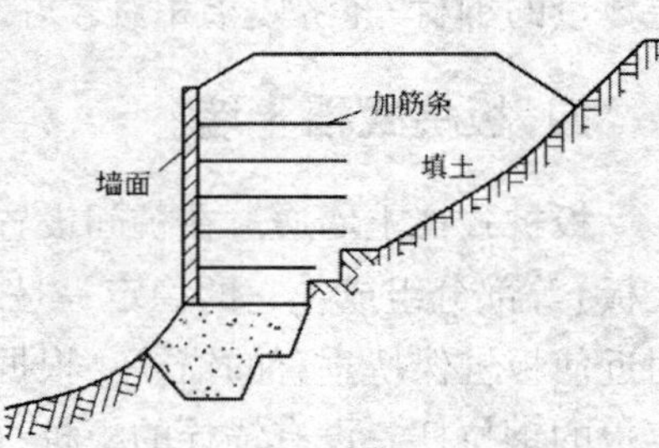

图 6－6　加筋土挡土墙

锚定式挡土墙的特点主要有构件断面小,工程量省,不受地基承载力的限制,构件可预制,有利于实现结构轻型化和施工机械化。

六、加筋土挡土墙

加筋土挡土墙由填土、拉筋及墙面板三部分组成(见图 6－6)。在垂直于墙面的方向,按一定间隔和高度水平放置拉筋材料,然后填土压实,通过填土与拉筋之间的摩擦作用稳定土体。拉筋材料通常为镀锌薄钢带、钢筋混凝土带、聚丙烯土工带等。墙面板一般用混凝土预制,也可采用半圆形铝板。

加筋土挡土墙属柔性结构,对地基变形适应性大,可以做得较高。它对地基承载力要求低,可在软弱地基上建造。另外,这类挡土墙结构简单,施工方便,占地面积小,造价较低,与其他类型的挡土墙相比,可节省投资 30% ~70% ,经济效益显著。

加筋土挡土墙一般适用于支挡填土工程,在公路、铁路、码头、煤矿等工程中应用较多,对于Ⅰ、Ⅱ级铁路可用于一般地区、地震区的路肩、路堤地段。在 8 度以上地区和具有强烈腐蚀的环境中不宜使用。

第三节　重力式挡土墙

一、重力式挡土墙的选型

重力式挡土墙按墙背的倾斜情况分为仰斜、垂直和俯斜三种(见图 6－7),其主动土压力依次增大。墙背的倾斜形式应根据使用要求、地形和施工条件综合考虑。仰斜式承受的土压力最小,墙背可与土坡紧密结合,做护坡时仰斜式最为合理。在填方地段则宜采用垂直式和俯斜式,以便于施工和夯实。在山坡上建墙宜采用直立式,因为此时仰斜墙身较高而入土较浅,而俯斜则土压力较大。

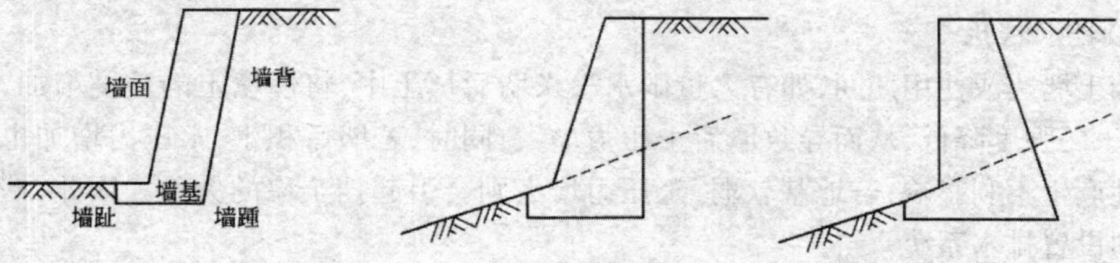

(a)仰斜　　(b)垂直　　(c)俯斜

图 6-7　重力式挡土墙墙背倾斜形式

墙面坡度一般采用 1∶0.05~1∶0.2,当墙高较小时,可采用垂直的。墙背可做成俯斜式、直立式或台阶形状。仰斜墙墙背的坡度越缓,主动土压力越小,但施工不便,一般其倾斜度不宜小于 1∶0.25。面坡应尽量与背坡平行,宜采用 1∶0.25,如图 6-8 所示。俯斜墙墙背的坡度不大于 1∶0.36。

为了增加基础的抗滑稳定性,常将基底做成逆坡,一般采用 0.1∶1(土质地基)到 0.2∶1(岩石地基),如图 6-9 所示。但是应该注意,这样处理后,由于基地倾斜,将使岩土的承载力降低,因此,计算时应将地基土的承载力折减,按前述逆坡大小分别取折减系数 0.9 和 0.8。

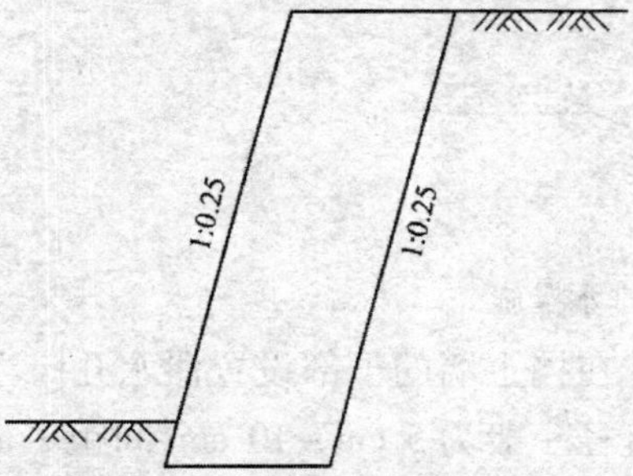

图 6-8　墙的背坡和面坡

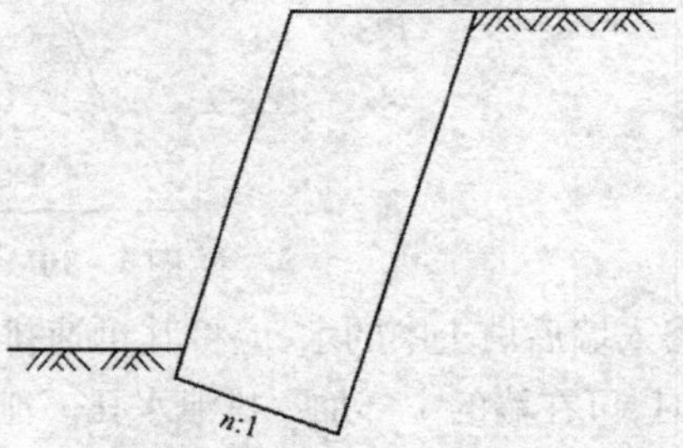

图 6-9　基底逆坡

二、重力式挡土墙的构造

(一)基础埋置深度

重力式挡墙基础的埋置深度应根据地基稳定性、地基承载力、冻结深度、水流冲刷情况和岩石风化程度等因素确定。在土质地基中,基础最小埋置深度不宜小于 0.5 m~0.8 m(挡墙较高时取大值,反之取小值);在岩质地基中,基础埋置深度不宜小于 0.3 m。基础埋置深度应从坡脚排水沟底起算。

(二)墙身构造

通常挡土墙的高度是由任务要求确定的,即考虑墙后被支挡的填土呈水平时墙顶的高程。对于较高的挡土墙,也可使墙顶低于填土顶面,而用斜坡连接,以节省工程量。

挡土墙的顶宽为构造要求确定,以保证挡土墙的整体性,并具有足够的强度。对于砌石重力式挡土墙,顶宽应大于 0.5 m;对素混凝土重力式挡墙,顶宽不应小于 0.5 m。

挡土墙的底宽由整体稳定性及地基承载力确定。初定挡土墙底宽 $B\approx0.5\sim0.7H$，挡土墙底面为卵石、碎石时取小值，墙底为黏性土时取大值。

挡土墙尺寸初定后，必须进行挡土墙抗滑稳定、抗倾覆稳定验算和地基承载力验算。若不能满足要求，则适当加大墙的底宽或采取其他措施。

（三）排水措施

在挡土墙建成使用期间，如有大量雨水渗入墙后填土中，将使填土的重度增加，内摩擦角减小，土的强度降低，从而导致墙后土压力增大；同时，若墙后积水，水压力增加也会对墙的稳定性产生不利影响；若地基软弱，土压力增大则会引起挡土墙的失稳。因此，挡土墙设计中必须设置排水系统。

若挡土墙后有较大面积填土，则应在填土顶面离挡土墙适当距离处设截水沟，如图6-10所示，以把坡上、外部径流截断排除。截水沟的剖面尺寸要根据暴雨集水面积计算确定，并用混凝土衬砌。截水沟纵向设适当坡度，截水沟出口应远离挡土墙。

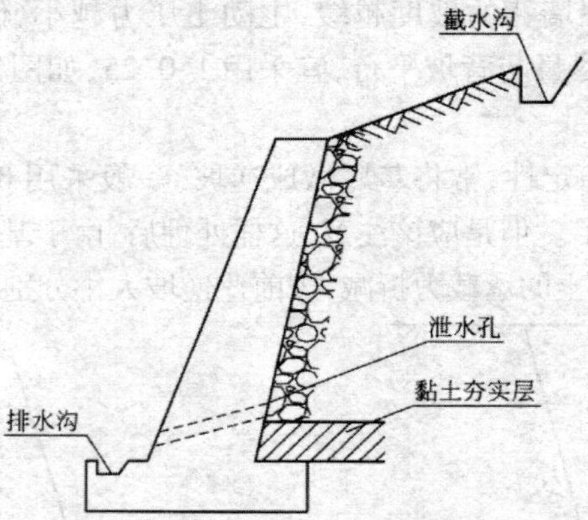

图6-10　挡土墙的排水措施

已渗入墙后填土中的水，应将其迅速排出。通常在挡土墙的下部设置泄水孔。当墙高 $H>12$ m时，可在墙的中部加一排泄水孔。泄水孔的直径一般为5 cm～10 cm，间距2 m～3 m。泄水孔应高于墙前水位，以免倒灌。此外，在泄水孔入口处，应用易渗的粗粒材料做反滤层，并在泄水孔入口下方铺设黏土夯实层，防止积水渗入地基。同时，墙前亦应做排水沟或黏土夯实隔水层，避免墙前积水渗入地基。

（四）回填土的选择

卵石、砾石、粗砂、中砂为理想的回填土，其内摩擦角大，主动土压力系数小，作用在挡土墙上的主动土压力小。细砂、粉砂、含水率接近最优含水率的粉土、粉质黏土和低塑性黏土为可用的回填土，如当地无粗粒土，外运不经济时，可就地取材。软黏土、成块的硬黏土、膨胀土和耕植土，因其性质不稳定，在冬期冰冻时或雨期吸水膨胀都将产生额外的土压力，对挡土墙的稳定性产生不利影响，故不能用作墙后的回填土。

（五）沉降缝和伸缩缝

重力式挡土墙的伸缩缝间距，对条石、块石挡土墙应采用20 m～25 m，对素混凝土挡土墙应采用10 m～15 m。在地基性状和挡土墙高度变化处应设沉降缝，缝宽20 mm～30 mm，缝中填塞沥青麻筋或其他有弹性的防水材料，填塞深度不应小于150 mm。在挡土墙拐角处,应适当加强构造措施。

（六）挡土墙的材料要求

挡土墙墙身及基础,采用混凝土不低于 C15,采用砌石的抗压强度一般不小于30 MPa。寒冷及地震区,石料重度不小于 20 kN/m^3,经 25 次冻融循环应无明显破损。砂浆强度一般不低于 M7.5。

（七）挡土墙的砌筑质量

挡土墙在施工阶段必须重视墙体的砌筑质量。当挡土墙基础置于岩层上时,应首先将岩层表面风化部分予以清除。条石砌筑的挡土墙,多采用一顺一丁砌筑方法,也有少数采用全丁全顺相互交替的做法,上下条石应错缝,要保证搭缝良好,砌稳安正。采用毛石砌筑的挡土墙,除尽量采用自然形状石块,保证各层丁顺交替、上下错缝的砌法外,还要保证砌筑砂浆水灰比严格符合规范要求,填缝紧密,灰缝饱满,确保每一块石料安稳砌正,墙体稳固。

三、重力式挡土墙的计算

（一）挡土墙抗倾覆验算

如图 6－11 所示,抗倾覆稳定验算以墙趾 O 点取力矩进行计算,主动土压力的水平分力 E_{az} 乘以力臂 z_f 为使墙倾覆的力矩,主动土压力的竖向分力 E_{ax} 乘以力臂 x_f。与墙自重 G 乘以力臂 x_0 之和为抗倾覆力矩,为了保证挡土墙的稳定,应使抗倾覆力矩大于倾覆力矩,两者之比称为抗倾覆安全系数 K_t,即

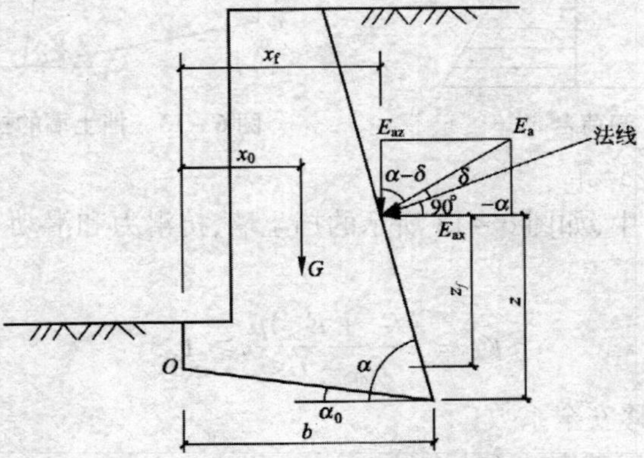

图 6－11　挡土墙的抗倾覆验算

$$K_t = \frac{抗倾覆力矩}{倾覆力矩} = \frac{G \cdot x_0 + E_{az} \cdot x_f}{E_{ax} \cdot z_f} \geqslant 1.6 \qquad (6-1)$$

式中,K_t ——每延米抗倾覆安全系数;

G ——每延米挡土墙的重力(kN/m);

E_{ax} ——每延米主动土压力的水平分力

$$E_{ax} = E_a \cdot \sin(\alpha - \delta) \qquad (6-2)$$

E_{az} ——每延米主动土压力 E_a 的垂直分力

$$E_{az} = E_a \cdot \cos(\alpha - \delta) \qquad (6-3)$$

x_0、x_f、z_f ——分别为 G、E_{az} 至墙趾 O 点的距离

$$x_f = b - z\cot\alpha \qquad (6-4)$$

$$z_f = z - b \cdot \tan\alpha_0 \qquad (6-5)$$

式中，b 为基底的水平投影宽度；z 为土压力作用点离墙踵的高度；α 为墙背与水平线之间的夹角；α_0 为基底与水平线之间的夹角。

若验算结果不满足式(6-1)的要求，可选用以下措施来解决：

(1)修改挡土墙尺寸，如加大墙底宽，增大墙自重，以增大抗倾覆力矩，这一方法要增加较多的工程量，不经济；

(2)伸长墙前趾；

(3)将墙背做成仰斜，可减小土压力，但施工不方便；

(4)做卸荷台，如图6-12所示，位于挡土墙竖向墙背上，形如牛腿。卸荷台以上的土压力，不能传到卸荷台以下，土压力呈两个小三角形，因而减小了总的土压力，使倾覆力矩减小。

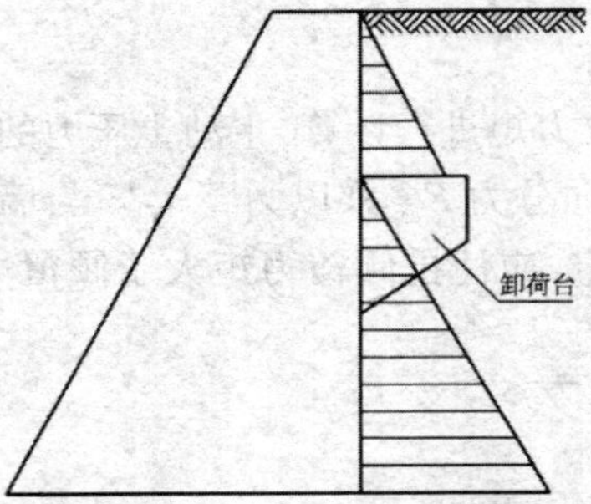

图6-12　卸荷台

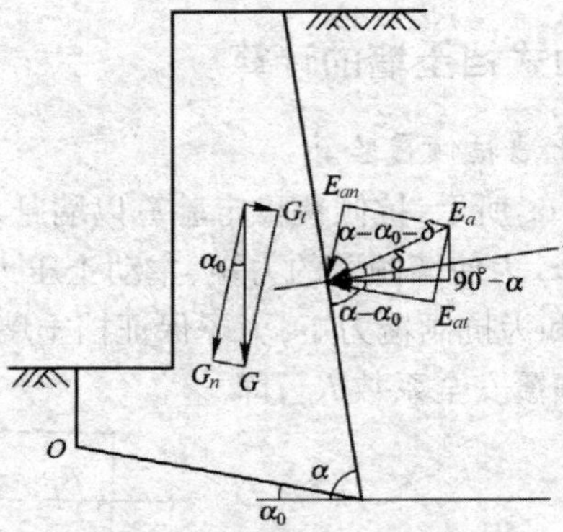

图6-13　挡土墙的抗滑移验算

(二)挡土墙抗滑移验算

在抗滑移稳定验算中，如图6-13所示的挡土墙，抗滑力和滑动力的比值称为抗滑移安全系数 K_s，即：

$$K_s = \frac{(G_n + E_{an})\mu}{E_{at} - G_t} \geqslant 1.3 \qquad (6-6)$$

式中，K_s ——抗滑移安全系数；

G_n ——垂直于基底的重力分力：$G_n = G \cdot \cos\alpha_0$　(6-7)

G_t ——平行于基底的重力分力：$G_t = G \cdot \sin\alpha_0$　(6-8)

E_{an} ——垂直于基底的土压力分力：$E_{an} = E_a \cdot \cos(\alpha - \alpha_0 - \delta)$　(6-9)

E_{at} ——平行于基底的土压力分力：$E_{at} = E_a \cdot \sin(\alpha - \alpha_0 - \delta)$　(6-10)

μ ——挡土墙基底对地基的摩擦系数，由试验确定，当无试验资料时，可参考表6-1选用。

表 6－1　岩土对挡土墙基底摩擦系数 μ

岩土类别		摩擦系数
黏性土	可塑	0.25～0.30
	硬塑	0.30～0.35
	坚硬	0.35～0.45
粉土		0.30～0.40
中砂、粗砂、砾砂		0.40～0.50
碎石土		0.40～0.60
极软岩、软岩、较软岩		0.40～0.60
表面粗糙的坚硬岩、较硬岩		0.65～0.75

注：1. 对易风化的软质岩和塑性指数 I_p 大于 22 的黏性土，基底摩擦系数应通过试验确定；

2. 对碎石土可根据其密实程度、填充物状况、风化程度等确定。

若验算结果不满足式（6－6），可采取以下措施来解决：

（1）修改挡土墙的断面尺寸，通常加大底宽，增加墙自重以增大抗滑力；

（2）在挡土墙基底铺砂、碎石垫层，提高摩擦系数 μ 值，增大抗滑力；

（3）将挡土墙基底做成逆坡，利用滑动面上部分反力抗滑，如图 6－14（a）所示；

（4）在软土地基上，当采取其他方法无效或不经济时，可在挡土墙踵后面加钢筋混凝土拖板。利用拖板上的填土重量增大抗滑力。拖板和挡土墙之间用钢筋连接，如图 6－14（b）所示。

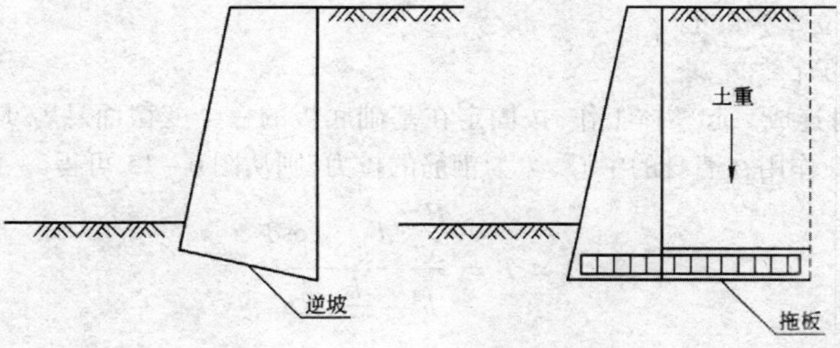

（a）　　　　（b）

图 6－14　增加抗滑稳定性的措施

（三）挡土墙地基承载力验算

挡土墙地基承载力验算与一般偏心受压基础验算方法相同，可以参考相关教材。

第四节　扶壁式挡土墙

一、扶壁式挡土墙的构造

在墙高大于 8 m 的情况下，如果采用悬臂式挡土墙，会使墙身弯矩大、厚度增加、配筋多而不经济。为了增强悬臂式挡土墙墙身的抗弯性能，常采用扶壁式挡土墙［见图 6－2（c）］，即沿墙的长度方向每隔（1/3～1/2）H（H 为墙高）做一道扶壁。

扶壁式挡土墙与悬臂式挡土墙比较，仅增加扶壁这一部分。由于扶壁的存在，墙身和基础底板受力情况有所改变，计算方法也略有不同。为了使墙身（立壁）、基础底板、扶壁之间能牢固连接成整体，一般在交接处做成支托，见图 6－2（c）。

扶壁式挡土墙，取 $\frac{b}{H_1} = \frac{1}{2} \sim \frac{2}{3}$，作用在扶壁式挡土墙的土压力与作用在悬臂式挡土墙的相同。扶壁式挡土墙的墙面排水、伸缩缝的做法要求也与悬臂式挡土墙相同。

二、扶壁式挡土墙的计算

（一）墙身（立壁）的计算

扶壁式挡土墙的墙身由竖向扶壁和基础底板支承。当 $l_y / l_x \leqslant 2$ 时，可近似地按三边固定、一边自由的双向板计算内力及配筋；当 $l_y / l_x > 2$ 时，按连续单向板计算内力及配筋。实际上在墙身和基础底板之间存在着垂直方向的弯矩，配筋时应加以考虑。

由于作用在墙身上的土体侧压力自上而下逐渐增加，呈三角形分布，所以水平弯矩也自上而下逐渐增大，墙身厚度可以采用上薄下厚的变截面，或者在配置水平钢筋时，自上而下分段加密。

（二）基础底板的计算

基础底板由墙趾板及墙踵板组成。墙趾板突出部分较短，按向上弯曲的悬臂板计算，这与悬臂式挡土墙的墙趾板设计方法相同。墙踵板由扶壁的底部和墙身的底部支承，作用在墙踵板的荷载有板自重、土重、土压力的竖向分力以及作用在板底的地基反力，墙踵板的计算方法和墙身（立壁）相同。

（三）扶壁的计算

扶壁与墙身连成一起整体工作，按固定在基础底板的一个变截面悬臂 T 形梁计算。假定受压区合力 D 作用在墙身的中心，T 为钢筋的拉力，则从图 6－15 可得

$$D = T = \frac{\frac{H}{3} \cdot E_a \cdot \cos\delta}{b^2 + \frac{h}{2} - a} \tag{6-11}$$

式中，a ——钢筋保护层厚度，取 a ＝70 mm。其余符号同前。

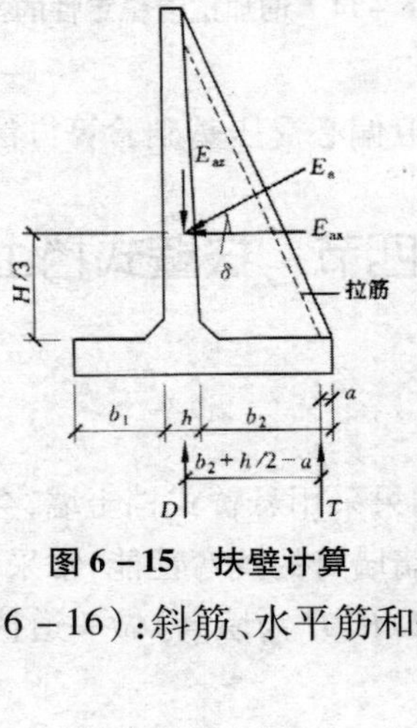

图 6－15　扶壁计算

扶壁中配置有三种钢筋（见图 6－16）：斜筋、水平筋和垂直筋。斜筋为悬臂 T 形梁的受

拉钢筋，沿扶壁的斜边布置。水平筋作为悬臂 T 形梁的箍筋以承受肋中的主拉应力，保证肋（扶）壁的斜截面强度；同时，水平筋将扶壁和墙身（立壁）连系呈筋起来，以防止在侧压力作用下扶壁与墙身（立壁）的连接处被拉断。垂直筋承受着由于基础底板的局部弯曲作用在扶壁内产生的垂直方向上的拉力，并将扶壁和基础底板连系起来，以防止在竖向力作用下扶壁与基础底板的连接处被拉断。

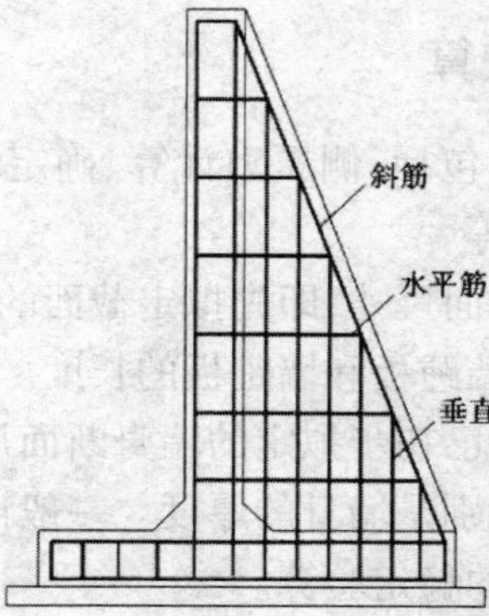

图 6－16　配筋示意图

第五节　悬臂式挡土墙

一、悬臂式挡土墙的构造

（一）立臂

悬臂式挡土墙是由立臂、墙趾板和墙踵板三部分组成的［见图 6－2(b)］。为便于施工，立臂内侧（即墙背）宜做成竖直面，外侧（即墙面）可做成 1∶0.02～1∶0.05 的斜坡，具体坡度值将根据立臂的强度和刚度要求确定。当挡土墙墙高不大时，立臂可做成等厚度。墙顶宽度不应小于 20 cm；当墙较高时，宜在立臂下部将截面加宽。

（二）墙趾板和墙踵板

墙趾板和墙踵板一般水平设置。通常做成变厚度，底面水平，顶面则自与立臂连接处向两侧倾斜。当墙身受抗滑稳定控制时，多采用凸榫基础。

墙踵板长度由墙身抗滑稳定验算确定，并具有一定的刚度。靠近立臂处厚度一般取墙高的 1/12～1/10，且不应小于 30 cm。

墙趾板的长度应根据全墙的倾覆稳定、基底应力（即地基承载力）和偏心距等条件来确定，其厚度与墙踵板相同。通常底板的宽度由墙的整体稳定性决定，一般可取墙高的 $\frac{3}{5}$～4/5。当墙后地下水位较高且地基为承载力很小的软弱地基时，底板宽度可能会增大到 1 倍墙高或者更大。

（三）凸榫

为提高挡土墙抗滑稳定的能力，底板可设置凸榫。凸榫的高度，应根据凸榫前土体的被动土压力能够满足全墙的抗滑稳定要求而定。凸榫的厚度除了满足混凝土的抗剪和抗弯要求以外,为了便于施工,还不应小于 30 cm。

另外,伸缩缝的间距不应大于20 m。沉降缝、泄水孔的设置应符合重力式挡土墙的相关要求。墙身混凝土强度等级不宜低于 C30,受力钢筋直径不应小于12 mm。墙后填土应在墙身混凝土强度达到设计强度的70%时方可进行。填料应分层夯实,反滤层应在填筑过程中及时施工。

二、悬臂式挡土墙的设计计算

悬臂式挡土墙的设计计算主要包括:侧压力计算、确定墙身断面尺寸、钢筋混凝土结构设计、裂缝宽度验算及稳定性验算等。

一般通过试算法确定墙身的断面尺寸,即先拟定截面的试算尺寸,计算作用其上的侧压力,通过全部稳定验算来最终确定墙踵板和墙趾板的长度。

钢筋混凝土结构设计主要是对已初步拟定的墙身断面尺寸进行内力和配筋计算。在配筋设计时,可能会调整断面尺寸,特别是墙身的厚度。一般情况下这种墙身厚度的调整对整体稳定影响不大,可不再进行全墙的稳定验算。

稳定性验算主要包括抗滑、抗倾覆、地基稳定性验算等内容。裂缝最大宽度验算应满足相关规范的要求。另外,悬臂式挡土墙按平面应变问题考虑,即沿墙长度方向取一延米进行设计计算。

(一)墙身截面尺寸的拟定

根据上节的构造要求,也可以参考以往成功的设计,初步拟定试算的墙身截面尺寸,墙高 H 是根据工程需要确定的,墙顶宽可选用 20 cm。墙背取竖直面,墙面取 1∶0.02～1∶0.05 斜度的倾斜面,从而定出立臂的截面尺寸。

底板在与立臂相接处厚度为(1/12～1/10) H,而墙趾板与墙踵板端部厚度不小于 20 cm～30 cm;其宽度 B 可近似取(0.6～0.8) H,当遇到地下水位高或软弱地基时,B 值应增大。墙踵板及墙趾板的具体长度将由全墙的稳定条件试算确定。

1. 墙踵板长度

墙踵板长度可按下式确定

$$K_s = \frac{\mu \sum G}{E_{ax}} \geqslant 1.3 \tag{6-12}$$

设有凸榫时

$$K_s = \frac{\mu \sum G}{E_{ax}} \geqslant 1.0 \tag{6-13}$$

式中,K_s 为滑动稳定安全系数;μ 为基底(墙底)摩擦系数;$\sum G$ 为墙身自重、墙踵板以上第二破裂面与墙背之间的土体自重力和土压力的竖向分量之和。一般情况下忽略墙趾板上的土体重力;E_{ax} 为主动土压力水平分力。

2. 墙趾板长度

墙趾板的长度,根据全墙抗倾覆稳定系数公式,基底合力偏心距 e 限制和基底地基承载力等要求来确定。

(二)土压力计算

悬臂式挡土墙的侧向土压力按库伦理论计算时,宜按第二破裂面法进行计算。当第二破裂面不能形成时，可用墙踵下缘与墙顶内缘的连线或通过墙踵的竖直面作为假想墙背进行计算，取其中最不利状态的侧向压力作为设计控制值。计算挡土墙实际墙背和墙踵板的土压力时，可不计填料与墙板之间的摩擦力。如图 6－17 所示，用墙踵下缘与立板上边缘连线 AB 作为假想墙背，按库伦理论计算［见图 6－17(a)］，此时，δ 值应取土的内摩擦角 φ，ρ 应为假想墙背的倾角，计算 $\sum G$ 时，要求计入墙背与假想墙背之间的土体自重。用过墙踵的竖直面 BB' 作为假想墙背，按朗肯理论计算［见图 6－17(b)］，并计入墙体与假想墙背之间的土体自重。当墙踵下边缘与立板上边缘连线的倾角大于临界角 ρ_{cr} 时，在墙后填土中将会出现第二破裂面，应按第二破裂面理论计算［见图 6－17(c)，图中 $\theta_i = 45° - \varphi/2$］。稳定计算时应计入第二破裂面与墙背之间的土体作用。

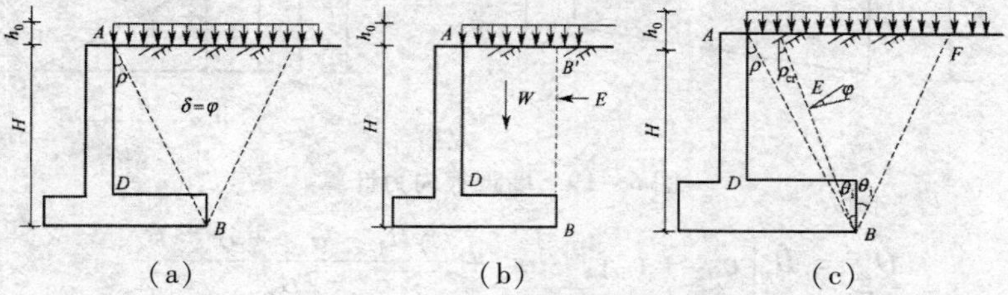

图 6－17　土压力计算示意图

(三)墙身内力计算

悬臂式挡土墙各部分均应按悬臂梁计算。

1. 立臂的内力

立臂作为固定在墙底板上的悬臂梁，主要承受墙后的主动土压力与地下水压力，可不考虑挡土墙前土的作用。立臂较薄自重小而略去不计，立臂按受弯构件计算。各截面的剪力、弯矩按下列公式计算(见图 6－18)

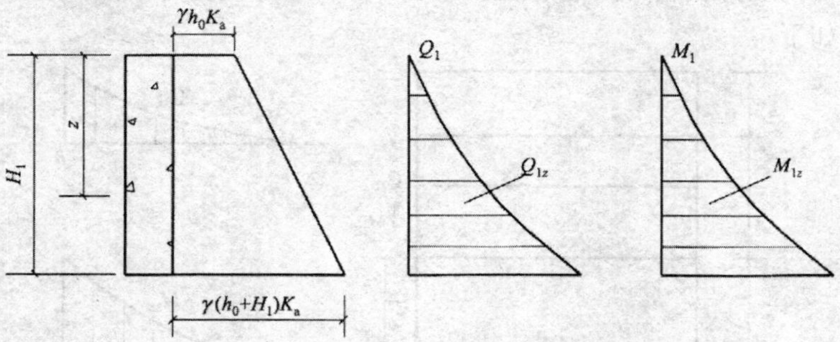

图 6－18　立臂受力及内力计算

$$Q_{1z} = \gamma z(2h_0 + z)K_a/2 \qquad (6-14)$$

$$M_{1z} = \gamma z^2(3h_0 + z)K_a/6 \qquad (6-15)$$

式中，Q_{1z} 为距墙顶 z 处立臂的剪力；M_{1z} 为距墙顶 z 处立臂的弯矩；z 为计算截面到墙顶的距离；γ 为填土的重度；h_0 为列车、汽车等活载的等代换算土柱高；K_a 为主动土压力系数。

2. 墙踵板的内力

墙踵板受力见图 6－19。墙踵板按以立臂底端为固定端的悬臂梁计算。墙踵板上作用有假想墙背与墙背之间的土体(含其上的列车、汽车等活载)的重量、墙踵板自重、主动土压力的竖向分力、地基反力、地下水浮托力、板上水重和静水压力等荷载作用。无地下水时，可

用下式计算

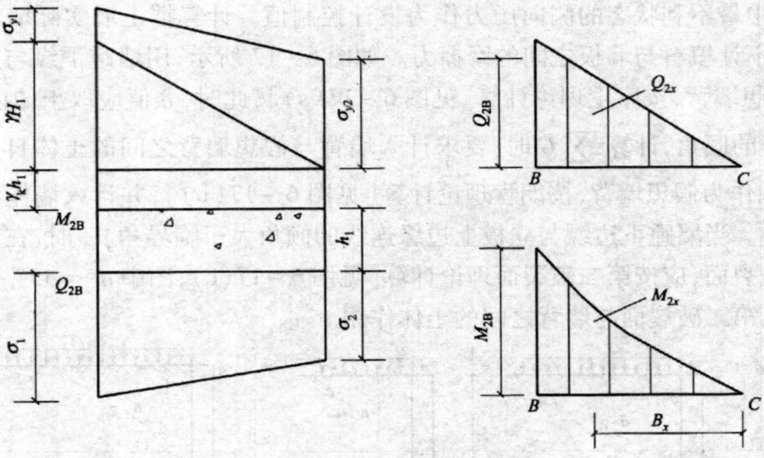

图 6－19　墙踵板内力计算

$$Q_{2x} = B_x[\sigma_{y2} + h_1\gamma_k - \sigma_2 + \frac{(\gamma H_1 - \sigma_{y2} + \sigma_{y1})B_x}{2B_3}] \tag{6-16}$$

$$M_{2x} = \frac{B_x^2}{6}[3(\sigma_{y2} + h_1\gamma_k - \sigma_2) + \frac{(\gamma H_1 - \sigma_{y2} + \sigma_{y1})B_x}{B_3} - \frac{(\sigma_1 - \sigma_2)B_x}{B}] \tag{6-17}$$

式中，Q_{2x} 为距墙踵端部为 B_x 截面的剪力；M_{2x} 为距墙踵端部为 B_x 截面的弯矩；B_x 为计算截面到墙踵的距离；h_1 为墙踵板的厚度；γ_k 为钢筋混凝土的重度；σ_{y1}，σ_{y2} 分别为在墙顶、墙踵处的竖直土压力；σ_1、σ_2 分别为在墙趾、墙踵处地基压力；B_3 为墙踵板长度。

3. 墙趾板内力计算

墙趾板也是按立臂底端为固定端的悬臂梁计算。墙趾板受力如图 6－20 所示。各截面的剪力和弯矩如下

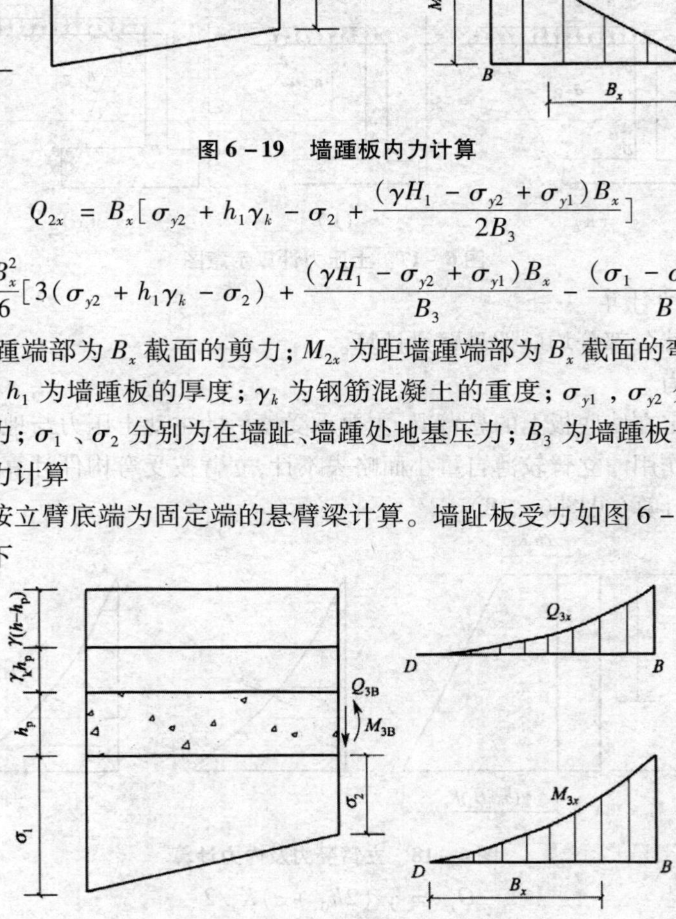

图 6－20　墙趾板内力计算

$$Q_{3x} = B_x[\sigma_1 - \gamma_k h_p - \gamma(h - h_p) - \frac{(\sigma_1 - \sigma_2)B_x}{2B}] \tag{6-18}$$

$$M_{3x} = \frac{B_x^2}{6}\{3[\sigma_1 - \gamma_k h_p - \gamma(h - h_p)] - \frac{(\sigma_1 - \sigma_2)B_x}{B}\} \tag{6-19}$$

式中，Q_{3x}、M_{3x} 分别为每延米墙趾板距墙趾为 B_x 截面的剪力和弯矩；B_x 为计算截面到墙趾端的距离；h_p 为墙趾板的平均厚度；h 为墙趾板的埋置深度。

第七章　沉井基础及地下连续墙

第一节　概　　述

沉井的应用已有很长的历史,它是由古老的掘井作业发展而成的一种施工方法,用沉井法修筑的基础叫作沉井基础,参见图7－1。沉井是一种井筒状空腔结构物,是在预制好的井筒内挖土,依靠井筒自重或借助外力克服井壁与地层的摩擦阻力逐步沉入地下至设计高程,最终形成桥梁墩台或其他建筑物基础的一种深基础形式。

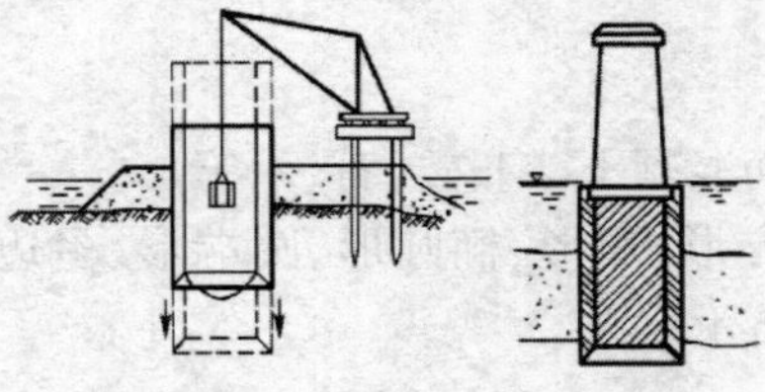

(a)沉井下沉　　(b)沉井基础

图7－1　沉井基础示意

沉井基础的特点是:埋置深度可以很大,整体性强、稳定性好,有较大的承载面积,能承受较大的垂直荷载和水平荷载;沉井是基础的组成部分,在下沉的过程中起着挡土和防水的临时围堰作用,不需要另设坑壁支撑或板桩围堰,既节约了材料,又简化了施工;在各类地下构筑物中,沉井结构又可作为地下构筑物的围护结构,沉井内部空间亦可得到充分利用;此外,沉井在深基础施工中,具有占地面积小,挖土量少(与放坡大开挖相比),对邻近建筑物等环境影响比较小的优点,同时,不需特殊专业设备,且操作简便、技术可靠、节省投资。因此,随着先进施工机械设备的使用、施工技术和施工工艺的不断革新,沉井在国内外都得到了更加广泛的应用和发展。在诸如桥梁墩台基础,地下泵房、水池、油库,矿用竖井,大型设备基础,高层和超高层建筑物等深基础或地下结构中应用较为广泛,如江阴大桥北锚墩沉井,总下沉深度58 m,承受悬索桥主缆640 000 kN拉力,上部30 m采用排水下沉,下部28 m采用不排水下沉,总排土量20.41万立方米,采用空气幕助沉技术,堪称当时世界最大沉井,参见图7－2。

沉井基础的缺点是:施工工期较长;对粉、细砂类土在井内抽水易发生流砂现象,造成沉井倾斜;沉井下沉过程中遇到大的孤石、树干或井底岩层表面倾斜过大,均会给施工带来一定的困难。

根据"经济合理、施工上可能"的原则,一般在下列情况下,可以考虑采用沉井基础:

(1)上部荷载较大,表层地基土承载力不足,扩大基础开挖工作量大,以及支撑困难。而在一定深度下有较好的持力层,且与其他基础方案相比较为经济合理;

(2)在山区河流中,虽土质较好,但冲刷大,或河中有较大卵石不便桩基础施工;

(3)岩层表面较平坦且覆盖层薄,但河水较深,采用扩大基础施工围堰有困难。

图 7-2　江阴长江公路大桥北锚沉井

第二节　沉井类型和构造

一、沉井分类

按材料分类:混凝土、钢筋混凝土、钢、砖、石、木等。

按平面形状分类:圆形、方形、矩形、椭圆形、圆端形、多边形。根据井孔布置方式有单孔、双孔、多孔等,如图 7-3 所示。

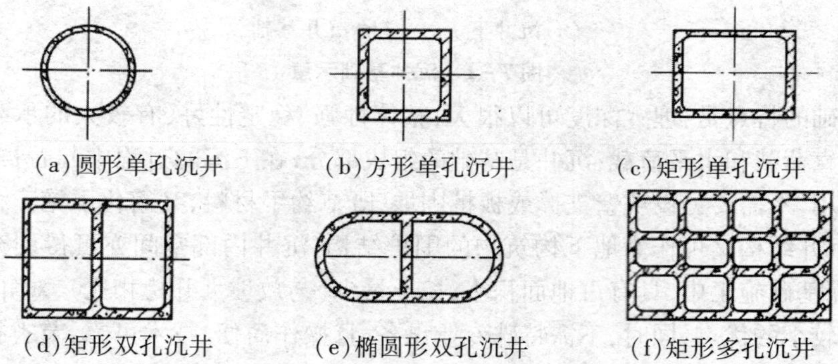

(a)圆形单孔沉井　(b)方形单孔沉井　(c)矩形单孔沉井
(d)矩形双孔沉井　(e)椭圆形双孔沉井　(f)矩形多孔沉井

图 7-3　沉井平面图

按竖向剖面形状分类:圆柱形、阶梯形及锥形等,如图 7-4 所示。

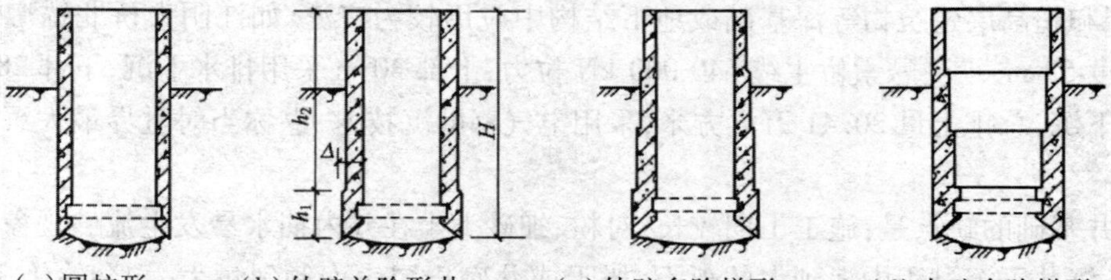

(a)圆柱形　(b)外壁单阶形井　(c)外壁多阶梯形　(d)内壁多阶梯形

图 7-4　沉井立面图

二、沉井构造

沉井一般由井壁(侧壁)、刃脚、内隔墙、井孔、封底和顶盖板等组成,如图 7-5 所示。

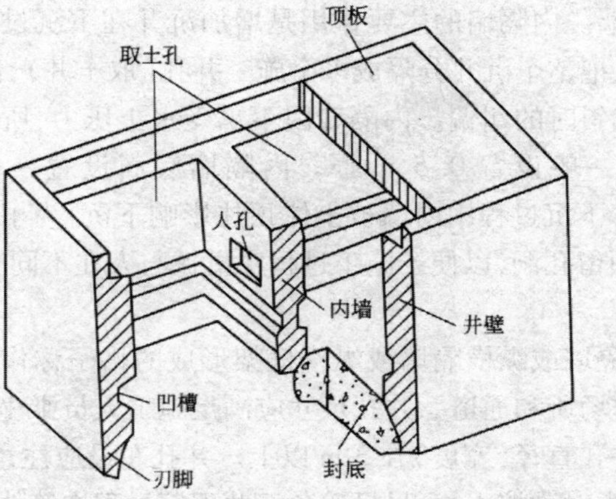

图 7－5　沉井构造图

(一)井壁

井壁是沉井的主要部分,应有足够的厚度与强度,以承受在下沉过程中各种最不利荷载组合(水、土压力)所产生的内力,同时要有足够的重量,使沉井能在自重作用下顺利下沉到设计标高,同时受浮力作用不致上浮。

设计时通常先假定井壁厚度,再进行强度验算。井壁厚度一般为 0.4 m～1.2 m 左右。

对于薄壁沉井,应采用触变泥浆润滑套、壁外喷射高压空气或井壁中预埋射水管等措施,以减小沉井下沉时的摩阻力,达到减薄井壁厚度、节约材料的目的。

(二)刃脚

井壁最下端一般都做成刀刃状的"刃脚"。其主要功用是减少下沉阻力。

刃脚还应具有一定的强度,以免在下沉过程中损坏。刃脚底的水平面称为踏面,踏面设置宽度一般为 10 cm～20 cm,内倾角一般为 45°～60°。刃脚的式样应根据沉井下沉时所穿越土层的软硬程度和刃脚单位长度上的反力大小决定,沉井重、土质软时,踏面要宽些。相反,沉井轻,又要穿过硬土层时,踏面要窄些,有时甚至要用角钢加固的钢刃脚。刃脚的高度一般取 0.6 m～1.5 m,干封底时取小值,湿封底时取大值。如图 7－6 所示。

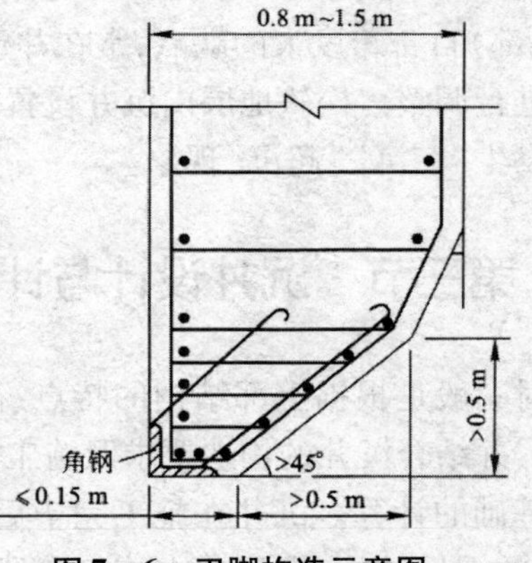

图 7－6　刃脚构造示意图

(三)内隔墙

根据沉井实际施工和使用中的受力特点,为了满足施工过程、使用和结构上的需要,在沉井井筒内设置内隔墙。内隔墙的主要作用是增加沉井在下沉过程中的刚度,减小井壁受力计算跨度。同时,又把整个沉井分隔成多个施工井孔(取土井),使挖土和下沉可以较均衡地进行,也便于沉井偏斜时的纠偏。内隔墙因不承受水土压力,所以,其厚度较沉井外壁要薄一些,内隔墙厚度一般设置 0.5 m 厚。内隔墙底面设置一般要比井壁刃脚踏面高 0.5 m~1 m,避免沉井下沉过程中内墙被土体顶住影响下沉,为了施工便利,隔墙下部应设置 0.8 m×1.2 m 的预留孔洞,以便于施工过程中机械与人在不同分隔空间的移动。

(四)井孔

沉井内设置的内隔墙或纵横隔墙或纵横框架形成的格子称作井孔,井孔是沉井基础施工中挖土、运土的工作场所和通道。井孔尺寸应满足施工人员乘坐升降工具、挖土机具自由升降工艺要求,一般井孔直径(宽度)在 3 m 以上。井孔布设应注意对称于沉井中心轴线,这种设置方式便于施工中对称挖土,可尽量避免沉井下沉过程中筒体倾斜。

(五)射水管

当沉井下沉深度比较大,穿过地层的土质又比较好,施工中往往会有下沉困难问题产生,为解决此类地层中沉井下沉,可在井壁中预埋射水管组。射水管应均匀布置,以利于控制水压和水量来调整下沉方向,水压一般不小于 600 kPa。如使用触变泥浆润滑套施工方法时,应有预埋的压射泥浆管路。

(六)封底及顶盖

当沉井下沉到设计标高,经过技术检验并对井底清理整平后,即可封底,以防止地下水渗入井内。封底通常有干封和湿封(在水下浇灌混凝土)两种方法,可根据场地实际情况选用。为了使封底混凝土和底板与井壁间有更好的连接,以传递基底反力,使沉井成为空间结构受力体系,常于刃脚上方井壁内侧预留凹槽,以便在该处浇筑钢筋混凝土底板和楼板及井内结构:凹槽一般设置在刃脚上方的井壁内,距刃脚踏面 2.5 m 左右,槽高约 1.0 m,凹槽凹入井壁深度约为 15 cm~25 cm。

(七)底梁和框架

沉井由于使用要求的不同,有时在沉井内部不能设置内隔墙,此时可在沉井底部设置底梁,与井壁一起构成框架可增大沉井整体刚度。当沉井埋深较深,为了减少由于沉井高度过大引起的井壁(沉井顶部、底部)自身跨度大的缺点,常在井壁不同高度处设置若干道纵横大梁的水平框架,对沉井受力进行调整。松软地层内沉井设置底梁,施工中便于纠偏和分格封底,可防止沉井施工过程中发生“突沉”“超沉”现象。

第三节　沉井设计与计算

沉井属于深基础,设计时一般是根据上部结构的特点、荷载大小、当地的水文地质条件以及各地基土层的工程特性,并结合沉井的构造要求及施工方法,先拟定出沉井的平面尺寸及埋置深度,然后进行沉井基础的计算。沉井在施工完毕后,本身是结构物的基础,而在施工过程中,它又是挡土、挡水的围堰结构,即沉井在施工阶段和使用阶段所承受的外力及其作用状态不同。因此,沉井基础的计算一般包括两个方面:一是沉井作为整体基础的计算,二是沉井在施工过程中的结构强度计算。

一、沉井作为整体基础的计算

沉井作为整体基础的计算,根据其埋置深度和受力情况可采用不同的计算方法。

当沉井埋置深度在地面以下不超过 5 m 时,可按浅基础设计的规定,验算地基承载力、沉井稳定性(抗滑动、抗倾覆稳定性验算等)及其沉降量。

当沉井埋置深度大于 5 m 时,应作为深基础设计,对于建筑工程等以承受竖向荷载为主的建筑物,一般地基承载力应满足下式要求

$$N + G \leqslant R_j + R_f \tag{7-1}$$

式中,N 为沉井顶面所受竖向力;G 为沉井自重(含井内填料和设备);R_j 为沉井底部地基土的承载能力;R_f 为沉井侧壁的总侧阻力。

沉井底部地基土的承载能力 R_j 由下式计算

$$R_j = f_a A \tag{7-2}$$

式中,f_a 为刃脚标高处土的承载力特征值;A 为支撑面积。

沉井侧壁的总侧阻力 R_f 可假定沿深度呈梯形分布,距地面 5 m 范围内按三角形分布,5 m以下为常数(见图 7-7),总摩阻力为

$$R_f = u(h - 2.5)q_0 \tag{7-3}$$

式中,u 为沉井的周长;h 为沉井的入土深度;q_0 为单位面积摩阻力加权平均值,$q_0 = \sum(q_i h_i)/\sum h_i$;$h_i$ 为第 i 土层厚度;q_i 为第 i 土层井壁单位面积摩阻力,根据实际资料或查表 7-1 选用。

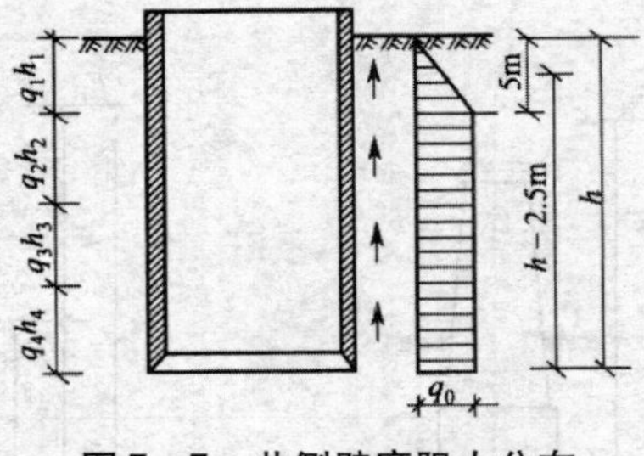

图 7-7　井侧壁摩阻力分布

表 7-1　土与井壁摩阻力经验值

名称	摩阻力/kPa	名称	摩阻力/kPa
砂卵石	18~30	硬塑黏性土、粉土	25~50
砂砾石	15~20	流塑黏性土、粉土	10~12
砂土	12~25	软塑(可塑)黏性土、粉土	12~25
泥浆套	3~5		

注:泥浆套为灌注在井壁外侧的触变泥浆,是一种助沉材料。

对于桥梁墩台、水工结构物等承受水平力为主的构筑物,若基础埋置深度较深,验算地基承载力、变形及沉井稳定性时,需考虑井壁侧面土的弹性抗力约束作用、基底应力和基底截面弯矩,并根据基础底面的地质条件分为非岩石地基与岩土地基两种情况,计算时常做如下基本假定:

①地基土为弹性变形介质，水平向地基系数随深度成正比例增加（即 m 法）；

②不考虑基础与土之间的黏着力和摩阻力；

③沉井刚度与土刚度之比视为无限大，横向力作用下只能发生转动而无挠曲变形。

基于以上假定，沉井基础在横向外力作用下只能发生转动而无挠曲变形，可视为刚性桩来计算基础内力和土抗力。

（一）非岩石地基沉井基础

当沉井基础受到水平力 F_H 和偏心竖向力 $F_V = \sum F + G$ 共同作用［见图 7－8(a)］时，可将其等效为距离基底作用高度为 λ 的水平力 F_H［图 7－8(b)］，即

$$\lambda = \frac{F_V \cdot e + F_H \cdot l}{F_H} = \frac{\sum M}{F_H} \tag{7-4}$$

式中，$\sum M$ 为对井底各力矩代数和。

在水平力作用下，沉井将围绕位于地面下 z_0 深度处的 A 点转动 ω 角（见图 7－9），地面下深度 z 处沉井基础产生的水平位移 Δx 和土的侧面水平压应力 σ_{zx} 分别为

$$\Delta x = (z_0 - z)\tan\omega \tag{7-5}$$

$$\sigma_{zx} = \Delta x C_z = C_z(z_0 - z)\tan\omega \tag{7-6}$$

式中，z_0 为转动中心 A 离地面的距离；C_z 为深度 z 处水平的地基系数，$C_z = mz$，kN/m^4；m 为地基土的比例系数。

将 C_z 数值代入式(7－6)得

$$\sigma_{zx} = mz(z_0 - z)\tan\omega \tag{7-7}$$

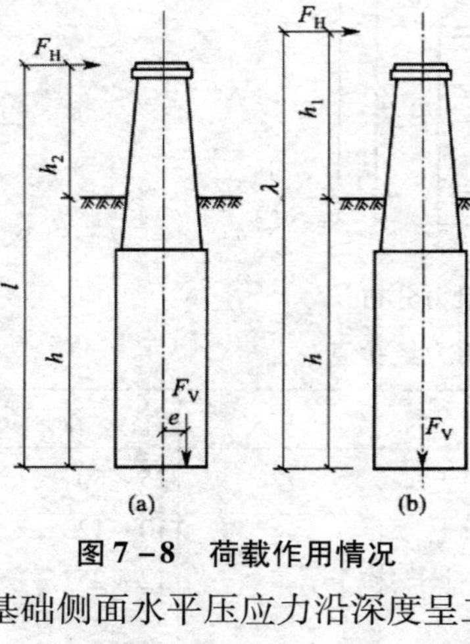

图 7－8　荷载作用情况

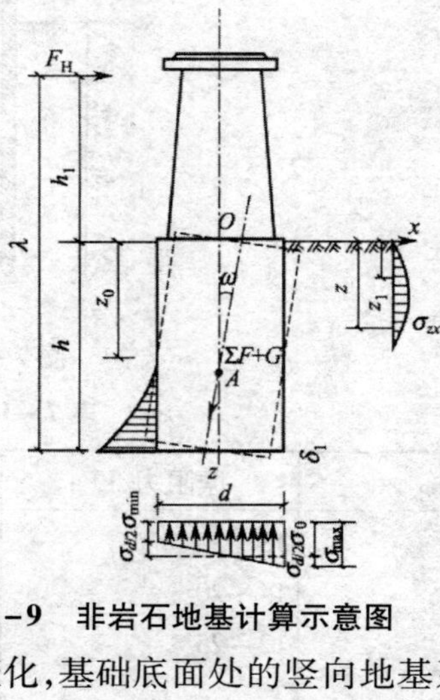

图 7－9　非岩石地基计算示意图

考虑基础侧面水平压应力沿深度呈二次抛物线变化，基础底面处的竖向地基系数 C_0 不变，则基底压应力图形与基础竖向位移图形相似，即

$$\sigma_{d/2} = C_0\delta_1 = C_0\,\frac{d}{2} \times \tan\omega \tag{7-8}$$

$$C_0 = m_0 h\ (\ C \geqslant 10\ m_0\ )$$

式中，m_0 为基底处地基土的比例系数；d 为基底宽度或直径。

z_0 和 ω 两个未知数，可根据图 7－9 建立两个平衡方程式，即

$$\sum x = 0 \; F_H - \int_0^h \sigma_{zx} b_1 z dz = F_H - b_1 m \tan\omega \int_0^h z(z_0 - z) dz = 0 \tag{7-9}$$

$$\sum M = 0 \; F_H h_1 + \int_0^h \sigma_{zx} b_1 z dz - \sigma_{d/2} W_0 = 0 \tag{7-10}$$

式中，b_1 为基础计算宽度；W_0 为基础底面的边缘弹性抵抗拒。

由式(7－9)、式(7－10)可得

$$z_0 = \frac{\beta b_1 h^2(4\lambda - h) + 6dW_0}{2\beta b_1 h(3\lambda - h)} \tag{7-11}$$

$$\tan\omega = \frac{6F_H}{Amh} \tag{7-12}$$

$$A = \frac{\beta b_1 h^3 + 18W_0 d}{2\beta(3\lambda - h)}$$

式中，β 为深度 h 处沉井侧面的水平地基系数与沉井底面的竖向地基系数的比值，$\beta = \frac{C_h}{C_0} = \frac{mh}{m_0 h}$。

基础侧面水平压应力为

$$\sigma_{zx} = \frac{6F_H}{Ah} z(z_0 - z) \tag{7-13}$$

基底边缘处竖向压应力为

$$\sigma_{\min}^{\max} = \frac{F_V}{A_0} \pm \frac{3F_H d}{A\beta} \tag{7-14}$$

式中，A_0 为基础底面积。

离地面或最大冲刷线以下 z 深度处基础截面上的弯矩(图 7－9)为

$$M_z = F_H(\lambda - h + z) - \int_0^z \sigma_{zx} b_1 (z - z_1) \mathrm{d}z = F_H(\lambda - h + z) - \frac{F_H b_1 z^3}{2hA}(2z_0 - z) \tag{7-15}$$

(二)岩石地基沉井基础

若基底嵌入基岩内，在水平力和竖直偏心荷载作用下，可假定基底不产生水平位移，基础的旋转中心 A 与基底中心重合，即 $z_0 = h$（图 7－10）。而在基底嵌入处将存在水平阻力 P，该阻力对 A 点的力矩一般可忽略不计。取弯矩平衡方程可得转角表达式为

$$\tan\omega = \frac{F_H}{mhD} \tag{7-16}$$

$$D = \frac{b_1 \beta h^3 + 6W_0 d}{12\lambda\beta}$$

基础侧面水平压应力为

$$\sigma_{zx} = (h - z) z \frac{F_H}{Dh} \tag{7-17}$$

基底边缘处竖向压应力为

$$\sigma_{\min}^{\max} = \frac{F_H}{A_0} \pm \frac{F_H d}{2\beta D} \tag{7-18}$$

由 $\sum x = 0$ 可算得嵌入处未知水平阻力 F_R 为

$$F_R = \int_0^h b_1 \sigma_{zx} \mathrm{d}z - F_H = F_H\left(\frac{b_1 h^2}{6D} - 1\right) \tag{7-19}$$

地面以下 z 深度基础截面上的弯矩为

$$M_z = F_H(\lambda - h + z) - \frac{b_1 F_H z^3}{12Dh}(2h - z) \tag{7-20}$$

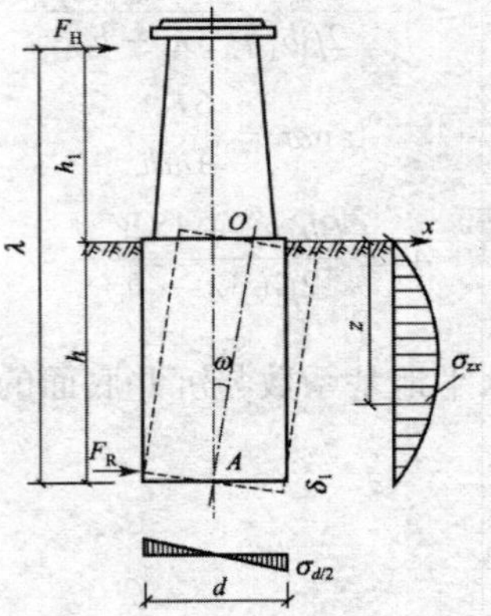

图 7－10　基底嵌入基岩内计算

此外，当基础仅受偏心竖向力 F_V 作用时，$\lambda \to \infty$，上述公式均不能应用。此时，应以 $M = F_V e$ 代替式（7－10）中的 $F_H h_1$，同理可推得上述两种情况下相应的计算公式，详见现行《公路桥涵地基与基础设计规范》（JTG D63—2007）。

（三）沉井基础验算

1. 基底应力验算

要求满足计算所得的最大压应力 σ_{max}，不应超过沉井底面 h 深度处修正后的地基承载容许值 $[f_a]$，即

$$\sigma_{max} \leqslant [f_a] \tag{7-21}$$

2. 基础侧面水平压应力验算

要求满足计算所得基础侧面水平压应力 σ_{zx} 值小于沉井周围土的极限抗力值 $[\sigma_{zx}]$。计算时认为基础在外力作用下产生位移时，深度 z 处基础一侧产生主动土压力 E_a，而被挤压一侧受到被动土压力 E_p 作用。因此，基础侧面水平压应力验算公式为

$$\sigma_{zx} \leqslant [\sigma_{zx}] = E_p - E_a \tag{7-22}$$

由朗肯主动土压力理论可推得

$$\sigma_{zx} \leqslant \frac{4}{\cos\varphi}(\gamma z \tan\varphi + c) \tag{7-23}$$

式中，γ 为土的重度；φ 为土的内摩擦角；c 为土的黏聚力。

工程经验表明，最大的横向抗力大致在 $z = h/3$ 和 $z = h$ 处，以此代入式（7－23），得

$$\sigma_{hx/3} \leqslant \eta_1 \eta_2 \frac{4}{\cos\varphi}\left(\frac{\gamma h}{3}\tan\varphi + c\right) \tag{7-24}$$

$$\sigma_{hx} \leqslant \eta_1 \eta_2 \frac{4}{\cos\varphi}(\gamma h \tan\varphi + c) \tag{7-25}$$

式中，$\sigma_{hx/3}$，σ_{hx} 分别为 $z=h/3$ 和 $z=h$ 深度处土的水平压应力；η_1 为取决于上部结构形式的系数，一般取 $\eta_1=1$，当沉井用于超静定推力拱桥时，$\eta_1=0.7$；η_2 为考虑恒载产生的弯矩 M_g 对全部荷载产生的总弯矩 M 的影响系数，$\eta_2=1-0.8\,M_g/M$。

沉井基础侧面水平压应力，如不满足考虑土的弹性抗力条件时，其偏心和稳定的设计条件，可按刚性基础进行计算。

（四）墩台顶面水平位移

基础在水平力和力矩作用下，墩台顶水平位移 δ 由地面处水平位移 $z_0\tan\omega$、地面至墩台顶 h_2 范围内水平位移 $h_2\tan\omega$ 及台身弹性挠曲变形在 h_2 范围内引起的墩台顶水平位移 δ_0 三部分所组成，即

$$\delta=(z_0+h_2)\tan\omega+\delta_0 \tag{7-26}$$

实际上基础的刚度并非无穷大，对墩台顶的水平位移必有影响，故通常采用系数 K_1 和 K_2 来反映实际刚度对地面处水平位移及转角的影响，其值可由表 7-2 查取。另外考虑到基础转角一般很小，可取 $\tan\omega\approx\omega$，因此

$$\delta=(z_0K_1+h_2K_2)\omega+\delta_0 \tag{7-27}$$

除应考虑基础沉降外，还需检验因地基变形和墩身弹性水平变形所引起的墩顶水平位移。现行规范规定墩顶水平位移 $\delta\leqslant0.5\sqrt{L}$［$L$ 为邻跨中最小跨的跨度，单位为米（m），当 $L<25$ m时，取 $L=25$ m］。

表 7-2　墩台顶水平位移修正系数

ah	系数	λ/h				
		1	2	3	4	∞
1.6	K_1	1.0	1.0	1.0	1.0	1.0
	K_2	1.0	1.1	1.1	1.1	1.1
1.8	K_1	1.0	1.1	1.1	1.1	1.1
	K_2	1.1	1.2	1.2	1.2	1.2
2.0	K_1	1.1	1.1	1.1	1.1	1.1
	K_2	1.2	1.3	1.4	1.4	1.4
2.2	K_1	1.1	1.2	1.2	1.2	1.2
	K_2	1.2	1.5	1.6	1.6	1.7
2.4	K_1	1.1	1.2	1.3	1.3	1.3
	K_2	1.3	1.8	1.9	1.9	2.0
2.6	K_1	1.2	1.3	1.4	1.4	1.4
	K_2	1.4	1.9	2.1	2.2	2.3

注：如 $\alpha h<1.6$ 时，取 $K_1=K_2=1.0$，$\alpha=\sqrt{mb_1/(EI)}$。

二、沉井施工过程计算

沉井从制作、拆垫下沉，直到竣工开通运营各个阶段，各部位都受到不同外力的作用。

因此沉井结构强度需满足各阶段最不利情况的要求。计算时,根据各部分在施工阶段的最不利受力情况,得到相应的计算图式,算出截面内力,合理配筋,以保证沉井结构在各施工阶段的强度和稳定。

(一)沉降系数验算

沉井下沉时,要克服井壁与土层之间的摩阻力以及沉井底部的土阻力(图7-11),应满足下式

$$K = \frac{G - B}{T + R} \geqslant 1.05 \sim 1.25 \tag{7-28}$$

式中,K为沉井下沉系数;G为沉井自重及附加荷载;B为沉井下沉过程中地下水总浮力;R为刃脚踏面及斜面下土的总反力;T为土对井壁的总摩阻力。

若不能满足上述要求,可加大井壁厚度或调整取土井尺寸;增加荷载或射水助沉,或采取泥浆套、空气幕等辅助措施。

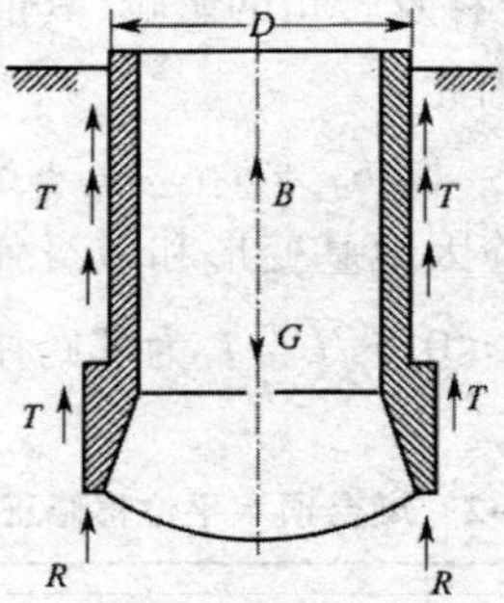

图7-11　沉井下沉时受力分析

淤泥等软弱地层沉井下沉时,为了防止突沉的发生,尚需计算沉降稳定系数,即

$$K_1 = \frac{G - B}{T + R + P_1} \leqslant 1.0 \tag{7-29}$$

式中,K_1为沉井下沉稳定系数,取值在0.8~0.9之间;P_1为内隔墙或底梁下的地基反力。

(二)抗浮安全系数计算

当沉井沉至设计标高,并已完成封底及井内积水排出工作,而内部结构和设备尚未安装,应按可能出现的最高水位验算沉井的抗浮稳定性。

$$K' = \frac{G + T}{B'} \geqslant 1.05 \sim 1.1 \tag{7-30}$$

式中,K'为抗浮安全系数;B'为按可能出现的最高水位计算封底后沉井所受总浮力。

(三)沉井底节验算

由于施工方法不同,底节沉井在抽垫或排土下沉过程中刃脚支承大不相同,沉井自重将导致井壁产生较大竖向挠曲应力,因此,还应根据支承情况进行井壁的强度验算。若挠曲应力大于沉井材料纵向抗拉强度,应增加底节沉井高度或在井壁内放置水平钢筋,以防止沉井竖向开裂。

①排水挖土下沉时,沉井长宽比大于1.5,支点应设在长边上,支点间距可取0.7倍沉井长度[见图7-12(a)],以使支撑处产生的负弯矩与长边中点处产生的正弯矩绝对值大致相等。

②不排水挖土下沉时,矩形或圆端形沉井,支点应设在长边中点上[见图7-12(b)];还

可将支点选在四个角点上[见图 7－12(c)]。

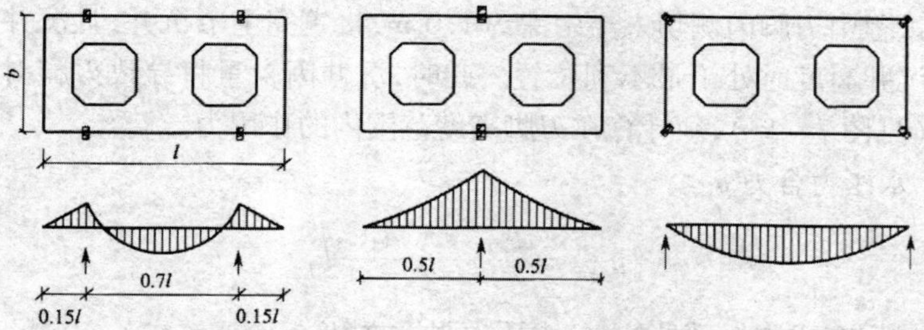

(a)两端支承　　(b)中点支承　　(c)角点支承

图 7－12　沉井底节弯矩图

(四)沉井刃脚验算

沉井在下沉过程中,刃脚受力较为复杂,一般按竖向和水平向分别计算。竖向分析时,近似地将刃脚看作固定于刃脚根部井壁处的悬臂梁(见图 7－13),由于刃脚内外侧作用力的不同可能发生向外或向内挠曲。在水平面上,则视刃脚为一封闭的框架(见图 7－14),在水、土压力作用下在水平面内发生弯曲变形。

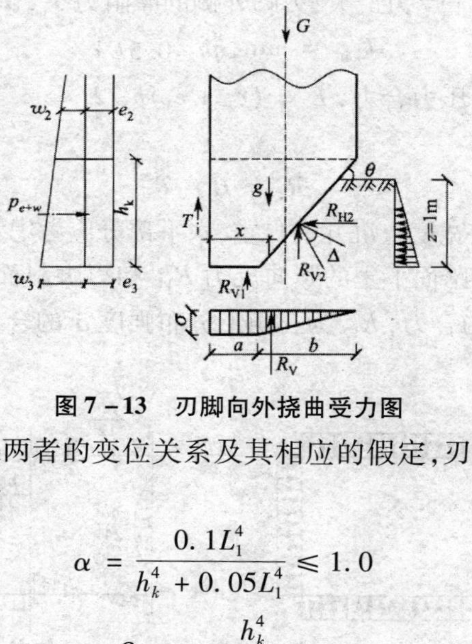

图 7－13　刃脚向外挠曲受力图

根据悬臂梁及水平框架两者的变位关系及其相应的假定,刃脚悬臂分配系数 α 和水平框架分配系数 β 的表达式为

$$\alpha = \frac{0.1L_1^4}{h_k^4 + 0.05L_1^4} \leqslant 1.0 \tag{7-31}$$

$$\beta = \frac{h_k^4}{h_k + 0.05L_2^4} \tag{7-32}$$

式中,L_1 为支撑于隔墙间井壁的最大计算跨度;h_k 为刃脚斜面部分高度;L_2 为支撑于隔墙间井壁的最小计算跨度。

当内隔墙底面高出刃脚底面大于 0.5 m 时,全部水平力均由悬臂作用承担,即 $\alpha = 1.0$;刃脚不起水平框架作用,但仍需要按构造要求设置水平钢筋,使其能承受一定的正负弯矩。

外力经上述分配后,就可将刃脚受力情况按竖向与水平向两个方向分别计算。

1. 刃脚竖向受力分析

一般取单位宽度井壁,将刃脚视为固定在井壁上的悬臂梁,分别按刃脚向外和向内挠曲两种最不利情况分析。

(1)刃脚向外挠曲计算。

沉井下沉过程中刃脚内侧切入土中深约 1.0 m,接筑完上节沉井,且沉井上部露出地面或水面约一节沉井高度时处于最不利位置。此时,沉井因自重将导致刃脚斜面土体抵抗刃脚而向外挠曲(见图 7-13),须计算在刃脚高度范围内的作用力。

外侧的土、水压力合力 p_{e+w}

$$p_{e+w} = \frac{p_{e_2+w_2} + p_{e_3+w_3}}{2} h_k \tag{7-33}$$

式中,$p_{e_2+w_2}$ 为作用在刃脚根部处的土、水压力强度之和,$p_{e_2+w_2} = e_2 + w_2$;$p_{e_3+w_3}$ 为刃脚底面处土、水压力强度之和,$p_{e_3+w_3} = e_3 + w_3$。p_{e+w} 作用点距离刃脚根部距离 $y = \dfrac{h_k(2p_{e_2+w_2} + p_{e_3+w_3})}{3(p_{e_2+w_2} + p_{e_3+w_3})}$。

地面下深度 h_y 处刃脚承受的土压力,按朗肯主动土压力公式计算。水压力计算应考虑施工情况和土质条件,为保证安全,一般要求由式(7-33)计算所得刃脚外侧土、水压力合力不得大于静水压力的 70%,否则按静水压力的 70% 计算。

为保证安全,使刃脚下土反力最大,刃脚外侧的摩阻力 $T_{\min}$

$$T_{\min} = \min\{qh_k, 0.5E\} \tag{7-34}$$

式中,E 为刃脚外侧主动土压力合力,$E = (e_2 + e_3)h_k/2$。

土的竖向反力 R_V

$$R_V = G - T \tag{7-35}$$

式中,G 为沿井壁周长单位宽度上沉井的自重,水下部分应考虑水的浮力。

若将 R_V 分解为作用在踏面下土的竖向反力 R_{V1} 和刃脚斜面下土的竖向反力 R_{V2},且假定 R_{V1} 为均匀分布强度 σ 的合力,R_{V2} 为三角形分布强度 σ 的合力,则水平反力 R_H 呈三角形分布(见图 7-14)。

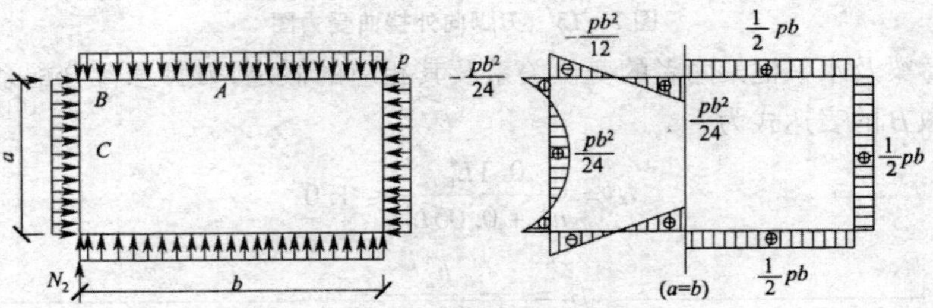

图 7-14　单孔框架受力图

根据力的平衡条件推得各反力为

$$R_{V1} = \frac{2a}{2a+b} R_V \tag{7-36}$$

$$R_{V2} = \frac{b}{2a+b} R_V \tag{7-37}$$

$$R_H = R_{V2} \tan(\theta - \delta) \tag{7-38}$$

式中,a 为刃脚踏面宽度;b 为切入土中部分刃脚斜面的水平投影长度;θ 为刃脚斜面的倾角;δ 为土与刃脚斜面间的外摩擦角,一般可取 $\delta = \varphi$。

刃脚单位宽度自重 g

$$g = \frac{t+a}{2} h_k \gamma_k \tag{7-39}$$

式中，t 为井壁厚度；γ_k 为钢筋混凝土刃脚的重度，不排水施工时应扣除浮力。

求出以上各力的数值、方向及作用点后，根据图 7-13 可求得各力对刃脚根部中心轴的力臂，从而求得总弯矩 M_0、竖向力 N_0 和剪力 Q，即

$$M_0 = M_{e+w} + M_T + M_{R_V} + M_{R_H} + M_g \tag{7-40}$$

$$N_0 = R_V + T + g \tag{7-41}$$

$$Q = p_{e+w} + R_H \tag{7-42}$$

式中，M_{e+w} 为土水压力合力 p_{e+w} 对刃脚根部中心轴的弯矩；M_T 为刃脚底部外侧摩阻力 T 对刃脚根部中心轴的弯矩；M_{R_V} 为竖向反力 R_V 对刃脚根部中心轴的弯矩；M_{R_H} 为横向反力 R_H 对刃脚根部中心轴的弯矩，应按规定考虑分配系数；

M_g 为刃脚自重 g 对刃脚根部中心轴的弯矩。

求得 M_0、N_0 及 Q 后即可验算刃脚根部应力，并计算出刃脚内侧所需竖向钢筋用量。一般刃脚钢筋截面积不宜少于刃脚根部截面积的 0.10%，且竖向钢筋应伸入根部 0.5 L_1 以上。

(2)刃脚向内挠曲计算。

其最不利位置是沉井已下沉至设计标高，刃脚下土体挖空而尚未浇筑封底混凝土(见图 7-15)，此时刃脚可视为根部固定在井壁上的悬臂梁，并以此计算最大弯矩。

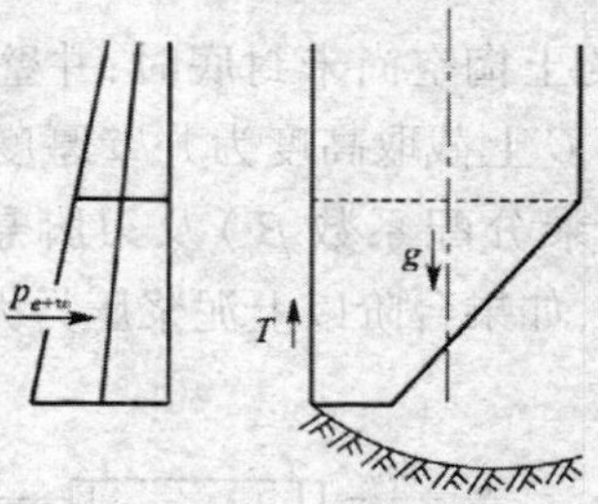

图 7-15　刃脚向内挠曲受力图

作用在刃脚上的力包括：刃脚外侧的土压力、水压力、摩阻力以及刃脚本身的重力。各力的计算方法同前。但水压力计算应考虑实际施工情况，为保证安全，若不排水下沉时，井壁外侧水压力取静水压力的 100% 计算，井内水压力一般取 50%，但也可按施工中可能出现的水头差计算；若排水下沉时，对于透水性不良的土取静水压力的 70%，透水土按 100% 计算。计算所得各水平外力同样应考虑刃脚悬臂分配系数 α。

根据刃脚上的作用力可计算对刃脚根部中心轴的弯矩、竖向力及剪力，以此求得刃脚外壁钢筋用量。其配筋构造要求与向外挠曲情况相同。

2. 刃脚水平受力计算

当沉井下沉至设计标高，刃脚下土已挖空但未浇筑封底混凝土时，刃脚所受水平压力最大，处于最不利状态。此时可将刃脚视为水平框架(见图 7-14)，作用于刃脚上的外力与计算刃脚向内挠曲时一样，但所有水平力应乘以水平框架分配系数 β，以此求得水平框架的控制内力，再配置框架所需水平钢筋。

框架内力可按一般结构力学方法计算，具体计算可根据不同沉井平面形式查阅有关手

册进行。

(五)沉井井壁验算

1 井壁竖向拉应力验算

沉井下沉过程中,刃脚下的土被挖空,若沉井上部被土体夹住,此时下部沉井处于悬挂状态,井壁可能在自重作用下被拉断,需要验算井壁的竖向拉应力。

拉应力大小与井壁摩阻力分布形式密切相关,一般近似假定沿沉井高度以倒三角形分布(见图 7-16)。

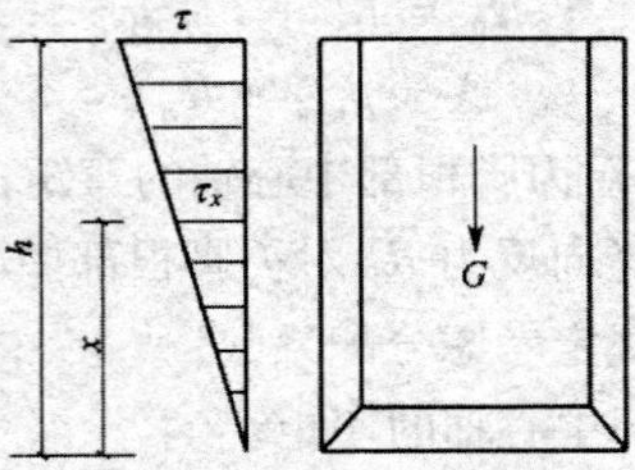

图 7-16 沉井悬吊时井壁摩阻力

距离刃脚底部 x 处井壁拉力:

$$S_x = Gx/h - Gx^2/h^2 \quad (7-43)$$

拉应力取极大值时 $dS_x/dx = 0$,即 $dS_x/dx = G/h - 2Gx/h^2 = 0$,求得 $S_{max} = G/4$。

2. 井壁横向受力计算

沉井沉至设计标高,刃脚下的土掏空尚未封底时,井壁承受最大的土压力和水压力,应按水平框架内力分析。断面 $C — C$ 上截取高度为井壁厚度的井壁作为研究对象,水平荷载有井壁段土压力、水压力(无须乘分配系数 β)及刃脚悬臂作用形成的水平剪力(见图 7-17)。采用泥浆润滑套的沉井,如果台阶以上泥浆压力大于土压力与水压力之和,井壁压力应按泥浆压力计算。

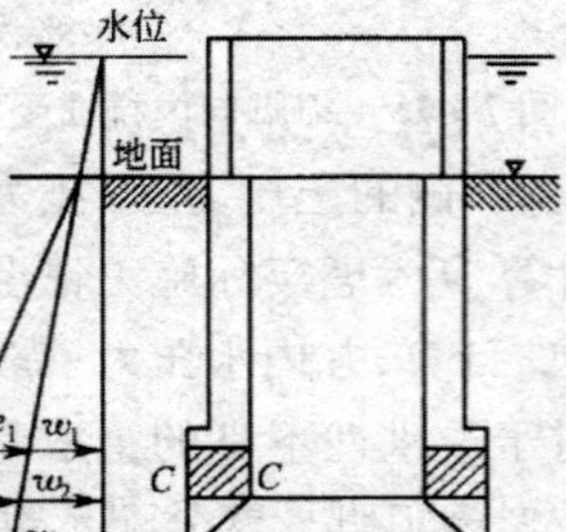

图 7-17 沉井井壁水平荷载

第四节 沉井的施工

沉井基础施工一般可分为旱地施工、水中筑岛及浮运沉井三种。施工前应详细了解场地的地质和水文条件。水中施工应做好河流汛期、河床冲刷、通航及漂流物等的调查研究,充分利用枯水季节,制订出详细的施工计划及必要的措施,确保施工安全。

一、旱地上沉井施工

桥梁墩台位于旱地时，沉井可就地制造、挖土下沉、封底、充填井孔以及浇筑顶板（见图7－18）。在这种情况下，一般较容易施工，工序如下。

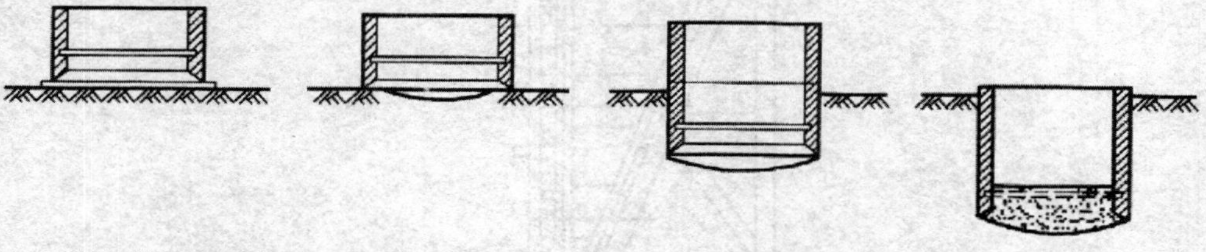

（a）制作第一节沉井　（b）抽垫木、挖土下沉　（c）沉井接高下沉　（d）封底

图7－18　沉井施工顺序示意

（一）清整场地

要求施工场地平整干净。若天然地面土质较硬，只需将地表杂物清净并整平，就可在其上制造沉井。否则应采取浅层置换加固或在基坑处铺填一层不小于0.5 m厚夯实的砂或砂砾垫层，防止沉井在混凝土浇筑之初因地面沉降不均产生裂缝。为减小下沉深度，也可挖一浅坑，在坑底制作底节沉井，但坑底应高出地下水面0.5 m～1.0 m。

（二）制造第一节沉井

制造沉井前，应先在刃脚处对称铺满垫木（见图7－19），以支承第一节沉井的重量，并按垫木定位立模板以绑扎钢筋。垫木数量可按垫木底面压力不大于100 kPa计算，其布置应考虑抽垫方便。垫木一般为枕木或方木（200 mm×200 mm），其下垫一层厚约0.3 m的砂，垫木之间间隙用砂填实（填到半高即可）。然后在刃脚位置处放上刃脚角钢，竖立内模（见图7－20），绑扎钢筋，再立外模浇筑第一节沉井。模板应有较大刚度，以免挠曲变形。当场地土质较好时也可采用土模。

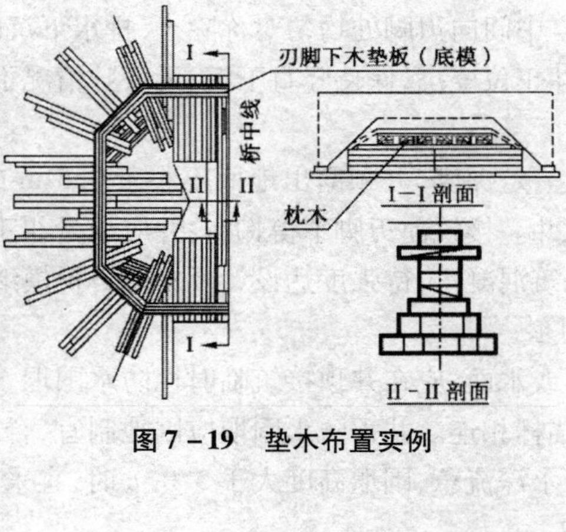

图7－19　垫木布置实例

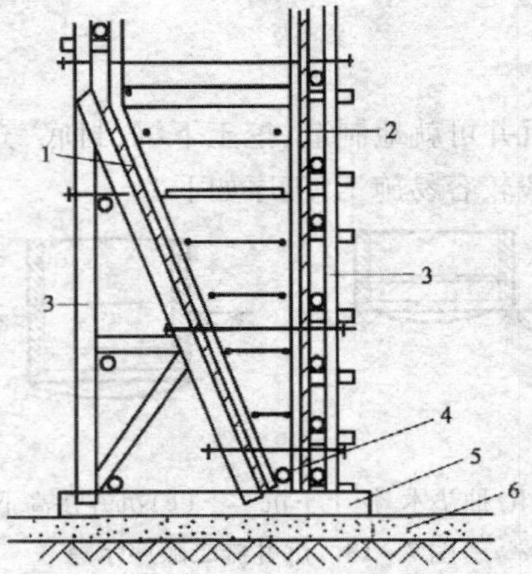

1－内模;2－外模;3－立柱;4－角钢;5－垫木;6－砂垫层

图7－20 沉井刃脚立模

(三)拆模及抽垫

当沉井混凝土强度达设计强度70%时可拆除模板,达设计强度后方可抽撤垫木。抽撤垫木应分区、依次、对称、同步地向沉井外抽出。其顺序为:先内壁下,再短边,再长边,最后定位垫木。长边下垫木隔一根抽一根,以固定垫木为中心,由远而近对称地抽,最后抽除固定垫木,并随抽随用砂土回填捣实,以免沉井开裂、移动或偏斜。

(四)挖土下沉

沉井宜采用不排水挖土下沉,在稳定的土层中,也可采用排水挖土下沉。挖土方法可采用人工或机械挖土,排水下沉常用人工挖土。人工挖土可使沉井均匀下沉,且易于清除井内障碍物,但应有安全措施。不排水下沉时,可使用空气吸泥机、抓土斗、水力吸石筒、水力吸泥机等挖土。通过黏土或胶结层挖土困难时,可采用高压射水破坏土层。

沉井正常下沉时,应自中间向刃脚处均匀对称除土,排水下沉时应严格控制设计支承点土的排除,并随时注意沉井正位姿态,保持竖直下沉,无特殊情况不宜采用爆破施工。

(五)接高沉井

当第一节沉井下沉至一定深度(井顶露出地面不小于0.5 m或露出水面不小于1.5 m)时,停止挖土,接筑下节沉井。接筑前刃脚不得掏空,并应尽量纠正上节沉井的倾斜,凿毛顶面,立模,然后对称均匀浇筑混凝土,待强度达设计要求后再拆模继续下沉。

(六)设置井顶防水围堰

若沉井顶面低于地面或水面,应在井顶接筑临时性防水围堰,围堰的平面尺寸略小于沉井,其下端与井顶上预埋锚杆相连。井顶防水围堰应因地制宜,合理选用,常见的有土围堰、砖围堰和钢板桩围堰。若水深流急,围堰高度大于5.0 m时,宜采用钢板桩围堰。

(七)基底检验和处理

沉井沉至设计高程后,应检验基底地质情况是否与设计相符。排水下沉时可直接检验;不排水下沉则应进行水下检验,必要时可用钻机取样进行检验。

当基底达设计要求后,应对地基进行必要的处理。砂性土或黏性土地基,一般可在井底铺一层砾石或碎石至刃脚底面以上200 mm。未风化岩石地基,应凿除风化岩层,若岩层倾斜,还应凿成阶梯形。要确保井底地基尽量平整,浮土、软土清除干净,以保证封底混凝土、沉井与地基结合紧密。

(八)沉井封底

基底经检验合格后应及时封底。排水下沉时,如渗水量上升速度≤6 mm/min 可采用普通混凝土封底;否则宜用水下混凝土封底。若沉井面积大,可采用多导管先外后内、先低后高依次浇筑。封底一般为素混凝土,但必须与地基紧密结合,不得存在有害的夹层、夹缝。

(九)井孔填充和顶板浇筑

封底混凝土达设计强度后,再排干井孔中的水,填充井内圬工。如井孔中不填料或仅填砾石,则井顶应浇筑钢筋混凝土顶板,以支承上部结构,且应保持无水施工。然后砌筑井上构筑物,并随后拆除临时性的井顶围堰。

二、水中沉井施工

(一)筑岛法

当水深小于 3 m,流速≤1.5 m/s 时,可采用砂或砾石在水中筑岛[见图 7－21(a)],周围用草袋围护;若水深或流速加大,可采用围堤防护筑岛[见图 7－21(b)];当水深较大(通常 <15 m)或流速较大时,宜采用钢板桩围堰筑岛[见图 7－21(c)]。岛面应高出最高施工水位0.5 m以上,砂岛地基强度应符合要求,围堰筑岛时,围堰距井壁外缘距离 $b \geq H\tan(45° - \varphi/2)$ 且≥2 m(H 为筑岛高度,φ 为砂在水中的内摩擦角)。其余施工方法与旱地沉井施工相同。

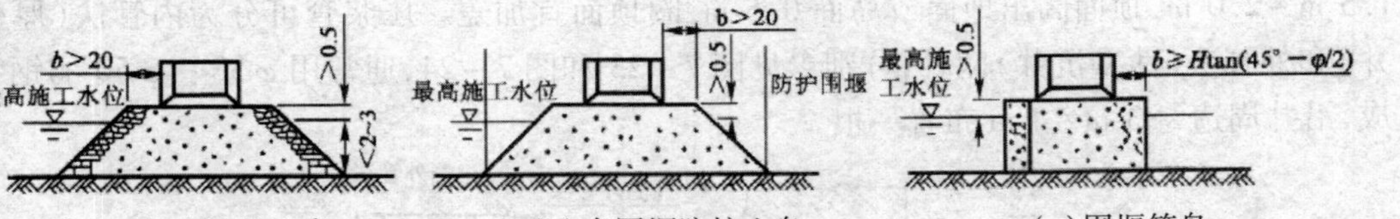

(a)无围堰防护土岛　　(b)有围堰防护土岛　　(c)围堰筑岛

图 7－21　水中筑岛下沉沉井(尺寸单位:m)

(二)浮运沉井施工

若水深(如大于 10 m),人工筑岛困难或不经济时,可采用浮运法施工。即将沉井在岸边做成空体结构,或采用其他措施(如带钢气筒等)使沉井浮于水上,利用在岸边铺成的滑道滑入水中(见图 7－22),然后用绳索牵引至设计位置。在悬浮状态下,逐步将水或混凝土注入空体中,使沉井徐徐下沉至河底;若沉井较高,需分段制造,在悬浮状态下逐节接长下沉至河底,但整个过程应保证沉井本身稳定。当刃脚切入河中一定深度后,即可按一般沉井下沉方法施工。

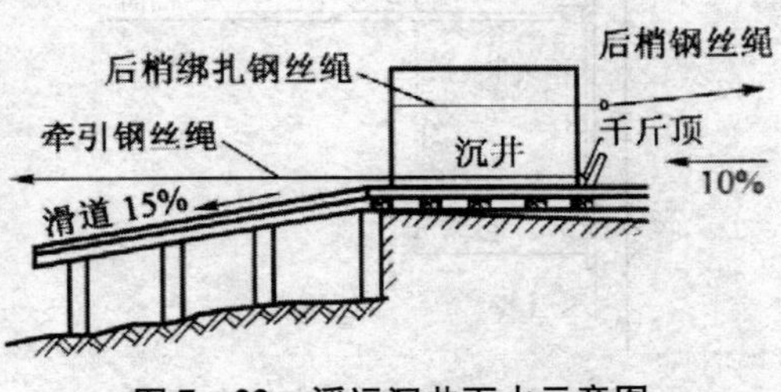

图 7－22　浮运沉井下水示意图

三、泥浆润滑套与壁后压气沉井施工方法

对于下沉较深的沉井，井侧土质较好时，井壁与土层间的摩阻力很大，若采用增加井壁厚度或压重等办法受限时，通常可采用触变泥浆润滑套（井壁后填充减摩泥浆）法和空气幕（壁后压气）法，降低井壁阻力。相对泥浆润滑套法，壁后压气沉井法更为方便，在停气后即可恢复土对井壁的摩阻力，下沉量易于控制，且所需施工设备简单，可以水下施工，经济效果好，适用于细、粉砂类土和黏性土中。

（一）泥浆润滑套

泥浆润滑套是借助泥浆泵和输送管道将特制的泥浆压入沉井外壁与土层之间，在沉井外围形成有一定厚度的泥浆层。泥浆通常由膨润土（35%～45%）、水（55%～65%）和碳酸钠分散剂（0.4%～0.6%）配置而成，具有良好的固壁性、触变性和胶体稳定性。主要利用泥浆的润滑减阻，降低沉井下沉中的摩擦阻力（可降低至 3 kPa～5 kPa，一般黏性土约为25 kPa～50 kPa）。相对而言，该技术具有施工效率高，井壁圬工数量少，沉井下沉深、速度快，并具有良好的施工稳定性等优点。

泥浆润滑套的构造主要包括：射口挡板，地表围圈及压浆管。射口挡板可用角钢或钢板弯制，置于每个泥浆射出口处固定在井壁台阶上（图 7－23），其作用是防止压浆管射出的泥浆直冲土壁，以免土壁局部坍落堵塞射浆口。地表围圈用木板或钢板制成，埋设在沉井周围，其作用是防止沉井下沉时土壁坍落，保持一定储量泥浆的流动性，用于沉井下沉过程中新造成的空隙的泥浆补充，及调整各压浆管出浆的不均衡。围圈高度与沉井台阶相同，高约 1.5 m～2.0 m，顶面高出地面或岛面 0.5 m，圈顶面宜加盖。压浆管可分为内管法（厚壁沉井）和外管法（薄壁沉井）两种，分别参见图 7－23 和图 7－24，通常用 φ38～φ50 的钢管制成，沿井周边每 3 m～4 m 布置一根。

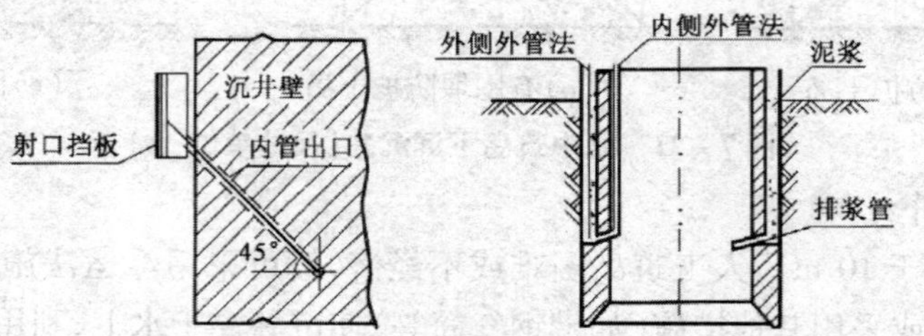

（a）射口挡板　（b）外管法压浆管构造

图 7－23　射口挡板与压浆管构造

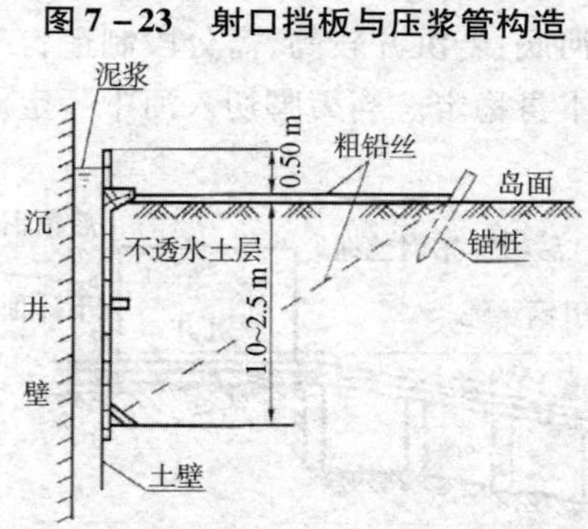

图 7－24　泥浆润滑套地表围圈

沉井下沉过程中要勤补浆，勤观测，发现倾斜、漏浆等问题要及时纠正。当沉井沉到设计高程时，若基底为一般土质，井壁摩阻力较小，会形成边清基边下沉的现象，为此，应压入水泥砂浆置换泥浆，以增大井壁的摩阻力。此外，该法不宜用于容易漏浆的卵石、砾石土层。

（二）壁后压气沉井法

用空气幕下沉是一种减少下沉时井壁摩阻力的有效方法。江阴大桥北锚墩沉井采用空气幕井壁减阻助沉技术，通过向沿井壁四周预埋的气管中压入高压气流，气流沿喷气孔射出再沿沉井外壁上升，在沉井周围形成一圈空气"帷幕"（空气幕），井壁周围土松动或液化，摩阻力减小，促使沉井顺利下沉。

空气幕沉井在构造上增加了一套压气系统，该系统由气斗、井壁中的气管、压缩空气机、储气筒以及输气管等组成，参见图 7－25。

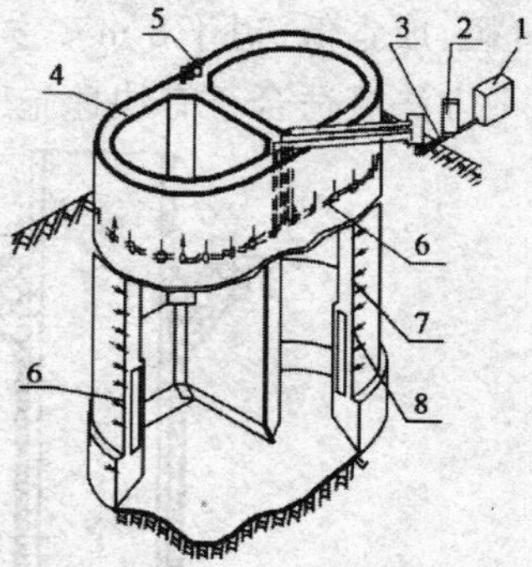

1－压缩空气机；2－借气筒；3－输气管路；4－沉井；5－竖管；6－水平喷气管；7－气斗；8－喷气孔

图 7－25　空气幕沉井压气系统构造

气斗是沉井外壁上凹槽及槽中的喷气孔，凹槽的作用是保护喷气孔，使喷出的高压气流有一扩散空间，然后较均匀地沿井壁上升，形成气幕。气斗应布设简单、不易堵塞、便于喷气，目前多为棱锥形（150 mm × 150 mm），其数量根据每个气斗作用有效面积确定。喷气孔直径 1 mm，可按等距离分布，上下交错排列布置。

气管有水平喷气管和竖管两种，可采用内径 25 mm 的硬质聚氯乙烯管。水平管连接各层气斗，每 1/4 或 1/2 周设一根，以便纠偏；每根竖管连接两根水平管，并伸出井顶。

由压缩空气机输出的压缩空气应先输入储气筒，再由地面输气管送至沉井外壁，以防止压气时压力骤然降低而影响压气效果。

在整个下沉过程中，应先在井内挖土，消除刃脚下土的抗力后再压气，但也不得过分挖土而不压气，一般挖土面低于刃脚 0.5 m～1.0 m 时，即应压气下沉。压气时间不宜过长，一般不超过 5 min/次。压气顺序应先上后下，以形成沿沉井外壁上喷的气流。气压不应小于喷气孔最深处理论水压的 1.4～1.6 倍（一般取静水压力 2.5 倍），并尽可能使用风压机的最大值。

停气时应先停下部气斗，依次向上，最后停上部气斗，并应缓慢减压，不得将高压空气突然停止，防止造成瞬时负压，使喷气孔内吸入泥沙而被堵塞。空气幕下沉沉井适用于砂类土、粉质土及黏性土地层，对于卵石土、砾类土及风化岩等地层同样由于漏气而不宜使用。

四、沉井施工新方法简介

20 世纪 90 年代以来，在国外一些发达国家提出了压沉法、SS（Space System Caisson）法和 SOCS(Super Open Caisson System),自动化沉井等施工方法。例如,1997 年日本日产建设和沉井研究所共同开发的 SS 沉井技术,对沉井刃脚钢靴改形,外撇钢靴扩大了地层与井筒间的缝隙(20 cm);缝隙中填充卵石辅助循环水技术,不仅使滑动摩擦变为球体滚动摩擦,下沉时阻力大幅度减小(可降至 7 kN/m^2);同时采用导槽技术控制姿态,保证井筒的垂直度(偏心量<0.1 m,倾斜度<1/150),参见图 7-26。SS 沉井技术设备简单、成本低,且井筒不易发生倾斜、偏心,故问世以来,施工实例猛增。1998 年 6 月获日本国技术审查通过证书,成为当前一种极有竞争力的新施工方法。SOSC 施工方法是采用预制管片拼接井筒,自动挖土、排土,自动压沉,并控制井筒姿态的高精度沉井施工方法,包括了井筒预制管片拼装系统、自动挖土排土系统和自动沉降管理系统三部分构成的自动化施工系统。SOSC 施工方法适用的土质范围宽,抗压强度<5 MPa 的地层均可适用;作业周期短,对固围地层的影响小;节约人力,可以减轻作业人员的负担,成本低;对于 8 m< φ(直径)<30 m 的沉井均可适用;且施工过程振动小、噪声小;该施工方法极适合于有快速施工要求的市区施工。

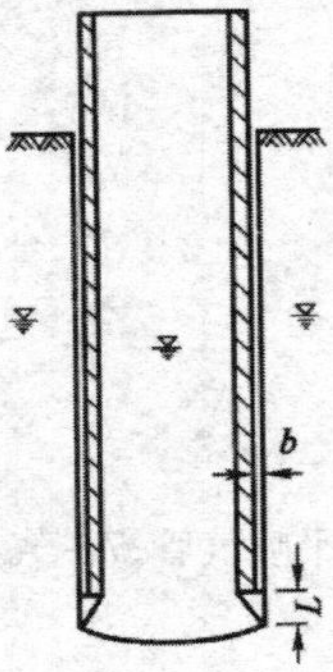

L:刃脚钢靴(垂直)
b:缝隙宽度(5 cm~10 cm),填充土体

(a)一般自沉法施工

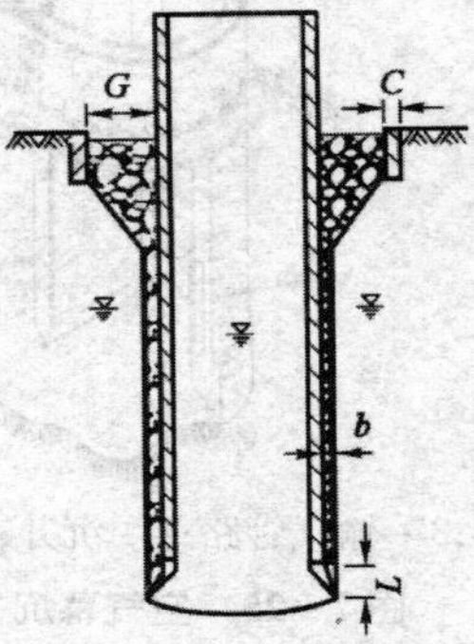

L:刃脚钢靴(八字形)
b:缝隙宽度(20 cm),填充卵砾
G:井筒外壁到导向墙间的距离(填充卵砾)
C:导向墙厚度

(b)SS 施工方法施工

图 7-26 SS 沉井与普通自沉沉井

五、沉井下沉过程中遇到的问题及处理

(一)偏斜

沉井偏斜大多发生在下沉不深时,导致偏斜的主要原因有:①土岛表面松软,或制作场地或河底高低不平,软硬不均;②刃脚制作质量差,井壁与刃脚中线不重合;③抽垫方法欠妥,回填不及时;④除土不均匀对称,下沉时有突沉和停沉现象;⑤刃脚遇障碍物顶住而未及时发现;⑥排土堆放不合理,或单侧受水流冲击淘空等导致沉井承受不对称外力作用,引起偏移。

纠正偏斜,通常可用除土、压重、顶部施加水平力或刃脚下支垫等方法处理,空气幕沉井也可采用单侧压气纠偏。若沉井倾斜,可在高侧集中除土,加重物,或用高压射水冲松土层;低侧回填砂石,且必要时在井顶施加水平力扶正。若中心偏移则先除土,使井底中心向设计中心倾斜,然后在对侧除土,使沉井恢复竖直,如此反复至沉井逐步移近设计井位中心。当刃脚遇障碍物时,须先清除再下沉。如遇树根、大孤石或钢料铁件,排水施工时可人工排除,必要时用少量炸药(少于 200 g)炸碎。不排水施工时,可由潜水工进行水下切割或爆破。

(二)下沉困难

下沉困难指沉井下沉过慢或停沉。导致下沉困难的主要原因是:①开挖面深度不够,正面阻力大;②偏斜或刃脚下遇到障碍物、坚硬岩层和土层;③井壁摩阻力大于沉井自重;④井壁无减阻措施或泥浆套、空气幕等减阻构件遭到破坏。

解决下沉困难的措施主要是增加压重和减少井壁摩阻力。增加压重的方法有:①提前接筑下节沉井,增加沉井自重;②在井顶加压砂袋、钢轨等重物迫使沉井下沉;③不排水下沉时,可井内抽水,减少浮力,迫使下沉,但需保证土体不产生流砂现象。减小井壁摩阻力的方法有:①将沉井设计成阶梯形、钟形,或使外壁光滑;②井壁内埋设高压射水管组,射水辅助下沉;③利用泥浆套或空气幕辅助下沉;④增大开挖范围和深度,必要时还可采用0.1 kg～0.2 kg 炸药起爆助沉,但同一沉井每次只能起爆一次,且需适当控制炮振次数。

(三)突沉

突沉常发生于软土地区,容易使沉井产生较大的倾斜或超沉。引起突沉的主要原因是井壁摩阻力较小,当刃脚下土被挖除时,沉井支承削弱,或排水过多、挖土太深、出现塑流等。防止突沉的措施一般是控制均匀挖土,减小刃脚处挖土深度。此外,在设计时可采用增大刃脚踏面宽度或增设底梁的措施提高刃脚阻力。

(四)流砂

在粉、细砂层中下沉沉井,经常出现流砂现象,若不采取适当措施将造成沉井严重倾斜。产生流砂的主要原因是土中动水压力的水头梯度大于临界值。故防止流砂的措施是:①排水下沉时发生流砂,可采取向井内灌水,或不排水除土下沉时,减小水头梯度;②采用井点,或深井和深井泵降水,降低井壁外水位,改变水头梯度方向使土层稳定;防止流砂发生。

第五节　地下连续墙

地下连续墙(简称地下墙)是利用一定的设备和机具(如液压抓斗),在稳定液(泥浆或无固相钻井液)护壁的条件下,沿已构筑好的导墙钻挖一段深槽,然后吊放钢筋笼入槽,浇筑混凝土,筑成一段混凝土墙,再将每个墙段连接起来,而形成一种连续的地下基础构筑物。地下连续墙主要起挡土、挡水(防渗)和承重作用。

地下连续墙的成槽方法主要有:冲击法、冲击－回转法、抓斗直接成槽法、冲抓法、多头钻成槽法、双轮铣成槽法等。

一、地下连续墙发展

地下连续墙起源于欧洲,意大利于 1938 年首次进行了在泥浆护壁的深槽中建造地下连续墙的试验,施工后进行墙身取样试验和使用中的长期观测检查,试验结果表明技术上其性能和精度均符合要求,经济上与其他方法相比节省了大量费用。地下连续墙技术用做防渗于 1950 年首次应用于意大利的 Santan Malia 大坝防渗工程(深达 40m 的截水止漏墙)和 Venafro 的储水池及引水工程(深达 35m 的防渗止水墙)。此后,地下连续墙施工技术被法国、德国、墨西哥、加拿大、日本等国所采用,其施工技术得到不断的改进和发展。

1958 年我国引进了此项技术修建了水坝防渗墙(即水利水电系统在青岛月子口水库建成的桩排式防渗墙),到目前为止,全国绝大多数省份都先后应用了此项技术。20 世纪 70 年代中期,这项技术开始推广应用到建筑、煤矿、市政等部门。在它的初期阶段,基本上都是用作防渗墙或临时挡土墙。通过开发使用许多新技术、新设备和新材料,现在已经越来越多地用作结构物的一部分或用作主体结构,最近十年更被用于大型的深基坑工程中。目前,地下墙施工技术已经成为我国基础工程施工技术中的一种重要类型。它主要应用于地铁、地下停车场、高层建筑、立交工程以及水利水电交通工程。地下连续墙的成槽深度由使用要求决定,大都在 50m 以内,墙宽与墙体的深度与受力情况有关,目前常用 60cm 及 80cm 两种,亦有 20cm 薄型防渗墙及 120cm 厚型地下连续墙。

经过几十年的发展,地下连续墙技术已经相当成熟,其中以日本在此技术上最为发达,已经累计建成大量的地下连续墙工程,目前地下连续墙的最大开挖深度达到 140m,最薄的地下连续墙厚度为 20cm。

二、地下连续墙分类

地下连续墙形式较多,可以按照不同的标准分类。

(1)按墙的用途可分为:

①防渗墙;②临时挡土墙;③永久挡土(承重)墙;④作为基础用的地下连续墙。

(2)按墙体材料可分为:

①刚性混凝土,刚性混凝土指普通混凝土(或钢筋混凝土)、黏土混凝土和粉煤灰混凝土等。该类混凝土抗压强度高(5 Mpa ~ 35 MPa),弹性模量大(15 000 ~ 32 000 MPa),适合于作防渗、挡土和承重等共同作用的地下墙体。

②塑性混凝土,塑性混凝土是用黏土、膨润土等混合材料取代普通混凝土中大部分水泥而形成的一种柔性的墙体材料。塑性混凝土抗压强度的设计值一般不大于 5 MPa,其弹性模量一般不超过 2000 MPa。

③自凝灰浆,自凝灰浆墙体材料是用水泥、膨润土、缓凝剂和水配制而成的一种浆液,在地下连续墙开挖过程中,它起护壁泥浆的作用,槽孔开挖完成后,浆液自行凝结成低强度柔性墙体。

④固化灰浆,固化灰浆是在槽锻造孔完毕后,向泥浆中加入水泥等固化材料,砂子、粉煤灰等掺合料、水玻璃等外加剂,经机械搅拌或压缩空气搅拌后形成的防渗固结体。固化灰浆具有凝结时间可控性好,固结体具有较好的防渗性能和抗侵蚀性能、抗压强度和弹性模量适宜、与地基变形协调能力强、对环境无污染、材料来源广、现场配制方便、不受成槽时间限制、能充分利用槽孔内废泥浆、成本低、适用范围广等性能特点。

另外根据地下连续墙的材料还有预制墙、泥浆槽墙(回填砾石、黏土和水泥三合土)、后张预应力地下连续墙、钢制地下连续墙等形式。

(3)按成墙方式可分为:

①桩排式地下墙,是利用挖掘工具成孔,下入钢筋笼,浇筑混凝土成单桩,再将相邻单桩依次连接,形成一道连续墙体。目前桩排式地下墙主要用于临时挡土墙或防渗墙,施工深度 10 m ~ 25 m之间。桩排式地下墙是最早出现的地下墙形式之一,但由于这种墙体的整体性和防渗性不好,垂直精度不高,后来逐渐被槽板式地下墙所取代。

目前桩排式地下墙主要用于临时挡土墙或防渗墙。桩排式地下墙按墙体材料可分成灌注桩式和预制桩式两种。

灌注桩式按施工方法又分成:用机械钻挖成孔之后,插入钢筋笼,用导管浇筑混凝土成型;用螺旋钻成孔之后,在提钻具时,由钻杆底端注入水泥砂浆,然后插入钢筋或H型钢成型;把特殊钻头安装在空心钻杆底端,一面从底端注入水泥砂浆,一面旋转钻杆向下钻进。当提升钻杆时也注入水泥砂浆,最后插入钢筋或H型钢。

预制桩式地下墙分为:压入法、振动打桩法、射水沉桩法、先钻孔后打桩法和中心掏孔法等形式。

②槽板式地下墙。槽板式地下墙也称为壁板式地下连续墙,它是向地下钻掘一段狭长深槽,吊放钢筋笼入槽,在稳定液护壁的条件下用导管进行水下混凝土浇筑,形成一段单元墙体。然后将多个单元墙体连接起来,形成一道完整的地下墙。槽板式地下墙施工示意图如图7－27所示。

③组合式地下墙。是一种将槽板式和桩排式结合起来施工而建成的组合墙;或者是由预制拼装芯板和胶凝泥浆固结而成的组合墙。

④按开挖情况可分为:地下连续墙(开挖)和地下防渗墙(不开挖)。

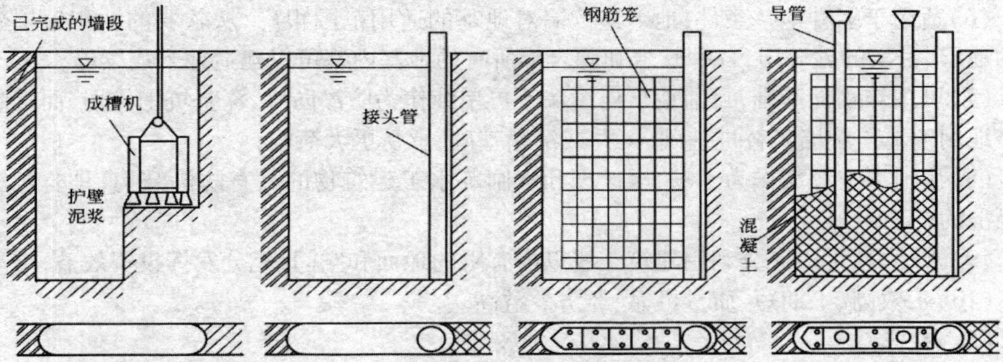

(a)开挖槽段　(b)放入接头管　(c)吊入钢筋笼　(d)下导管、浇筑混凝土

图7－27　槽板式地下连续墙施工示意图

三、地下连续墙适用范围

地下连续墙施工振动小、噪声低,墙体刚度大,防渗性能好,对周围地基无扰动,可以组成具有很大承载力的任意多边形连续墙代替桩基础、沉井基础或沉箱基础。对土壤的适应范围很广,在软弱的冲积层、中硬地层、密实的砂砾层以及岩石的地基中都可施工。初期用于坝体防渗,水库地下截流,后发展为挡土墙、地下结构的一部分或全部。房屋的深层地下室、地下停车场、地下街、地下铁道、地下仓库、矿井等均可应用。

根据地下连续墙的特点目前主要在以下几个方面得到大量应用。

(1)地下挡土墙,如高层超高层建筑地下室外墙、地铁和地下街道的外墙、盾构和顶管等工程的工作竖井、码头和河港的驳岸和护岸、干船坞的围墙等。

一般地,当工程建设存在以下情况时,可采用地下连续墙作为挡土墙:①基坑深度≥10 m;②软土地基或砂土地基;③在密集的建筑群中施工基坑,对周围地面沉降、建筑物的沉降要求须严格限制时;④围护结构与主体结构相结合,用作主体结构的一部分,对抗渗有较严格要求时；⑤采用逆作法施工，内衬与护壁形成复合结构的工程。

(2)地下承重结构物，如各种基础构造、墙及支承桩等。

(3)水利水电工程防渗墙、地下污水处理厂和净水池、泵房的外墙、城市市政管道及各种管形渠、地下贮存槽等。

四、地下连续墙优缺点

(一)优点

地下连续墙在工程建设中得到广泛的应用和其具有的优点是分不开的，地下连续墙具有以下一些优点：

(1)施工时振动小、噪声低，非常适合在城市施工；

(2)墙体刚度大，用于基坑开挖时，可承受很大的土压力，极少发生地基沉降或塌方事故，已经成为深基坑支护工程中必不可少的挡土结构；

(3)防渗性能好，由于墙体接头形式和施工方法的改进，使地下连续墙几乎不透水；

(4)可以贴近施工，由于具有上述几项优点，可以紧贴原有建筑物建造地下连续墙；

(5)可用于逆做法施工，地下连续墙刚度大，易于设置埋设件，很适合于逆作法施工；

(6)适用于多种地基条件，地下连续墙对地基的适用范围很广，从软弱的冲积地层到中硬的地层、密实的砂砾层，各种软岩和硬岩等所有的地基内都可以建造地下连续墙；

(7)可用作刚性基础，目前地下连续墙不再单纯作为防渗防水、深基坑围护墙，而且越来越多地用地下连续墙代替桩基础、沉井或沉箱基础，承受更大荷载；

(8)用地下连续墙作为土坝、尾矿坝和水闸等水工建筑物的垂直防渗结构，是非常安全和经济的；

(9)占地少，可以充分利用建筑红线以内有限的地面和空间，充分发挥投资效益；

(10)工效高、工期短、质量可靠、经济效益高。

(二)缺点

(1)在一些特殊的地质条件下(如很软的淤泥质土、含漂石的冲积层和超硬岩石等)，施工难度很大；

(2)如果施工方法不当或施工地质条件特殊，可能出现相邻墙段不能对齐和漏水的问题；

(3)地下连续墙如果用作临时的挡土结构，比其他方法所用的费用要高些；

(4)在城市施工时，废泥浆的处理比较麻烦。

五、地下连续墙施工工艺

地下连续墙施工工艺要求相对比较高，它是建造深基础工程和地下构筑物的一项新技术。地下连续墙施工工艺主要采用一种挖槽机械开挖基槽，在挖基槽前先作保护基槽上口的导墙，在泥浆护壁的条件下，开挖出一条狭长的深槽，清槽后在槽内吊放安装钢筋笼，紧接着用导管灌注水下混凝土，筑成一个单元槽段，如此逐段进行，以特殊接头方式，在地下筑成一道连续的钢筋混凝土墙壁，作为挡土、截水、防渗、承重结构。

(一)导墙

导墙通常为就地灌注的钢筋混凝土结构。主要作用是：保证地下连续墙设计的几何尺寸和形状;容蓄部分泥浆,保证成槽施工时液面稳定;承受挖槽机械的荷载,保护槽口土壁不破坏,并作为安装钢筋骨架的基准。导墙深度一般为 1.2 m～1.5 m。墙顶高出地面 10 cm～15 cm,以防地表水流入而影响泥浆质量。导墙底不能设在松散的土层或地下水位波动的部位。

(二)泥浆护壁

通过泥浆对槽壁施加压力以保护开挖的深槽形状不变,灌注混凝土把泥浆置换出来。泥浆材料通常由膨润土、水、化学处理剂和一些惰性物质组成。泥浆的作用是在槽壁上形成不透水的泥皮,从而使泥浆的静水压力有效地作用在槽壁上,防止地下水的渗水和槽壁的剥落,保持壁面的稳定,同时泥浆还有悬浮土渣和将土渣携带出基槽的功能。

在砂砾层中成槽必要时可采用木屑、蛭石等挤塞剂防止漏浆。泥浆使用方法分静止式和循环式两种。泥浆在循环式使用时,应用振动筛、旋流器等净化装置。在指标恶化后要考虑采用化学方法处理或废弃旧浆,换用新浆。

(三)成槽施工

目前国内使用成槽专用机械有:旋转切削多头钻、导板抓斗、冲击钻等。施工时应视地质条件和筑墙深度选用。一般土质较软,深度在 15 m 左右时,可选用普通导板抓斗;对密实的砂层或含砾土层可选用多头钻或加重型液压导板抓斗;在含有大颗粒卵砾石或岩基中成槽,以选用冲击钻为宜。槽段的单元长度一般为 6 m～8 m,通常结合土质情况、钢筋骨架重量及结构尺寸、划分段落等决定。成槽后需静置 4 h,并使槽内泥浆相对密度小于 1.3。

(四)水下灌注混凝土

采用导管法按水下混凝土灌注法进行,但在用导管开始灌注混凝土前为防止泥浆混入混凝土,可在导管内吊放一管塞,依靠灌入的混凝土压力将管内泥浆挤出。混凝土要连续灌注并测量混凝土灌注量及上升高度,所溢出的泥浆送回泥浆沉淀池。

(五)墙段接头处理

地下连续墙是由许多墙段拼组而成,为保持墙段之间连续施工,接头采用锁口管工艺,即在灌注槽段混凝土前,在槽段的端部预插一根直径和槽宽相等的钢管,即锁口管,待混凝土初凝后将钢管徐徐拔出,使端部形成半凹榫状接头。也有根据墙体结构受力需要而设置刚性接头的,以使先后两个墙段连成整体。

六、地下连续墙检测

地下连续墙作为一种常用的基础形式,目前在工程中得到广泛使用,但是由于地下连续墙施工结束后埋在地下,因此保证其工程质量就显得非常重要:目前常用的地下连续墙质量检测方法有:声波透射法、钻孔取芯法、探地雷达法。超声波地下连续墙检测是目前常用的方法之一。

超声波地下连续墙检测仪利用超声探测方法,将超声波传感器侵入钻孔中的泥浆里,可以很方便地对钻孔四个方向同时进行孔壁状态监测,可以实时监测连续墙槽宽、钻孔直径、孔壁或墙壁的垂直度、孔壁或墙壁坍塌状况;可完成帮助改善钻孔质量、减少工作时间、降低工程费用;输出清晰的孔以及槽壁图像。

目前,国内超声波钻孔检测仪无论从成图清晰度、检测数据的准确,还是机械性能等方面已经完全可以取代进口设备,而且检测图像更直观、清晰,对泥浆的适应能力更高。

第八章　基 坑 工 程

第一节　概　述

一、基坑工程的概念及特点

建筑基坑是指为进行建筑物(包括构筑物)基础与地下室的施工所开挖的地面以下空间。基坑施工中可采用放坡开挖方式,也可采用设置四周垂直形式的挡土(支护)结构的支挡方式。基坑支挡结构一般是在开挖面基底下有一定插入深度的板墙结构,常用混凝土、钢、木等材料,常见形式有钢板桩、钢筋混凝土板桩、柱列式灌注桩、水泥土搅拌桩、地下连续墙等。

为保证基坑施工以及主体地下结构的安全和周围环境不受损害,在建(构)筑物基础工程或其他地下工程中对基坑进行包括降水、开挖、支护和土体加固以及监测等综合性工作,称为基坑工程。

基坑工程是基础和地下工程施工中的一个古老的传统课题。随着城镇建设中高层及超高层建筑的大量涌现,大型市政设施的施工及大量地下空间的开发,大量的深基坑工程涌现。同时,密集的建筑物、基坑周围复杂的地下设施使得放坡开挖基坑这一传统技术不再能满足现代城镇建设的需要。因此,这些涉及基坑工程的新问题及其对策的研究,引起了各方面的广泛重视。

基坑工程具有以下特点。

(1)是一项综合性很强的系统工程。它不仅在理论上涉及结构、岩土、工程地质及环境等多门学科的知识内容,而且在实际工程中与勘察、设计、施工、检测等工作环环相扣、紧密相连。

(2)具有较强的时空效应。支护结构所受荷载(如土压力)及其产生的应力和变形在时间上和空间上具有较强的变异性。这一特点在软黏土和复杂体型基坑工程中尤为突出,必须予以充分的重视。

(3)由于场地的工程地质水文地质条件、岩土体的工程性质以及周边环境条件的差异性,基坑工程往往具有很强的地域性特征,在其设计和施工中,必须因地制宜,切忌生搬硬套。

(4)对周边环境影响较大。基坑开挖、降水势必引起周边场地上的应力和地下水位发生改变,使土体产生变形,对相邻建(构)筑物和地下管线等产生影响,严重者将危及它们的安全和正常使用。

(5)向“差、深、密、多、难”的方向发展。随着城市建设用地日趋紧张,工程地质条件越来越差,大量建筑趋向高层化、大规模、密集化,以及造成基坑向大深度、大面积开挖方向发展,使得基坑工程设计施工难度越来越大。

二、基坑工程设计内容

基坑支护应确保岩土开挖、地下结构施工的安全,并使周围环境不受损害。基坑工程设计的基本技术要求包括:

(一)安全可靠性

确保基坑工程的安全以及周围环境的安全。

(二)经济合理性

基坑工程在支护结构安全可靠的前提下,要从工期、材料、设备、人工以及环境保护等多方面综合研究经济合理性。

(三)施工便利性和工期保证性

在安全可靠经济合理的原则下,最大限度地满足便利施工和缩短工期的要求。

基坑工程设计广义上讲包括勘察、支护结构设计、施工、监测和周围环境的保护等方面的内容,具体内容如下:(1)基坑内建筑场地勘察和基坑周边环境勘察。基坑内建筑场地勘察可利用建(构)筑物设计提供的勘察报告,必要时进行少量补勘。(2)支护结构体系的方案和技术经济比较。(3)基坑支护结构体系的稳定性验算。(4)支护结构的强度和变形计算。(5)地下水控制设计。(6)对周边环境影响的控制设计。(7)基坑土方开挖施工方案。(8)基坑工程施工过程中的监测。

三、基坑支护设计原则

基坑支护工程设计的基本原则是:

(1)在满足支护结构本身强度、稳定性和变形要求的同时,确保周围环境的安全;

(2)在保证安全可靠的前提下,设计方案应具有较好的技术经济和环境效益;

(3)为基坑支护工程施工和基础施工提供最大限度的施工方便,并保证施工安全。

当支护结构同时作为永久结构使用时,其安全等级、结构使用年限、结构构件的重要性系数等应按建(构)筑物的结构安全等级相应确定。临时性支护结构,其结构构件重要性系数不小于1.0。基坑支护结构设计应满足下列规定:

(1)所有支护结构设计均应满足强度和变形计算以及土体稳定性验算的要求;

(2)设计等级为甲级、乙级的基坑工程,应进行因土方开挖、降水引起的基坑内外土体的变形计算;

(3)高地下水位地区设计等级为甲级的基坑工程,应进行地下水控制的专项设计。

基坑工程设计采用的土的强度指标,应符合以下规定:

(1)对淤泥及淤泥质土,应采用三轴不固结不排水剪强度指标;

(2)对正常固结的饱和黏性土应采用在土的有效自重应力下预固结的三轴不固结不排水剪强度指标;当施工挖土速度较慢,排水条件好,土体有条件固结时,可采用三轴固结不排水剪强度指标;

(3)对砂类土,采用有效强度指标;

(4)验算软黏土隆起稳定性时,可采用十字板剪切强度或三轴不固结不排水剪强度指标;

(5)灵敏度较高的土,基坑临近有交通频繁的主干道或其他对土的扰动源时,计算采用土的强度指标宜适当进行折减;

(6)应考虑打桩、地基处理的挤土效应等施工扰动原因造成对土强度指标降低的不利影响。

因支护结构变形、岩土开挖及地下水条件变化引起的基坑内外土体变形应按以下条件控制:

(1)不得影响地下结构尺寸、形状和正常施工;

(2)不得影响既有桩基的正常使用;

(3)对周围已有建、构筑物引起的地基变形不得超过地基变形允许值;

(4)不得影响周边地下建、构筑物、地下轨道交通设施及管线的正常使用。

基坑工程设计应具备以下资料:

(1)岩土工程勘察报告;

(2)建筑物总平面图、用地红线图;

(3)建筑物地下结构设计资料以及桩基础或地基处理设计资料;

(4)基坑环境调查报告,包括基坑周边建、构筑物、地下管线、地下设施及地下交通工程等的相关资料。

基坑土方开挖应严格按设计要求进行,不得超挖。基坑周边堆载不得超过设计规定。土方开挖完成后应立即施工垫层,对基坑进行封闭,防止水浸和暴露,并应及时进行地下结构施工。基坑开挖应根据设计要求进行监测,实施动态设计和信息化施工。

第二节　支护结构的类型及特点

一、支护结构分类

由于地质条件、周边环境以及施工条件的不同,基坑工程的支护方法较多,分类方法也多种多样。根据支护结构的受力特点大致可分为以下三类。

(一)主动受力支护结构

其特点为支护结构依靠自身的强度和刚度主动地承受基坑的土压力,限制土体的变形,确保基坑周围土体的稳定。如水泥土挡墙,依靠自身的重力平衡其所受的土压力,限制墙后土体的变形。常用的钢筋混凝土桩、带支撑的围护结构等均属此类。

(二)被动受力支护结构

其特点是在土体中设置受力构件,用以形成土体和受力构件共同受力的加固体,满足基坑的稳定和变形要求。如加筋土技术,通过在土层中设置拉筋以提高土体的抗剪强度,进而使土体的自稳能力得到提高。特别是20世纪90年代以来广泛应用的土钉支护技术,作为一种原位加固补强技术,在基坑工程中得到了广泛的应用。

(三)复合型支护结构

利用被动受力支护结构的原理对基坑周围的土体进行加固处理,同时利用主动支护技术维持基坑周围土体的稳定，达到控制变形的目的。如预应力锚杆（锚索）+土钉复合型支护结构、水泥土搅拌桩+土钉复合型支护等。

一般来说，被动受力支护结构属于柔性支护结构，支护结构所受土压力与支护结构的变形处于一种动态平衡状态，土压力增加将导致支护结构变形增大，变形增大又会降低相互之间的作用力，土压力相应降低，通常认为支护结构所受土压力达到极限平衡状态，即处于主动土压力状态或被动土压力状态。主动受力支护结构一般为刚性支护结构，支护体系变形小。目前对被动受力结构和复合型支护结构的研究远远落后于工程实践，大多按极限状态进行分析，对其变形还无可靠的计算方法。

二、支护类型简介

（一）水泥土挡墙

水泥土挡墙是一种常用的重力式挡土结构，它是依靠其本身的自重来平衡基坑内外的侧压力差。墙身材料通常采用水泥土搅拌桩、旋喷桩等，由于墙体抗拉、抗剪强度较小，因此墙身需做成厚而重的刚性墙以确保其强度及稳定性。水泥土挡墙具有结构简单、施工方便、施工噪声低、振动小、速度快、止水效果好、造价低等优点，但水泥土挡墙的断面较厚，一般适宜于基坑较浅、对变形控制要求不高的基坑工程。

（二）土钉支护

土钉支护（见图8－1）先以一定倾角将钢筋置入边坡并在钻孔内注浆形成土钉体，随后在坡面挂钢筋网并与土钉连接，最后在坡面喷射混凝土。土钉体沿长度与周围土体紧密结合，依靠接触面上的摩擦力与周围土体形成加固体，通过改良土体的力学强度及土钉在变形时提供给土体的锚固力达到支护的目的。

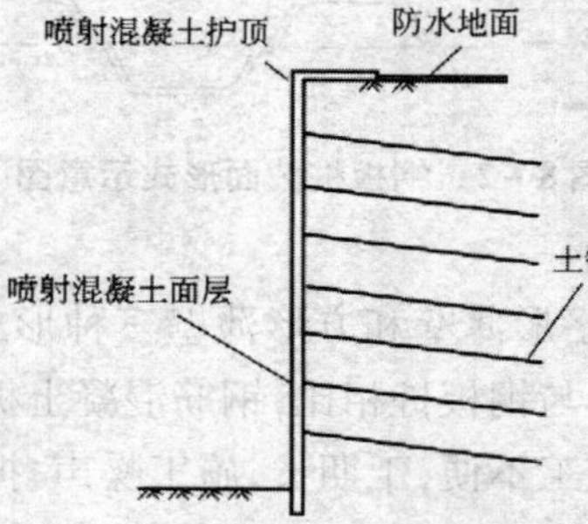

图8－1　土钉支护构造示意图

土钉支护通过在土体内设置一定长度和密度的土钉，并使其与周围土体共同作用，形成土钉支护复合体，从而弥补了土体自身抗拉、抗剪强度的不足，提高了复合土体的整体刚度，使土体的自身结构强度得以充分发挥，减小了边坡变形，改变了边坡的破坏形态，提高了边坡的整体稳定性和承受边坡超载的能力。

土钉支护适用于地下水位以上或人工降水后的黏性土、粉土、杂填土及非松散砂土、卵石土等，不宜用于淤泥质土、饱和软土及未经降水处理的地下水位以下的土层，也不宜用于对基坑变形有严格要求的支护工程中，且支护深度不宜过大。

（三）排桩或地下连续墙

排桩或地下连续墙是由墙体、支撑及周围土体形成的共同受力体系，可承受较大的内力，近些年来得到广泛的应用和发展。根据有无支撑及支撑设置的位置可分成以下三种类型。

(1)悬臂式

不设置内支撑或土层锚杆等，基坑内施工方便，但是由于其上端的水平位移是开挖深度的五次函数，故对开挖深度比较敏感，加之墙身刚度比较小，所以内力和变形均较大，因此该类支护结构只适用于开挖深度较浅、土质较好的基坑工程。

(2)单层或多层内支撑式

内支撑体系可增加围护结构的整体刚度，减小其内力和变形。结合实际工程情况，可设单层或多层内支撑；内支撑可以是水平的，也可是倾斜的。但是当基坑开挖深度较大时，布设的内支撑会给土方开挖及地下结构施工带来很大的不便。

(3)单层或多层土层锚杆式

通过固定于稳定土层内的锚杆(可设置单层或多层)来减小围护墙体的内力与变形，可用于开挖深度较大的基坑。该类支护结构施工方便，开挖效率高，但耗材量相对较大。

1. 围护结构体系的类型及特点

(1)钢板桩

其截面形式有 H 形、U 形及钢管等(见图 8 - 2)。钢板桩具有材料质量可靠，防水性能较好，在软土中施工简单、速度快，可重复使用，占地少等优点。由于钢板桩属于柔性结构，当基坑较深时需要使用多道支撑，工程量较大、造价较高。另外，施工噪声及振动大，在接头部位容易渗水，打桩时会产生挤土效应，拔桩时容易引起土体移动，因此在建筑密集地区要慎用。

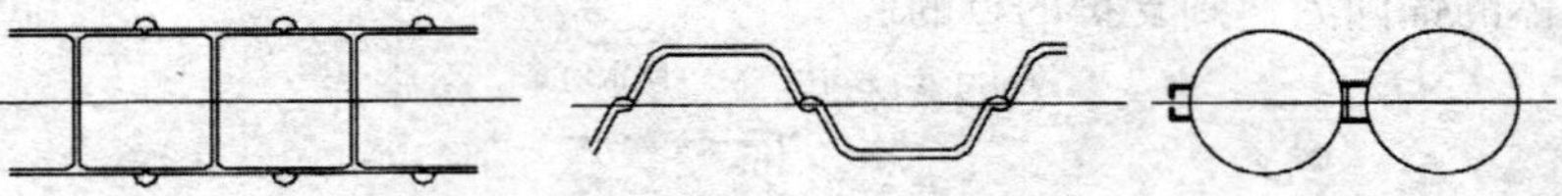

图 8 - 2 钢板桩截面形式示意图

(2)钢筋混凝土板桩

其截面有矩形榫槽结合、工字形薄壁和方形薄壁三种形式(见图 8 - 3)，其中矩形榫槽结合是常采用的截面形式之一。与钢板桩相比，钢筋混凝土板桩的工程造价相对较低，并可与主体结构结合使用。缺点是施工不便，工期长，施工噪声、振动及挤土大，接头防水性能较差，不宜在建筑密集的市区内使用，也不适用于在硬土层中施工。

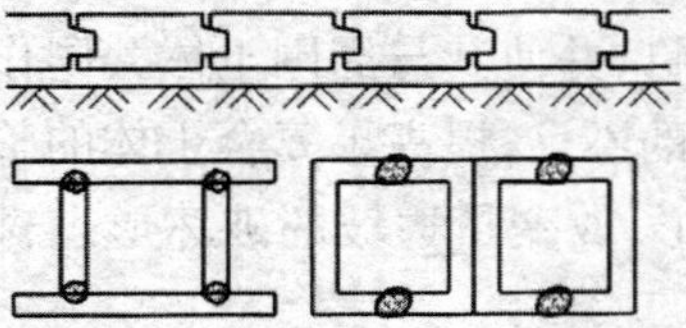

图 8 - 3 钢筋混凝土板桩

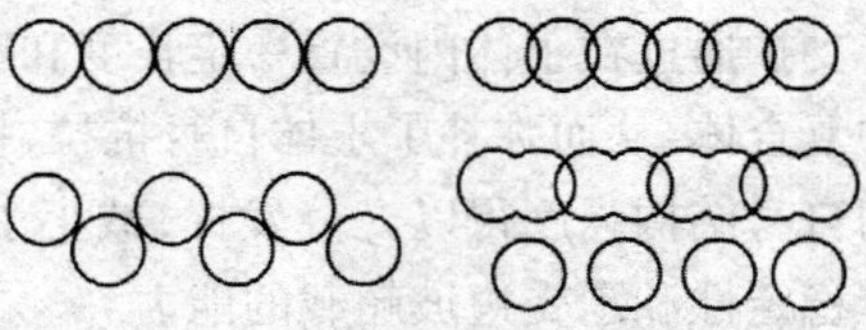

图 8 - 4 钻孔灌注桩的平面布置形式

(3)钻孔灌注桩

作为围护桩的平面布置形式如图 8 - 4 所示。当地下水位较低时，包括间隔排列在内都无须采取防水措施。当地下水位较高时，相切搭接排列往往因施工中桩的垂直度不能保证以及桩体缩颈等原因，达不到自防水效果，因此常采用间隔排列与防水措施相结合的形式，一般可以采用深层搅拌桩或旋喷桩等作为截水帷幕。

钻孔灌注桩的优点是施工噪声小,施工工艺简单,质量易于控制,桩径可根据工程需要灵活调整。缺点是施工速度慢,需处理泥浆和结合其他防水措施,整体刚度较差。一般适用于开挖深度较深的软土地层,在砂砾层和卵石中慎用。

(4)SMW 工法

在水泥土搅拌桩内插入 H 型钢,再配以支持系统,从而达到既挡土又挡水的目的,日本称为 SMW(soil mixing wall)工法,即劲性水泥土搅拌桩。其截面按型钢的配置方式有如图 8－5所示的几种形式。SMW 工法的优点是施工噪声小,对环境影响小,止水效果好,墙身强度高。

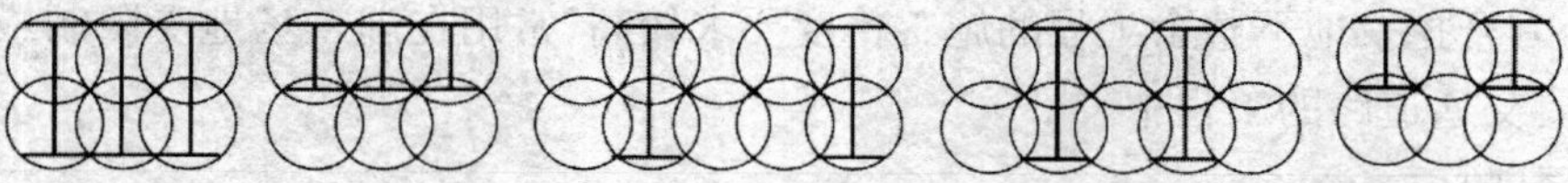

图 8－5　SMW 工法的截面形式

(5)地下连续墙

一般采用成槽机械在泥浆护壁的条件下开挖成槽,然后吊放钢筋笼浇筑混凝土槽段,通过接头将槽段连接成整片墙体。其平面布置形式有一字形、T 形和 π 形等。地下连续墙具有施工时振动小,噪声小,能自防渗,可紧邻相近建筑物与地下管线施工,占地面积小,且对周边环境的沉降和变形易于控制,墙体刚度大,整体性好等优点。但其施工工艺复杂,造价较高,需处理废浆。地下连续墙适用于多种地质条件和复杂地质的施工环境中,如砂卵石地层或要求进入风化岩层及钢板桩难于施工的情况,特别是软土地区和建筑密集的市区。由于造价高,常用于开挖深度 12 m 以上的深基坑,还可同时作为主体结构的组成部分。

2. 内支撑结构的类型和特点

(1)按材料分类

①钢支撑体系。通常为装配式,采用均匀布置、互相垂直的对撑或对撑桁架体系,其截面可以为单股(或双股)钢管,单根工字型(或槽型、H 型)钢,组合工字型(或槽型、H 型)钢等。该支撑系统构件拆除后可回收循环利用,减少了资源浪费,且自重小,施工安装速度快,拆卸方便,可施加预应力,在一定程度上减小基坑变形。但其对施工工艺要求高,构造及安装相对较复杂,节点质量不易保证,整体性较差。

②现浇钢筋混凝土支撑。由围檩(也称圈梁)、水平支撑及立柱等构件组成。其刚度相对较大、强度易于保证、施工方便、整体性好,平面布置形式灵活多变,适用于平面形状较复杂的基坑工程中。但此类支撑需现场浇筑及养护混凝土,待强度达到一定值后方可形成支撑系统,施工工期较长,导致围护结构的暴露时间长,另外,混凝土的收缩和徐变会对总体变形产生影响,且该支撑体系自重大,爆破拆除难度大,对周边环境影响较大。

此外,内支撑体系也可结合实际情况采用钢支撑和钢筋混凝土支撑相结合的形式。

(2)按布置形式分类

①竖向斜支撑。一般为单层,优点是节省立柱及支撑材料。缺点是不易控制基坑稳定及变形,支撑两侧连接处结构难以处理。适用于支护结构高度低、开挖面积较大,所需支撑力较小的情况。

②水平支撑。根据开挖深度可采用单层或多层水平支撑,布置形式有如下几种。

井字形,该支撑结构采用纵横对撑形成井字形状,与集中式井字形、角撑加对撑及边桁架相比,稳定性及整体刚度较好,但土方开挖及主体结构施工、拆除比较困难,造价高。多用于环境要求很高、基坑范围较大的情况。

角撑加对撑,当基坑范围较大及坑角的钝角太大时不宜采用。

边桁架,适用于基坑范围较小的工程中。

圆形环梁,受力较合理,挖土及主体结构施工较方便,可节省钢筋混凝土用量,故比较经济,在坑周荷载不均匀和土质软硬差异大时慎用。

逆作法,是从基底上部依次向下开挖施工,施工速度快,节省了大量的支撑和脚手架材料,但对土方开挖及地下整个工程的施工精度要求较高,常用在施工场地受限制或地下结构上方为重要交通道路的工程中。

3. 土层锚杆

拉锚式支护结构由横梁、托架及锚杆三部分组成(见图 8-6)。横梁一般采用工字钢、槽钢或钢筋混凝土结构。托架材料为钢材或钢筋混凝土。锚杆由锚头、拉杆及锚固体三部分组成。该类支护结构的优点是适用范围广,施工方便。另外,由于其施工作业空间小,可适用于基坑周围有较好土层的各种场地与地形,并且由锚杆代替内支撑,改善了施工条件,降低了工程造价。但其稳定性及变形,即锚杆技术的成败与否,依赖于锚固体所提供的锚固力。

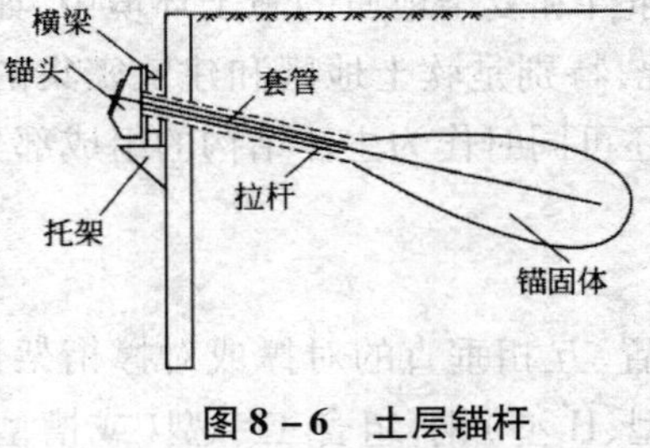

图 8-6　土层锚杆

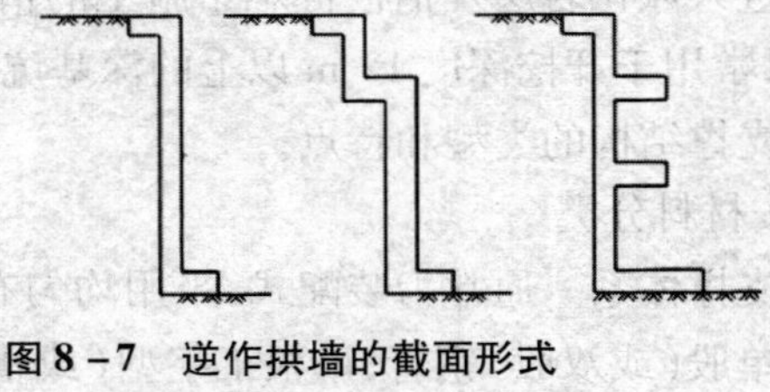

图 8-7　逆作拱墙的截面形式

(四)逆作拱墙

逆作拱墙又称闭合拱圈,其平面布置形式为闭合的椭圆,也可为几条不连续的曲线。采用钢筋混凝土在施工现场浇筑,混凝土的强度等级不宜低于 C25,在水平方向应通长双面配筋,总配筋率不应小于 0.7%。

该支护结构的截面形式如图 8-7 所示。拱壁的上下端宜加肋梁,拱墙截面一般为 Z 字形,若基坑较深时,可采用数道拱墙叠合组成,亦可沿拱墙高度设数道肋梁。而当施工场地狭窄时,可相应增加拱壁厚度。在工程实践中可根据基坑开挖深度和场地环境,选择适当的拱墙截面形式。

三、支护结构选型

每种基坑支护类型都具有其适用性和局限性。基坑支护方案的选择与工程造价、施工进度及基坑周边环境的安全等密切相关,故在支护结构选型时应综合考虑基坑地质环境、结构的空间效应和受力特点,选择安全、经济且利于支护结构材料受力性状的形式。可参考表

8－1 选择一种或几种支护形式的组合。

表 8－1　支护结构选型

结构类型	适用条件
排桩或地下连续墙	(1)适于基坑侧壁安全等级一、二、三级;(2)悬臂式结构在软土场地中不宜大于 5 m;(3)当地下水位高于基坑底面时,宜采用降水、排桩加载水帷幕或地下连续墙
水泥土挡墙	(1)基坑侧壁安全等级宜为二、三级;(2)水泥土桩施工范围内地基土承载力不宜大于 150 kPa;(3)基坑深度不宜大于 6 m
土钉支护	(1)基坑侧壁安全等级宜为二、三级的非软土场地;(2)基坑深度不宜大于 12 m;(3)当地下水位高于基坑底面时,应采取降水或截水措施
逆作拱墙	(1)基坑侧壁安全等级宜为二、三级;(2)淤泥和淤泥质土场地不宜采用;(3)拱墙轴线的矢跨比不宜小于 1/8;(4)基坑深度不宜大于 12 m;(5)地下水位高于基坑底面时,应采取降水或截水措施
放坡	(1)基坑侧壁安全等级宜为三级;(2)施工场地应满足放坡条件;(3)可独立或与上述其他结构结合使用;(4)当地下水位高于坡脚时,应采取降水措施

第三节　支护结构上的荷载

一、土、水压力的计算

作用在挡土结构上的土压力,在第七章已有叙述。除了土压力以外,在地下水位以下的挡土结构还作用有水压力。水压力与地下水的补给数量、季节变化、施工期间挡土结构的入土深度、排水方法等因素有关。水压力的计算可采用静水压力、按流网法计算渗流求水压力和按直线比例法计算渗流求水压力等方法。

计算地下水位以下的土、水压力,有“土水分算”和“土水合算”两种方法。由于主动土压力系数 K_a 的范围一般在 0.3 左右,只有静水压力的 1/3 左右,而被动土压力系数 K_p 的范围一般在 3.0 左右,是静水压力的 3 倍,故不同的计算方法得到的土压力相差很大,这也直接影响围护结构的设计。对于渗透性较强的土,例如,砂性土和粉土,一般采用土、水分算。也就是,分别计算作用在围护结构上的土压力和水压力,然后相加。对渗透性较弱的土,如黏土,可以采用土、水合算的方法。计算土压力所需要的土工指标有:土的天然重力密度 γ 和饱和重力密度 γ_{sat},土的内摩擦角 φ 和黏聚力 c,土的渗透系数 k。土的内摩擦角包括无黏性土的有效内摩擦角 φ',黏性土的固结不排水内摩擦角 φ_{cu}。土的黏聚力包括黏性土的固结不排水黏聚力 c_{cu},软弱黏土的不固结不排水黏聚力 c_u。

(一)土水压力分算法

土水压力分算法是采用有效重度计算土压力,按静水压力计算水压力,然后将两者叠加。叠加的结果就是作用在挡土结构上的总侧压力。计算土压力时,可采用有效应力法或总应力法。

采用有效应力法的计算公式为

$$p_a = \gamma' HK'_a - 2c'\sqrt{K'_a} + \gamma_w H \tag{8-1}$$

$$p_p = \gamma' HK'_p - 2c'\sqrt{K'_p} + \gamma_w H \tag{8-2}$$

式中，γ'、γ_w ——土的有效重度和水的重度；

K'_a ——按土的有效应力强度指标计算的主动土压力系数，$K'_a = \tan^2(\frac{\pi}{4} - \frac{\varphi'}{2})$；

K'_p ——按土的有效应力强度指标计算的被动土压力系数，$K'_p = \tan^2(\frac{\pi}{4} + \frac{\varphi'}{2})$；

φ' ——有效内摩擦角；

c' ——有效黏聚力。

采用有效应力法计算土压力，概念明确。在不能获得土的有效强度指标的情况下，也可以采用总应力法进行计算。

$$p_a = \gamma' HK_a - 2c\sqrt{K_a} + \gamma_w H \tag{8-3}$$

$$p_p = \gamma' HK_p - 2c\sqrt{K_a} + \gamma_w H \tag{8-4}$$

式中，K_a ——按土的总应力强度指标计算的主动土压力系数，$K_a = \tan^2(\frac{\pi}{4} - \frac{\varphi}{2})$；

K_p ——按土的总应力强度指标计算的被动土压力系数，$K_p = \tan^2(\frac{\pi}{4} + \frac{\varphi}{2})$；

φ ——按固结不排水剪确定的内摩擦角；

c ——按固结不排水剪确定的黏聚力；

其余符号意义同前。

（二）土水压力合算法

土水压力合算法是目前国内应用较多的计算方法，特别是对黏土积累了一些实践经验，发现该方法能较好地模拟渗透性较差的土侧压力。其计算公式如下

$$p_a = \gamma_{sat} HK_a - 2c\sqrt{K_a} \tag{8-5}$$

$$p_p = \gamma_{sat} HK_p - 2c\sqrt{K_p} \tag{8-6}$$

式中，γ_{sat} ——土的饱和重度，在地下水位以上的土体采用天然重度；

K_a ——土的主动土压力系数，$K_a = \tan^2(\frac{\pi}{4} - \frac{\varphi}{2})$；

K_p ——土的被动土压力系数，$K_p = \tan^2(\frac{\pi}{4} + \frac{\varphi}{2})$；

φ ——按固结不排水剪确定的内摩擦角；

c ——按固结不排水剪确定的黏聚力。

二、挡土结构位移对土压力的影响

由于基坑支护结构的刚度与一般挡土墙的刚度有相当大的差异，因此，作用在挡土结构上的土压力与挡土墙墙背的土压力分布以及量值也存在相当大的差异。挡土结构对土压力的影响主要表现在两个方面，一方面是对主动土压力的分布产生影响，另一方面对土压力的量值产生影响。

挡土结构的变形或位移对土压力分布的影响有以下几种情况：

（1）当挡土结构完全没有位移和变形，土压力为静止土压力，呈三角形分布［见图 8－8

(a)];

(2)当挡土结构顶部不动,下端向外位移,主动土压力呈抛物线分布[见图 8 -8(b)];

(3)当挡土结构上下两端没有发生位移而中部发生向外的变形,主动土压力呈马鞍形分布[见图 8 -8(c)];

(4)当挡土结构平行向外移动,主动土压力呈抛物线分布[见图 8 -8(d)];

(5)当挡土结构绕下端向外倾斜变形,主动土压力的分布与一般挡土墙一致[见图 8 -8(e)]。

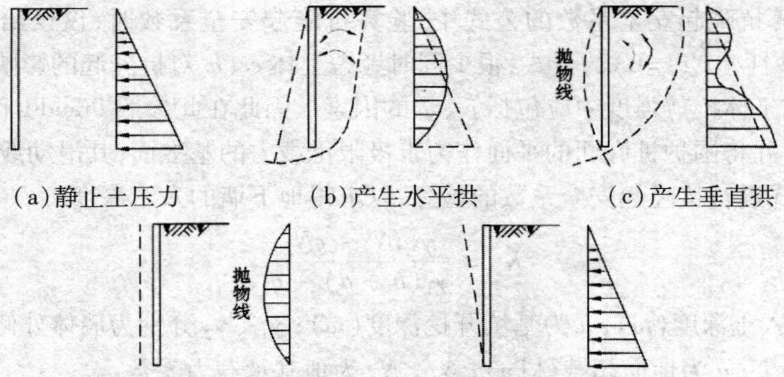

(a)静止土压力 (b)产生水平拱 (c)产生垂直拱

(d)抛物线分布 (e)主动土压力

图 8 -8 不同的墙体变位产生不同的土压力

挡土墙向前位移或转动时,土压力由静止土压力逐渐减小到它的最小值—主动土压力,而挡土墙向土体方向位移时,则土压力会逐渐增大到其最大值—被动土压力。研究表明:当墙顶位移达到墙高的 0.1% ~0.5% 时,砂性填土的压力将降低到主动土压力;而砂性填土要达到被动土压力,则墙顶位移约为墙高的 5%。砂土和黏土中产生主动和被动土压力所需的顶部位移如表 8 -2 所示。

表 8 -2 产生主动和被动土压力所需的顶部位移

土类	应力状态	运动形式	所需位移
砂土	主动	平行移动	0.001 H
	主动	绕下端转动	0.001 H
	被动	平行移动	0.05 H
	被动	绕下端转动	>0.1 H
黏土	主动	平行移动	0.004 H
	主动	绕下端转动	0.004 H

第四节 基坑的稳定验算

基坑稳定验算是基坑支护设计的重要内容之一,其中包括边坡整体稳定、抗隆起稳定、抗渗流稳定等。对于边坡整体稳定问题,土力学课程中已介绍了简单条分法、简化毕肖普法等边坡稳定分析方法。这些方法中,采用适当假定即可考虑由于渗流对边坡稳定产生的影响。这里主要讨论基坑底部土体的抗隆起稳定。

基坑的抗隆起稳定性分析具有保证基坑稳定和控制基坑变形的重要意义。为此应对其进行重点研究，基坑抗隆起安全系数应考虑设定上下限值，对适用不同地质条件的现有不同抗隆起稳定性计算公式，应按工程经验规定保证基坑稳定的最低安全系数，而要满足不同环境条件下基坑变形控制要求，则应根据坑侧地面沉降与一定计算公式所得的抗隆起安全系数的相关性，定出一定基坑变形控制要求下的抗隆起安全系数的上限值，与基坑挡墙水平位移的验算共同成为基坑变形控制的充分条件。

坑底抗隆起稳定的理论验算方法很多，这里介绍一种抗隆起稳定计算方法。

在许多验算抗隆起安全系数的公式中，验算抗隆起安全系数时，仅仅给出了纯黏性土（$\varphi=0$）或纯砂性土（$c=0$）的公式，很少同时考虑土体 c、φ 对抗隆起的影响。显然对于一般的黏性土，在土体抗剪强度中应包括 c、φ 的因素。因此在此参照 Prandtl 和 Terzaghi 的地基承载力公式，并将围护桩底面的平面作为求极限承载力的基准面，其滑动线形状如图 8-9 所示。采用下式进行抗隆起安全系数的验算，以求得地下墙的入土深度

$$K_s=\frac{\gamma_2 dN_q+cN_c}{\gamma_1(h+d)+q} \tag{8-7}$$

式中，d 为墙体入土深度（m）；h 为基坑开挖深度（m）；γ_1、γ_2 分别为墙体外侧及坑底土体重度（kN/m³）；q 为地面超载（kPa）；N_c、N_q 为地基承载力系数。

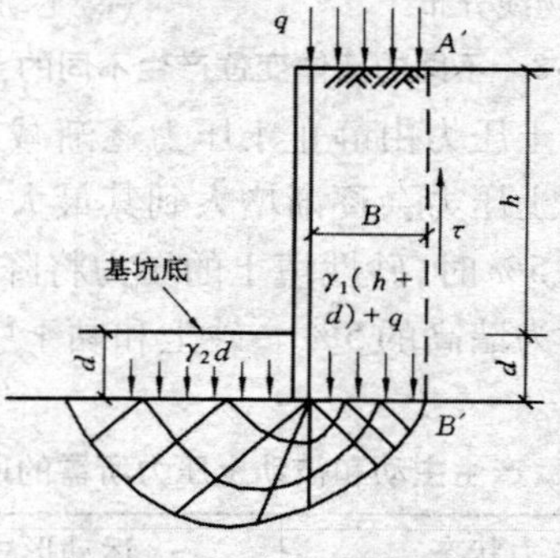

图 8-9　抗隆起验算示意图

采用 Prandtl 公式计算时，N_c、N_q 分别为：

$$N_q=\tan^2(45°+\varphi/2)e^{\pi\tan\varphi}\ ;\ N_c=(N_q-1)/\tan\varphi \tag{8-8}$$

采用 Terzaghi 公式计算时，N_c、N_q 分别为：

$$N_q=\frac{e^{(3\pi/2-\varphi)}\tan^2\varphi}{2\cos^2(45°+\varphi/2)}\ ;\ N_c=(N_q-1)/\tan\varphi \tag{8-9}$$

用该法验算抗隆起安全系数时，由于没有考虑图 8-9 中 $A'B'$ 面上土的抗剪强度对抵抗隆起的作用，故安全系数 K_s 可取得低一些。当采用式（8-7）、式（8-8）时，要求 $K_s\geqslant 1.10\sim1.20$；当采用式（8-7）、式（8-9）时，要求 $K_s\geqslant1.15\sim1.25$。

本法基本上可适用于各类土质条件。

虽然该验算方法将墙底面作为求极限承载力的基准面是带有一定的近似性，但对于地下连续墙在基坑开挖时作为临时挡土结构物来说是安全可用的，在地下结构物的底板、顶板等结构建成后，就不必再考虑隆起问题了。

除了考虑基坑抗隆起稳定以外，还应考虑土体内的孔隙水压力变化对基坑稳定性的影

响。基坑开挖时,土体处于卸载状态,土体内会产生负的孔隙水压力。假设开挖过程是瞬间完成的,则土的抗剪强度仍保持开挖前的水平。随着时间的延续,负孔隙水压力将逐渐消散,对应的有效应力逐渐降低,土体抗剪强度逐渐降低。所以开挖基坑后应尽量在最短时间内铺设垫层和浇筑底板。基坑竣工时的稳定性优于它的长期稳定性,稳定安全度会随时间延长而降低。因此,当基坑存在较长时间的话,还应考虑基坑的长期稳定性问题。

第五节　基坑现场监测

一、基坑现场监测目的与原则

在基坑开挖的施工过程中,基坑内外的压力平衡被改变,致使围护结构及土体发生变形。即使采取了支护措施,总是难以避免一定数量的变形。若围护结构的内力和变形超过容许的范围,将造成基坑的失稳破坏或对周围环境造成不利影响。因此,在深基坑施工过程中,只有对基坑支护结构、基坑周围的土体和相邻的建(构)筑物进行综合、系统的监测,才能对工程情况有全面的了解,才能对基坑工程的安全性和对周围环境的影响程度有全面的了解,确保工程顺利进行。在出现异常情况时及时反馈,并采取必要的应急措施,调整施工工艺或修改设计参数。

基坑施工监测的内容分为两大部分,即支护结构和相邻环境的量测。支护结构施工监测一般包括支护桩墙、支撑、腰梁和冠梁、立柱、土钉内力、锚索内力等项。环境监测包括监测相邻地层、地下管线、相邻房屋等内容。一般来说,基坑开挖施工监测的目的有以下几点:

(1)将现场监测数据与设计值(或预测值)进行比较,发现安全隐患,及时报警,防止支护结构破坏和环境事故发生;

(2)为施工及时提供反馈信息,用监测数据指导现场施工,进行信息化管理,使施工组织得以优化;

(3)利用监测数据进行优化设计,使维护结构的设计安全可靠、经济合理;

(4)将现场检测的结果与理论预测值对比,用反分析法寻出更接近实际的设计计算参数,修正理论公式,以积累经验,提高设计和施工水平,指导今后类似工程设计和施工。

基坑开挖监测包括支护结构的内力和变形,地下水位变化及周边建(构)筑物、地下管线等市政设施的沉降和位移等监测内容可按表8－3选择。

表8－3　基坑监测项目选择表

地基基础设计等级	支护结构水平位移	临近建(构)筑物沉降与地下管线变形	地下水位	锚杆拉力	支撑轴力或变形	立柱变形	桩墙内力	地面沉降	基坑底隆起	土侧向变形	孔隙水压力	土压力
甲级	√	√	√	√	√	√	√	√	√	√	△	△
乙级	√	√	√	√	△	△	△	△	△	△	△	△
丙级	√	√	○	○	○	○	○	○	○	○	○	○

注:1. √为应测项目,△为宜测项目,○为可不测项目。

2. 对深度超过 15 m 的基坑宜设坑底土回弹监测点。

3. 基坑周边环境进行保护要求严格时,地下水位监测应包括对基坑内、外地下水位进行监测。

基坑现场监测应满足下列技术要求。

(1)观测工作必须有计划,应严格按照有关的技术文件(如监测任务书)执行。这类技术文件的内容,至少应该包括监测方法和使用的仪器、监测精度、测点的布置、观测周期等等。计划性是观测数据完整性的保证。

(2)监测数据必须是可靠的。数据的可靠性由监测仪器的精度、可靠性以及观测人员的素质来保证。

(3)观测必须及时。因为基坑开挖是一个动态的施工过程,只有保证及时观测才能有利于发现隐患,及时采取措施。

(4)对于观测的项目,应按照工程具体情况预先设定预警值,预警值应包括变形值、内力值及其变化速率。当观测发现超过预警值的异常情况,要立即考虑采取应急补救措施。

(5)每个工程的基坑支护监测应该有完整的观测记录,形象的图表、曲线和观测报告。

二、基坑工程监测方法

(一)目测

目测是不借助任何量测仪器,仅凭经验用肉眼观察获得对判断基坑稳定和环境安全有用的信息。目测主要是观测施工地质的变化情况、围护结构和支撑体系的施工质量、周围管道是否有渗漏水,分析其渗漏原因及对基坑围护结构变形的影响,同时需要密切关注基坑周围的地面裂缝、建筑物裂缝的发展情况、围护结构和支撑体系的工作情况,以便发现问题及时解决,尽量减少工程事故的发生。

(二)围护结构顶水平位移与沉降

围护结构顶水平、垂直位移是基坑开挖施工监测的一项基本内容,其监测点沿坡顶下平台基坑边缘设置,并结合地表变形观测点使用。沉降监测方法主要采用精密水准测量,按二等水准标准,测量具体要求及方法可参考有关工程测量方面的书籍。

(三)桩墙深层位移

基坑开挖后,基坑内外的水土压力要依靠围护桩和支撑体系来重新平衡,围护桩(墙)在基坑外侧水土压力作用下,会发生变形。要掌握围护结构的侧向变形,可通过围护桩(墙)的深层挠曲监测来实现,深层挠曲监测又可称为桩(墙)测斜监测,它是通过活动式测斜仪来进行的。

在需要进行监测的部位埋设与测斜仪配套的测斜管,测斜管内有两对互呈 90°的导向滑槽。把测斜仪的一组导向轮沿测斜管导向滑槽放入管中,一直滑到管底,每隔一定间距(500 mm或 1000 mm)向上拉线(标有刻度的导线)读数,测定测斜仪与垂直线之间的倾角变化,即可得出不同深度部位的水平位移,如图 8 – 10 所示。具体方法如下:将测斜管固定于桩(墙)体钢筋笼中心,调整好孔口方向,使导向滑槽主测方向垂直于基坑,测斜管下部和上部保护盖要封好,以防止异物进入。

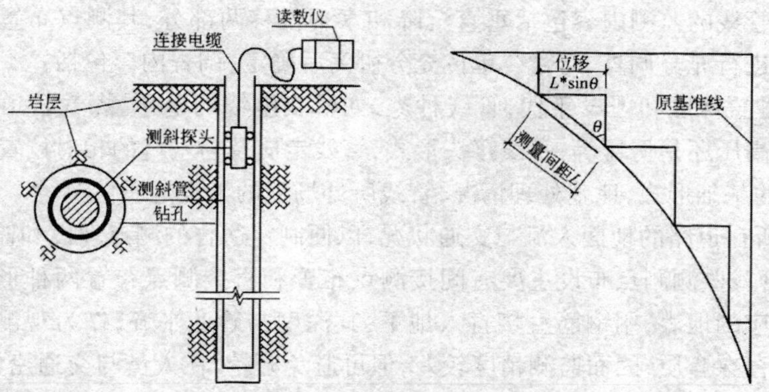

图 8－10　测斜仪安装埋设示意图及测量原理

(四)桩墙内力

对于钢筋混凝土材料制作的围护支挡构筑物,利用预先埋设在钢筋混凝土中的钢筋计,通过监测构件受力钢筋的应力或应变,然后根据钢筋与混凝土共同作用,变形协调条件计算得到实际内力情况。钢筋计有钢弦式和电阻应变式两种,接收仪器分别用频率仪和电阻应变仪。钢弦式钢筋计与结构主筋轴心对焊,是与受力主筋串联连接的,由频率计算的是钢筋的应力值。而电阻式应变计是与主筋平行绑扎或点焊在箍筋上,应变仪测得的是混凝土内部该点的应变。

(五)水平支撑轴力

利用钢管支撑结构钢,其支撑轴力监测常使用传感器来实现:传感器的选用应视钢支撑端部节点构造情况来定。如钢支撑端部为活络接头,两端接头计算简图为铰接时,可用钢弦式反力计安装在支撑端头,通过频率接收仪测得反力计在某一荷载时的自振频率 f,再根据该传感器的标定系数 K(由传感器的特性确定)进行简单换算,就可直接获得支撑轴力值。

(六)坑底回弹

基坑回弹是基坑开挖对坑底土层卸荷引起基坑底面及坑外一定范围内土体的回弹变形和隆起;另外,由于基坑内土体的开挖,使坑内外的土体形成一个土压力差,坑外土体通过围护桩墙底往里拥挤,严重时会产生坑底隆起现象,使坑外的土体涌入基坑,造成涌土。特别是砂性土地区,在动力水头作用下会出现涌砂,对基坑的安全危害较大,对周围建筑物也会造成不良的影响,因此需做基底回弹监测,以期尽早发现问题,及时采取工程措施。

回弹观测应根据基坑形状及工程地质条件,以最少的测点测出所需的各纵横断面回弹量为原则。回弹观测点宜在有代表性的位置和方向线上布置,一般要求基坑中央和距坑底边缘 1/4 坑底宽度处,以及其他变形特征位置必须设点。基底回弹监测可采用回弹监测标和深层沉降标两种方法。当分层沉降环埋设于基坑开挖面以下时,所测得的上层隆起也就是上层回弹量。

(七)相邻地下管线监测

城市地区地下管线网是城市生活的命脉,其安全与人民生活和国民经济紧密相连。一般城市地下管线有煤气管、自来水管、雨污水管、电信管、电缆沟等。其相应管理部门对管线的容许变形量制定了十分严格的规定。基坑开挖施工时,必须将地下管线的变形控制在允许范围内。

相邻地下管线的监测内容包括垂直沉降和水平位移两部分，其测点布置和监测频率应在对管线状况进行充分调查，与管线单位充分协商后确定，调查内容包括：

(1)管线埋置深度和埋设年代；管线种类，如输变电缆的电压，煤气管道是主管还是支管，是否加压，高压还是低压等；管线接头形式，管线走向及与基坑的相对位置。

(2)管线的基础形式，地基处理情况，管线所处场地的工程地质情况。

(3)管线所在道路的地面人流与交通状况，以便制定适合的测点埋设和监测方案。

目前，对管线监测测点布设主要有间接测点布置和直接测点布置两种形式。间接测点常设在管线对应的地表，用钢筋直接打入地下，其深度与管底平齐，作为观测标志。由于测点与管线本身存在介质，因而监测精度较差，但可避免开挖，在人员与交通密集区域，或者设防标准较低的场合使用。直接测点是在观测点上方挖出覆盖土，直至露出管面，在管面标注记号作为观测点，直接测读管线的沉降和位移。

(八)建筑物变形监测

建筑物变形监测可分为沉降监测、倾斜监测、水平位移监测与裂缝监测四部分内容：在实施监测工作和测点布置前，应先对基坑周围的建筑物进行周密调查，以了解地面建筑物的结构形式、基础类型、建筑物层数和层高、平立面形状以及建筑物对不同沉降差的反应。然后，再根据基坑开挖有可能影响到的范围和程度，同时考虑建筑物本身的结构特点和重要性进行布点。

三、基坑信息化施工

基坑工程是一个涉及地质、水文、气象等条件及土力学、结构、施工组织和管理等学科各个方面的系统工程。在基坑开挖过程中，土体性状和支护结构的受力状态都在不断变化，恰当地模拟这种变化是工程实践所需要的。但采用传统的固定不变的计算模型和参数来描述不断变化的土体性状是不合适的。因此，必须根据现场监测信息，不断修改、优化设计，以便达到安全施工的目的。

根据监测工作的科学性、准确性、及时性和连续性的要求，对监测资料进行整理，并在当天提交报表，报表包括施工工况、天气情况、测点布置图、观测时间、计算结果表、曲线图及评价建议等。

资料整理中，注意各类测点之间内在联系的分析，以便及时辨别可能存在的险情。监测对象出现异常变化时，及时整理书面材料呈报有关各方，包括分析原因及提出相应的对策建议。同时加密监测，了解其进一步的变化情况和采取措施后的效果。

除提交上述报表外，每周对监测情况进行小结，并按施工阶段提供书面小结报告。整个监测工作结束后，编制并提交监测总结报告。

基坑工程动态设计和信息化施工方法是目前设计和施工中的一种先进技术，它是充分采用目前先进的勘察、计算、监测手段和施工工艺，利用从边坡的地质条件、施工方法获取信息反馈并修正边坡设计，指导施工。具体做法是：在初步地质调查与边坡分类的基础上，采用工程类比和理论分析相结合的方法，进行初步设计，初步选定边坡加固与施工方案；然后在基坑边坡开挖和加固过程中进行边坡变形监测，作为判断边坡稳定性的依据；并且将施工监测获取的信息，反馈于基坑边坡设计与施工，确认支护参数与施工措施或进行必要的调整。因此,建筑岩质边坡稳定性动态控制的关键是信息的收集,信息的来源主要来自以下几个方面。

(一)设计阶段

设计阶段主要是通过工程勘察和现场地质调查得到的工程地质条件信息,工程技术人员设计与施工经验的总结以及通过理论计算、试验研究等方法所得到的信息。根据上述信息,初步确定边坡设计方案和施工方案。

(二)施工阶段

由于边坡岩体的复杂性,设计阶段取得的信息是很有限的,更多的而且更可靠的信息来自施工阶段,即施工信息。由于岩土材料力学性质的非线性和时空变异性,使得岩土工程的施工结果同施工路径和施工过程有密切关系,对于边坡工程,开挖卸荷路径和过程对最终的边坡稳定性有直接影响。因此,在施工过程中获取有效的信息对于动态设计和后续的施工都有重要的指导作用。施工信息主要有:

1. 施工中的观察信息

在每级边坡的开挖过程中,首先从坡体显露部分获取信息,它主要包括:岩性、产状、节理和风化程度。这对设计之初所获得的踏勘信息起着检验和补充的作用。

2. 施工中的钻探信息

建筑岩质边坡目前常用的支护措施采用的是锚杆支护,在施工过程中采用边开挖边支护的方式。通过前期施工锚杆钻孔岩芯取样,可以进一步获得坡体深层岩体的物理力学性质,进而加深对整个坡体所处的地质力学条件的认识,有助于完善设计。

3. 施工中的监测信息

以工程地质勘查信息和施工过程中的监测信息作为确定设计方案和核实施工方法的依据是基坑工程动态设计和信息化施工方法的主要内容。

信息化施工是应用系统工程于施工的一种现代施工管理办法,包括信息采集(监测)、反分析(即分析模型和计算参数反演)、正分析(预测)以及根据预测结果进行决策与控制等方面的内容,其原理如图 8 - 11 所示。

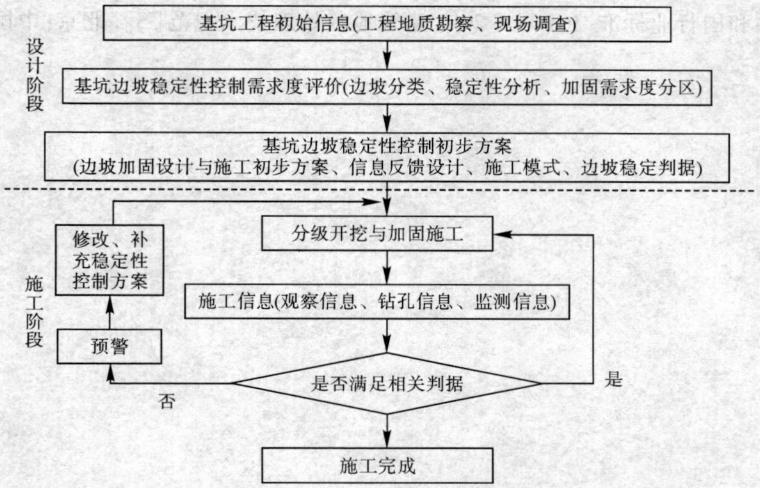

图 8 - 11　信息化施工原理框图

参考文献

[1]龚晓南.复合地基设计和施工指南[M].北京:人民交通出版社,2003.

[2]刘自明.桥梁深水基础[M].北京:人民交通出版社,2003.

[3]李志新.地基与基础工程施工[M].北京:中国建筑工业出版社,2006.

[4]欧阳效勇,任回兴,徐伟.桥梁深水桩基础施工关键技术[M].北京:人民交通出版社,2006.

[5]任文杰.基础工程[M].北京:中国建材工业出版社,2007.

[6]吴湘兴.建筑地基基础[M].广州:华南理工大学出版社,2006.

[7]王晓谋.基础工程.3版[M].北京:人民交通出版社,2003.

[8]王晓谋,袁怀宇.高等级公路软土地基路堤设计与施工技术[M].北京:人民交通出版社,2001.

[9]王保田,张填福.土力学与地基处理[M].南京:河海大学出版社,2005.

[10]肖仁成,俞晓.土力学[M].北京:北京大学出版社,2006.

[11]徐至钧.新编建筑地基处理工程手册[M].北京:中国建材工业出版社,2005.

[12]袁聚云,钱建固,张宏鸣,等.土质学与土力学.4版[M].北京:人民交通出版社,2008.

[13]周景星,等.基础工程.2版[M].北京:清华大学出版社,2006.

[14]张宏.灌注桩检测与处理[M].北京:人民交通出版社,2001.

[15]赵明华.桥梁桩基计算与检测[M].北京:人民交通出版社,2001.

[16]中华人民共和国国家标准.GB 50007－2011 建筑地基基础设计规范[S].北京:中国建筑工业出版社,2012.

[17]中华人民共和国行业标准.JGJ 94－2008 建筑桩基技术规范[S].北京:中国建筑工业出版社,2008.

[18]中华人民共和国行业标准.JTG E40－2007 公路土工试验规程[S].北京:人民交通出版社,2009.

[19]中华人民共和国行业标准.JGJ 106－2014 建筑基桩检测技术规范[S].北京:中国建筑工业出版社,2014.

[20]中华人民共和国行业标准.JGJ 79－2012 建筑地基处理技术规范[S].北京:中国建筑工业出版社,2013.